Die energetische Nutzung von Biomasse im Sinne des § 35 Abs. 1 Nr. 6 BauGB
– Gesetzliche Vorgaben und Verwaltungspraxis

Regensburger Beiträge zum Staats- und Verwaltungsrecht
Herausgegeben von Gerrit Manssen

Band 23

Stefan Schick

Die energetische Nutzung von Biomasse im Sinne des § 35 Abs. 1 Nr. 6 BauGB – Gesetzliche Vorgaben und Verwaltungspraxis

Bibliografische Information der Deutschen Nationalbibliothek
Die Deutsche Nationalbibliothek verzeichnet diese Publikation
in der Deutschen Nationalbibliografie; detaillierte bibliografische
Daten sind im Internet über http://dnb.d-nb.de abrufbar.

Zugl.: Regensburg, Univ., Diss., 2013

D 355
ISSN 1860-319X
ISBN 978-3-631-65003-5 (Print)
E-ISBN 978-3-653-03827-9 (E-Book)
DOI 10.3726/ 978-3-653-03827-9

© Peter Lang GmbH
Internationaler Verlag der Wissenschaften
Frankfurt am Main 2014
Alle Rechte vorbehalten.
PL Academic Research ist ein Imprint der Peter Lang GmbH.

Peter Lang – Frankfurt am Main · Bern · Bruxelles · New York ·
Oxford · Warszawa · Wien

Das Werk einschließlich aller seiner Teile ist urheberrechtlich
geschützt. Jede Verwertung außerhalb der engen Grenzen des
Urheberrechtsgesetzes ist ohne Zustimmung des Verlages
unzulässig und strafbar. Das gilt insbesondere für
Vervielfältigungen, Übersetzungen, Mikroverfilmungen und die
Einspeicherung und Verarbeitung in elektronischen Systemen.

Dieses Buch erscheint in einer Herausgeberreihe bei
PL Academic Research und wurde vor dem Erscheinen peer reviewed.

www.peterlang.com

Vorwort

Die vorliegende Arbeit wurde im Frühjahr 2013 von der juristischen Fakultät der Universität Regensburg als Dissertation angenommen.

Bedanken möchte ich mich an dieser Stelle bei Herrn Prof. Dr. Gerrit Manssen für die Betreuung des Dissertationsvorhabens und die Aufnahme der Arbeit in die Schriftenreihe „Regensburger Beiträge zum Staats- und Verwaltungsrecht". Herrn Prof. Dr. Jürgen Kühling danke ich für die zügige Erstellung des Zweitgutachtens. Ein besonderer Dank gilt an dieser Stelle auch Herrn Prof. Dr. Udo Steiner für seine bereitwillige Unterstützung. Ebenso möchte ich Herrn Rechtsanwalt Dr. Helmut Loibl für die Anregung zu dem der Arbeit zugrunde liegenden Thema danken.

Der größte Dank gebührt jedoch meinen Eltern und meiner Frau Carolin. Meine Eltern haben mich während meiner gesamten Ausbildung stets gefördert und unterstützt. Ohne den selbstlosen Beistand meiner Frau Carolin wäre mir ein berufsbegleitendes Anfertigen der Dissertation nicht möglich gewesen.

Meinen Eltern und Carolin sei diese Arbeit gewidmet.

München, im Juni 2013   Stefan Schick

Inhaltsübersicht

Abkürzungsverzeichnis xv

Kapitel 1 Die Verwaltungspraxis als potenzielles
Umsetzungshemmnis politischer Zwecksetzung 1
A. Bioenergie als effizientes Substitut fossiler Brennstoffe 2
B. Mögliche Hintergründe der restriktiven Handhabung
   durch die Verwaltungspraxis 3
C. Gegenstand der Untersuchung 5

Kapitel 2 Technische Grundlagen der Biogaserzeugung 7
A. Chemische Beschaffenheit des Biogases 7
B. Aufgliederung des Fermentationsprozesses 7
C. Anlagenumfang und Umsetzung der Biogaserzeugung 9
D. Relevante Absatzformen des erzeugten Biogases 10

Kapitel 3 Anlagen- und betriebsspezifische Tatbestandsvoraussetzungen
gem. § 35 Abs. 1 Nr. 6 Hs. 1 BauGB 13
A. Biomassespezifische Anforderungen an den Betrieb 13
B. „Energetische Nutzung von Biomasse" 16
C. Das Merkmal des rahmensetzenden Betriebs 69

Kapitel 4 Der räumlich-funktionale Zusammenhang mit dem
Betrieb nach § 35 Abs. 1 Nr. 6 a BauGB 85
A. Erforderlichkeit hinsichtlich der Beurteilung
   von Kooperationsbetrieben 85
B. Räumlicher Zusammenhang mit dem Betrieb 87
C. Funktionaler Zusammenhang mit dem Betrieb 93
D. Abweichungen zwischen rechtlichen
   Vorgaben und Verwaltungspraxis 94

Kapitel 5 Anforderungen an die Herkunft der Biomasse
gem. § 35 Abs. 1 Nr. 6 b BauGB 97
A. Relevante Betriebstypen im Fall eines Kooperationsbetriebes 97
B. Bedeutung des Merkmals „überwiegend" 103
C. „Aus nahe gelegenen Betrieben" 106

D. Anforderungen an die Glaubhaftmachung im
   behördlichen Genehmigungsverfahren 109
E. Abweichungen zwischen rechtlichen Vorgaben
   und Verwaltungspraxis 110

Kapitel 6 Begrenzung der Anlagenzahl gem. § 35 Abs. 1 Nr. 6 c BauGB 113
A. Der Begriff der Hofstelle 113
B. Bedeutungsgehalt des Merkmals „Betriebsstandort" 115
C. Sonderproblem Kooperationsanlage 115
D. Kumulation von Anlagen nach § 35 Abs. 1 Nr. 6 BauGB
   und § 30 Abs. 2 BauGB 117
E. Überschreiten der Grenze zwischen
   Innen- und Außenbereich 118
F. Abweichungen zwischen rechtlichen Vorgaben und Verwaltungspraxis 119

Kapitel 7 Die Begrenzung der Anlagenleistung auf 0,5 MW
entsprechend der Rechtslage vor Novellierung durch das Gesetz
zur Förderung des Klimaschutzes bei der Entwicklung in den
Städten und Gemeinden vom 22. Juli 2011 121
A. Untauglichkeit der Bezugsgröße 122
B. Abschließender Charakter bezüglich leistungsstärkerer Anlagen 135
C. Abweichungen zwischen rechtlichen Vorgaben
   und Verwaltungspraxis 139

Kapitel 8 Vorgaben für die Verwaltungspraxis 143
A. Vorgaben im Hinblick auf den Umfang der nach B
   auplanungsrecht zulässigen Biomasse 143
B. Vorgaben hinsichtlich der Privilegierung von Anlagen
   der Gasdirekteinspeisung 144
C. Vorgaben zur Beurteilung gesellschaftsrechtlicher Betreibermodelle 144
D. Vorgaben zur Beurteilung des räumlich-funktionalen
   Zusammenhangs mit dem Betrieb 145
E. Vorgaben für die Beurteilung landwirtschaftlicher Kooperationsbetriebe
   im Hinblick auf die Herkunft der Biomasse 145
F. Vorgaben zur Beurteilung der Begrenzung auf eine Anlage pro
   Hofstelle und Betriebsstandort 146
G. Vorgaben zur Beurteilung der installierten
   elektrischen Anlagenleistung 147

Literaturverzeichnis 149

Quellenverzeichnis 161

Inhaltsverzeichnis

Vorwort v

Inhaltsübersicht vii

Inhaltsverzeichnis ix

Abkürzungsverzeichnis xv

Kapitel 1 Die Verwaltungspraxis als potenzielles
Umsetzungshemmnis politischer Zwecksetzung 1
A. Bioenergie als effizientes Substitut fossiler Brennstoffe 2
B. Mögliche Hintergründe der restriktiven Handhabung
   durch die Verwaltungspraxis 3
C. Gegenstand der Untersuchung 5

Kapitel 2 Technische Grundlagen der Biogaserzeugung 7
A. Chemische Beschaffenheit des Biogases 7
B. Aufgliederung des Fermentationsprozesses 7
C. Anlagenumfang und Umsetzung der Biogaserzeugung 9
D. Relevante Absatzformen des erzeugten Biogases 10

Kapitel 3 Anlagen- und betriebsspezifische Tatbestandsvoraussetzungen
gem. § 35 Abs. 1 Nr. 6 Hs. 1 BauGB 13
A. Biomassespezifische Anforderungen an den Betrieb 13
   I. Verhältnis von Pacht- zu Eigentumsflächen 14
   II. Ausschließliche Erzeugung von Biomasse 15
B. „Energetische Nutzung von Biomasse" 16
   I. Beurteilung des bauplanungsrechtlichen Biomassebegriffs 16
      1. Wortbedeutung des Begriffs Biomasse 18
      2. Einordnung des bauplanungsrechtlichen Biomassebegriffs
         in den bestehenden Normkontext 19
      3. Interpretation einer potenziellen gesetzgeberischen Zwecksetzung
         in Richtung einer Gleichsetzung der Begriffsbedeutungen 22
      4. Erfordernis eines weiten bauplanungsrechtlichen
         Begriffsverständnisses 24

II. Anforderungen an eine „energetische Nutzung" 27
1. Aspekte des Normwortlauts 27
2. Aspekte der Gesetzessystematik 29
3. Geschichtlicher Hintergrund der Novellierung 33
4. Parlamentarische Zwecksetzung 35
   a) Abschließender Charakter des § 35 Abs. 1 Nr. 6 BauGB 39
   b) Biogaserzeugung als landwirtschaftliche Nutzung im
      Sinne des § 35 Abs. 1 Nr. 1 BauGB 40
      (A.) Begriff der Landwirtschaft 41
      (B.) Prägung durch die Bodenertragsnutzung 42
      (I.) Abgrenzung zur mitgezogenen Nutzung 42
      (II.) Übertragbarkeit auf die Biogaserzeugung 43
      (III.) Landwirtschaftlicher Strukturwandel 45
      (IV.) Steuerrechtliche Abgrenzung 46
      (V.) Vorgang der Gasaufbereitung 47
      (VI.) Positive Beurteilung der unmittelbaren Bodenertragsnutzung 48
      (C.) Verwendung überwiegend eigener Ausgangsstoffe 48
      (D.) Ergebnis 49
   c) Biogaserzeugung als Betrieb der
      öffentlichen Gasversorgung 49
      (A.) Tatbestandliche Voraussetzungen 49
      (B.) Übertragbarkeit auf die Biogaserzeugung 50
      (C.) Rechtsprechung zur Ortsgebundenheit 54
      (D.) Ausschluss der Privilegierungsmöglichkeit nach
           § 35 Abs. 1 Nr. 3 BauGB 57
   d) Biogaserzeugung als privilegiertes Vorhaben
      im Sinne des § 35 Abs. 1 Nr. 4 BauGB 57
      (A.) Tatbestandliche Voraussetzungen 57
      (B.) Übertragbarkeit auf die Biogaserzeugung 59
      (I.) Vorliegen eines umgebungsspezifischen Merkmals 59
      (II.) Ausschließlicher Außenbereichscharakter 61
      (III.) Wertende Betrachtung 62
      (IV.) Übertragung der Rechtsprechung zur Ortsgebundenheit 65
      (C.) Ergebnis 66
   e) Erweiterung der Privilegierungsalternativen 66
5. Einordnung separater Biogasherstellung als nicht
   energetische Nutzungsform 67
III. Ergebnis 67

IV. Abweichungen zwischen rechtlichen Vorgaben und
Verwaltungspraxis 67
C. Das Merkmal des rahmensetzenden Betriebs 69
   I. Darstellung der Auslegungsvarianten 69
   II. Klärung der Rechtslage durch das Bundesverwaltungsgericht 71
   III. Belieferung der Biomasseanlage als ausschließlicher
       Betriebsgegenstand des Basisbetriebs 72
   IV. Maßgeblicher Einfluss des Basisbetriebsinhabers im
       Fall der Beteiligung privilegierungsfremder Dritter 73
   V. Abweichungen zwischen rechtlichen Vorgaben
       und Verwaltungspraxis 79

Kapitel 4 Der räumlich-funktionale Zusammenhang mit
dem Betrieb nach § 35 Abs. 1 Nr. 6 a BauGB 85
A. Erforderlichkeit hinsichtlich der Beurteilung von
   Kooperationsbetrieben 85
B. Räumlicher Zusammenhang mit dem Betrieb 87
   I. Anknüpfungspunkt der Beurteilung 87
   II. Erforderlicher Umfang des Näheverhältnisses 91
C. Funktionaler Zusammenhang mit dem Betrieb 93
D. Abweichungen zwischen rechtlichen
   Vorgaben und Verwaltungspraxis 94

Kapitel 5 Anforderungen an die Herkunft der Biomasse
gem. § 35 Abs. 1 Nr. 6 b BauGB 97
A. Relevante Betriebstypen im Fall eines Kooperationsbetriebes 97
   I. Beurteilung einer im Innenbereich situierten Hofstelle 97
   II. Erforderlichkeit der Mitbetreibereigenschaft des Zulieferbetriebs 99
   III. Bewertung anhand der Eigenschaft als
       Eigentums- oder Pachtfläche 99
   IV. Relevanz sogenannter Scheinzulieferbetriebe 101
B. Bedeutung des Merkmals „überwiegend" 103
   I. Umfang des Mindestbeitrages des Basisbetriebs 103
   II. Festlegung der entscheidungserheblichen Maßzahl 104
C. „Aus nahe gelegenen Betrieben" 106
D. Anforderungen an die Glaubhaftmachung im behördlichen
   Genehmigungsverfahren 109
E. Abweichungen zwischen rechtlichen Vorgaben und
   Verwaltungspraxis 110

Kapitel 6 Begrenzung der Anlagenzahl gem. § 35 Abs. 1 Nr. 6 c BauGB 113
A. Der Begriff der Hofstelle 113
B. Bedeutungsgehalt des Merkmals „Betriebsstandort" 115
C. Sonderproblem Kooperationsanlage 115
D. Kumulation von Anlagen nach § 35 Abs. 1 Nr. 6 BauGB und
   § 30 Abs. 2 BauGB 117
E. Überschreiten der Grenze zwischen Innen- und Außenbereich 118
F. Abweichungen zwischen rechtlichen Vorgaben und
   Verwaltungspraxis 119

Kapitel 7 Die Begrenzung der Anlagenleistung auf 0,5 MW entsprechend
der Rechtslage vor Novellierung durch das Gesetz zur Förderung des
Klimaschutzes bei der Entwicklung in den Städten und Gemeinden
vom 22. Juli 2011 121
A. Untauglichkeit der Bezugsgröße 122
   I.   Nachträgliche Leistungssteigerung durch Abgaswärmenutzung 124
        1. Abgrenzung zwischen teleologischer Reduktion
           und teleologischer Extension 126
        2. Vorliegen einer planwidrigen Regelungslücke 127
           a) Vorliegen einer „Ausnahmelücke" 127
           b) Planwidrigkeit der Ausnahmelücke 130
        3. Ergebnis 131
   II. Einhaltung der Leistungsgrenze durch Anlagendrosselung 131
   III. Anwendbarkeit der Leistungsbegrenzung auf
        Anlagen der Gasdirekteinspeisung 133
B. Abschließender Charakter bezüglich leistungsstärkerer Anlagen 135
C. Abweichungen zwischen rechtlichen Vorgaben
   und Verwaltungspraxis 139

Kapitel 8 Vorgaben für die Verwaltungspraxis 143
A. Vorgaben im Hinblick auf den Umfang der nach
   Bauplanungsrecht zulässigen Biomasse 143
B. Vorgaben hinsichtlich der Privilegierung von
   Anlagen der Gasdirekteinspeisung 144
C. Vorgaben zur Beurteilung
   gesellschaftsrechtlicher Betreibermodelle 144
D. Vorgaben zur Beurteilung des räumlich-funktionalen
   Zusammenhangs mit dem Betrieb 145
E. Vorgaben für die Beurteilung landwirtschaftlicher Kooperationsbetriebe
   im Hinblick auf die Herkunft der Biomasse 145

F. Vorgaben zur Beurteilung der Begrenzung auf eine
   Anlage pro Hofstelle und Betriebsstandort 146
G. Vorgaben zur Beurteilung der installierten
   elektrischen Anlagenleistung 147

Literaturverzeichnis 149

Quellenverzeichnis 161

Abkürzungsverzeichnis

a. A.	anderer Ansicht
a. F.	alte Fassung
ABl.	Amtsblatt
Abs.	Absatz
AG	Aktiengesellschaft
AgrarR	Zeitschrift für Agrarrecht (Zeitschrift)
Alt.	Alternative
Änd.	Änderung
ÄndVO	Änderungsverordnung
Anm.	Anmerkung
AO	Abgabenordnung
AöR	Archiv des öffentlichen Rechts (Zeitschrift)
ARGEBAU	Arbeitsgemeinschaft der für Städtebau, Bau- und Wohnungswesen zuständigen Minister und Senatoren der 16 Länder der Bundesrepublik Deutschland
Art.	Artikel
Aufl.	Auflage
AUR	Agrar- und Umweltrecht (Zeitschrift)
BauGB	Baugesetzbuch
BauNVO	Baunutzungsverordnung
BauR	Baurecht (Zeitschrift)
BayBO	Bayerische Bauordnung
BayVBl.	Bayerische Verwaltungsblätter
BayVGH	Bayerischer Verwaltungsgerichtshof
BeckRS	Rechtssprechungsreport des juristischen Suchdienstes beck-online
Beschl.	Beschluss
betr.	betreffend
BGBl.	Bundesgesetzblatt

BHKW	Blockheizkraftwerk
BHKW-Kühlkreislauf	Kühlkreislauf eines Blockheizkraftwerks
BImSchG	Bundesimmisionsschutzgesetz
BiomasseV	Biomasseverordnung
BMF	Bundesministerium für Finanzen
BR	Bundesrat
BR-Drs.	Bundesrats-Drucksache
BRS	Baurechtssammlung
bspw.	beispielsweise
BStBl.	Bundessteuerblätter
BT-Drs.	Bundestagsdrucksachen
BVerwG	Bundesverwaltungsgericht
BVerwGE	Bundesverwaltungsgerichtsentscheidungen
bzgl.	bezüglich
bzw.	beziehungsweise
ca.	circa
Drs.	Drucksachen
DVBl	Deutsches Verwaltungsblatt
e. V.	eingetragener Verein
EAG Bau 2004	Europarechtsanpassungsgesetz Bau 2004
ebd.	ebenda
EEG	Erneuerbare Energien Gesetz
EG	Europäische Gemeinschaft
EL	Ergänzungslieferung
f.	folgende
ff.	fortfolgende
G.	Gesetz
hM	herrschende Meinung
Hrsg.	Herausgeber
Hs.	Halbsatz
i.S.v.	im Sinne von
IBR	Immobilien- und Baurecht (Zeitschrift)
INF	Informationen über Steuer und Wirtschaft (Zeitschrift)

Juris	Juristische Datenbank Juris
Juris-PR	Juris Praxisreport
LG	Landgericht
LKV	Landes- und Kommunalverwaltung (Zeitschrift)
m	Meter
m³	Kubikmeter
Mio.	Millionen
MU Niedersachsen	Ministerium für Umwelt und Klimaschutz Niedersachsen
MW	Megawatt
NaWaRo	Nachwachsende Rohstoffe
NaWaRo-Anlage	mit nachwachsenden Rohstoffen betriebene Biogasanlage
NJW	Neue Juristische Wochenschrift
Nm³	Normkubikmeter
NordÖR	Zeitschrift für öffentliches Recht in Norddeutschland
Nr.	Nummer
NRW	Nordrhein-Westfalen
NST-N	Niedersächsicher Städtetag Nachrichten (Zeitschrift)
NuR	Natur und Recht (Zeitschrift)
NVwZ	Neue Zeitschrift für Verwaltungsrecht
NVwZ-RR	Neue Zeitschrift für Verwaltungsrecht Rechtsprechungsreport
ORC-Anlage	Organic-Rankine-Cycle-Anlage
OVG	Oberverwaltungsgericht
RdE	Recht der Energiewirtschaft (Zeitschrift)
RdErl.	Runderlass
RdL	Recht der Landwirtschaft (Zeitschrift)
REE	Recht der Erneuerbaren Energien (Zeitschrift)
RL	Richtlinie
Rn.	Randnummer
Rspr.	Rechtsprechung
S.	Seite

sog.	Sogenannt
TWh	Terawattstunde
u.	und
u. a.	und andere
UPR	Umwelt- und Planungsrecht
Urt.	Urteil
v.	vom
VGH	Verwaltungsgerichtshof
vgl.	vergleiche
VVTN	Verband der Verarbeitungsbetriebe tierischer Nebenprodukte
ZfBR	Zeitschrift für deutsches und internationales Baurecht
zit	zitiert
ZNER	Zeitschrift für neues Energierecht (Zeitschrift)
ZUR	Zeitschrift für Umweltrecht (Zeitschrift)

Kapitel 1 Die Verwaltungspraxis als potenzielles Umsetzungshemmnis politischer Zwecksetzung

Im Rahmen des am 20.07.2004 in Kraft getretenen Gesetzes zur Anpassung des Baugesetzbuchs an EU-Richtlinien[1] hat der Gesetzgeber in Form des § 35 Abs. 1 Nr. 6 BauGB[2] einen speziellen Privilegierungstatbestand für die energetische Nutzung von Biomasse geschaffen. Ziel dieser Rechtssetzung war eine eindeutige Förderung der Zulässigkeit entsprechender Anlagen gegenüber der bisherigen Rechtlage.[3] Der Hintergrund dieser Novellierung ist in einer bauplanungsrechtlichen Umsetzung internationaler und nationaler Zielsetzungen bezüglich der Förderung erneuerbarer Energien zu sehen. International handelt es sich um Vorgaben im Rahmen des Kyoto-Protokolls[4] bzw. der Richtlinien 2001/77/EG[5] und 2009/28/EG[6]. In der Bundesrepublik Deutschland findet sich die aktuelle Fassung dieser Vorgaben im Energiekonzept der Bundesregierung vom 28.09.2010. Nach diesem Konzept soll bis zum Jahr 2020 der Anteil der erneuerbaren Energien am Gesamtbruttoenergieverbrauch der Bundesrepublik Deutschland 35 Prozent betragen.[7]

---

1   BGBl. I S. 1359, im folgenden Europarechtsanpassungsgesetz Bau.
2   Baugesetzbuch (BauGB) in der Fassung der Bekanntmachung vom 23.09.2004 (BGBl. I S. 2414), zuletzt geändert durch Art. 1 G zur Förderung des Klimaschutzes bei der Entwicklung in den Städten und Gemeinden vom 22.07.2011 (BGBl. I S. 1509).
3   Bundesregierung, Entwurf eines Gesetzes zur Anpassung des Baugesetzbuchs an EU-Richtlinien, BT-Drs. 15/2250, S. 55.
4   Protokoll von Kyoto zum Rahmenübereinkommen der vereinten Nationen über Klimaänderungen (Kyoto-Protokoll) vom 11.12. 1997 (BGBl. 2002 II S. 966).
5   Richtlinie 2001/77/EG des Europäischen Parlaments und des Rates vom 27.09.2001 zur Förderung der Stromerzeugung aus erneuerbaren Energiequellen im Elektrizitätsbinnenmarkt (Abl. L 283 vom 27.10.2001, S. 33), zuletzt geändert durch RL 2009/28/EG des Europäischen Parlaments und des Rates vom 23.4.2009 (Abl. L 14016).
6   Richtlinie 2009/28/EG des Europäischen Parlaments und des Rates vom 23.04.2004 zur Förderung der Nutzung von Energie aus erneuerbaren Quellen und zur Änderung und anschließenden Aufhebung der Richtlinien 2001/77/EG und 2003/30/EG (Abl. Nr. L 140 S. 16).
7   Energiekonzept der Bundesregierung vom 28.09.2010, S. 5; EEG-Erfahrungsbericht 2011 vom 03.05.2011, S. 3.

Anlässlich der Fukushima-Krise und der damit verbundenen eindeutigen politischen Zielsetzung in Richtung eines vollständigen Atomausstiegs ist eine weitere Verschärfung dieser Vorgaben eingetreten. Beispielsweise gestaltet sich die offizielle Zielsetzung des Bundesrates nunmehr bereits in Richtung des Erreichens eines Anteils der erneuerbaren Energien von 40 Prozent bis zum Jahr 2020 und einer weiteren kontinuierlichen Steigerung im Anschluss hieran.[8]

A. Bioenergie als effizientes Substitut fossiler Brennstoffe

Zur Umsetzung der politischen Vorgaben ist in unmittelbarer zeitlicher Nähe ein erheblicher Ausbau der vorhandenen Ressourcen an erneuerbaren Energien notwendig. Bis einschließlich des Jahres 2010 konnte bereits eine Teilhabe der erneuerbaren Energien am Gesamtstromverbrauch der Bundesrepublik Deutschland in Höhe von 16,8 Prozent erreicht werden.[9] Der Stromerzeugung aus Biomasse ist dabei ein Anteil von 12,8 Mrd. kWh zuzuordnen, wobei dies – gemeinsam mit der Energieerzeugung aus Deponie- und Klärgas – 5,5 Prozent des Gesamtstromverbrauchs entspricht.[10]

Gerade der Energieerzeugung aus Biogas muss auf diesem Weg aber eine tragende Rolle zugedacht werden. Sie verfügt als einziger erneuerbarer Energieträger neben der Wasserkraft aufgrund des breiten Einsatzspektrums und der hervorragenden Speicherfähigkeit über die erforderliche Grundlastfähigkeit, um die hohen Lastunterschiede im Bereich der Wind- und Solarenergie zu kompensieren.[11] Als weiterer tragender Aspekt sind die enormen Kapazitäten des Erdgasnetzes als Alternative zum dringend erforderlichen Ausbau der übrigen Leitungsnetze zu nennen. Während das deutsche Stromleitungsnetz lediglich über eine Speicherkapazität von 0,04 TWh verfügt, ließe sich anhand der vorhandenen Erdgasnetzinfrastruktur eine Speicherkapazität von ca. 130 TWh generieren.[12] In Kombination

---

8 Bundesrat, Stellungnahme des Bundesrates zum Entwurf eines Gesetzes zur Neuregelung des Rechtsrahmens für die Förderung der Stromerzeugung aus erneuerbaren Energien, BR-Drs. 341/11 (Beschluss), S. 3.
9 Erneuerbare Energien – Entwicklung in Deutschland 2010, S. 3.
10 Erneuerbare Energien – Entwicklung in Deutschland 2010, S. 5.
11 Energiekonzept der Bundesregierung vom 28.09.2010, S. 10; vgl. auch Kruschinski, Biogasanlagen als Rechtsproblem, S. 4.
12 Stellungnahme des Fachverbandes Biogas e. V. vom 21.04.2011, S. 1.

mit der Normierung der Gasäquivalentnutzung in § 27 Abs. 2 EEG 2009[13] erlaubt diese Tatsache eine in Form maximaler Abwärmenutzung und dezentraler Elektrifizierung absolut effiziente Energieerzeugung.[14]

B. Mögliche Hintergründe der restriktiven Handhabung durch die Verwaltungspraxis

Das enorme Potenzial der Biogaserzeugung erkennend hat sich der Gesetzgeber anlässlich der Novellierung des Baugesetzbuches durch das Europarechtsanpassungsgesetz Bau entschieden, neben den bereits existenten subventionsrechtlichen Marktanreizen auch die bestehenden Investitionshindernisse im Bauplanungsrecht zu beseitigen.[15] Jedoch ist die beabsichtigte Klarstellung mit der Einführung des § 35 Abs. 1 Nr. 6 BauGB nur bedingt gelungen. Insbesondere hat der Gesetzgeber durch eine unklare und zum Teil widersprüchliche Formulierung des Privilegierungstatbestandes ein Einfallstor für eine restriktive Handhabung durch die Verwaltungsbehörden geschaffen.[16] Faktisch wurde für den bauplanungsrechtlichen Außenbereich somit durch den Novellierungsprozess – entgegen der eigentlichen Zwecksetzung – eine gegenüber der alten Rechtslage verminderte Zulassungsfähigkeit von Biomasseanlagen herbeigeführt.[17]

Wegen der grundsätzlich offenen Formulierung der einschlägigen Tatbestandsmerkmale stellt sich zwangsläufig die Frage nach der Ursache einer derart

---

13 Gesetz für den Vorrang Erneuerbarer Energien (Erneuerbare-Energien-Gesetz, EEG) vom 25.10.2008 (BGBl. I S. 2074), zuletzt geändert durch Art. 1 Erstes G zur Änd. des Erneuerbare-Energien-G vom 11.8.2010 (BGBl. I S. 1170) (nachfolgend EEG 2009). Für die Anlagen deren Inbetriebnahme nach dem 31.12.2011 erfolgt ist, gilt nunmehr das Gesetz für den Vorrang Erneuerbarer Energien (Erneuerbare-Energien-Gesetz, EEG) vom 25.10.2008 (BGBl. I S. 2074), zuletzt geändert durch Art. 2 Abs. 69 G v. 22.12.2011 (BGBl. I S. 3044) (nachfolgend EEG).
14 § 27 Abs. 2 EEG normiert eine förderrechtliche Gleichbehandlung von aus dem Gasnetz entnommenem Erdgas mit dem an anderer Stelle eingespeistem Biogas. Hierdurch wird eine Verstromung des Biogases in direkter örtlicher Nähe zu sogenannten Wärmesenken und somit eine Nutzung der im Rahmen der Generatortechnik entstandenen Abwärme in bestehenden Nachbargebäuden ermöglicht. Eine zeitgleiche Entnahme ist dabei nicht vorgeschrieben, sodass eine Nutzbarmachung des Erdgasnetzes als Speichermedium möglich ist; vgl. hierzu Schäferhoff, in: Reshöft, EEG Handkommentar, § 27 Rn. 35.
15 Bundesregierung, Entwurf eines Gesetzes zur Anpassung des Baugesetzbuchs an EU-Richtlinien, BT-Drs. 15/2250, S. 55.
16 Vgl. hierzu etwa Kruschinski, Biogasanlagen als Rechtsproblem, S. 8/80.
17 Loibl/Rechel, UPR 2008, 134 (134).

restriktiven Verwaltungspraxis. Diese ist zum einen im enormen Widerstand der Bevölkerung gegen die Errichtung entsprechender Anlagen zu suchen. Erfahrungsgemäß endet die Begeisterung für die Stromerzeugung aus erneuerbaren Energien regelmäßig dort, wo der Bürger innerhalb der eigenen Privatsphäre mit konkreten Beeinträchtigungen – seien sie auch noch so geringfügig – rechnen muss. Zum anderen muss der Gewaltenteilung im Hinblick auf die Genehmigungspraxis von Biogasanlagen ein weitgehendes Versagen attestiert werden, da die Kontrollfunktion der Rechtsprechung hinsichtlich des administrativen Tätigwerdens in diesem Ausnahmefall aus faktischen Gründen weitgehend ins Leere läuft. Als Grund hierfür ist der Förderzyklus der für einen wirtschaftlichen Anlagenbetrieb weiterhin absolut erforderlichen Subventionen nach dem Erneuerbare-Energien-Gesetz zu vermuten:[18] Die jeweils anzuwendende Gesetzesfassung ist abhängig vom Jahr der Inbetriebnahme der Biomasseanlage. Der Inhalt der jeweiligen Nachfolgeregelungen des Folgejahres wird jedoch erfahrungsgemäß zum Zeitpunkt der Anlagenplanung nicht ausreichend absehbar sein. Dies würde in der Praxis für den Fall gerichtlicher Interessenwahrnehmung erhebliche Einbußen in Bezug auf die erforderliche Planungssicherheit bedeuten, da eine Inbetriebnahme regelmäßig auch eine vorhergehende Anlagengenehmigung voraussetzt.[19] Dieser Problematik entledigt sich eine Vielzahl von Anlagenbetreibern, indem die Errichtung entsprechender Projekte auf solche Bundesländer verlagert wird, die eine liberalere Handhabung der Genehmigungsvoraussetzungen vermuten lassen. Dem verwaltungsgerichtlichen Instanzenzug wird auf diese Weise jedwede Grundlage in Richtung der Ausübung ihrer Kontrollfunktion entzogen. Selbst in Bereichen, in welchen aufgrund der enormen Praxisrelevanz bereits höchstrichterliche Entscheidungen gefällt wurden, werden diese zum Teil durch die Verwaltungspraxis umgangen.

Als Beispiel hierfür ist die Umsetzung des Merkmals „im Rahmen eines Betriebes" gemäß § 35 Abs. 1 Nr. 6 Hs. 1 BauGB im Bundesland Schleswig-Holstein anzuführen. Trotz einer gegenläufigen Entscheidung des Bundesverwaltungsgerichts[20] wird dort am Erfordernis der Mehrheitsbeteiligung des Landwirts

---

18 Vgl. zur Abhängigkeit des wirtschaftlichen Anlagenbetriebs von entsprechenden Fördermitteln Reinhold, in: Gülzower Fachgespräche, Band 32, 76 (76); siehe auch Röhnert, Informationen zur Raumentwicklung 2006, 67 (70).
19 Teilweise riskieren (zukünftige) Anlagenbetreiber allerdings auch die formell illegale Inbetriebnahme von Biogasanlagen, um in den Genuss eines vergütungsrechtlich vorzugswürdigen Inbetriebnahmejahres zu gelangen.
20 BVerwG, Urt. v. 11.12.2008, 7 C 6/08, NVwZ 2009, 585 (586).

in Höhe von mindestens 75 Prozent an der Betreibergesellschaft festgehalten.[21] Diese restriktive Auslegung führt zu einer erheblichen Blockade der politisch vorgegebenen Zielsetzung, da kaum ein Landwirt in der Lage ist, das für entsprechende Anlagen erforderliche Investitionsvolumen in dieser Höhe zu tragen.

Hinsichtlich der Problematik der Beteiligung privilegierungsfremder Dritter an entsprechenden Betreibergesellschaften hätte sich eine Klarstellung anlässlich der im Zuge der Energiewende einhergegangenen Novellierung des Baugesetzbuches durch das Gesetz zur Förderung des Klimaschutzes bei der Entwicklung in den Städten und Gemeinden vom 22. Juli 2011[22] angeboten. Der Gesetzgeber hat sich an dieser Stelle allerdings auf eine Änderung der Leistungsgrenze des § 35 Abs. 1 Nr. 6 d BauGB beschränkt.[23]

C. Gegenstand der Untersuchung

Die vorliegende Arbeit möchte zur Beseitigung der bestehenden Auslegungsunsicherheiten beitragen. Hierzu werden zunächst sämtliche Tatbestandsmerkmale des § 35 Abs. 1 Nr. 6 BauGB auf potenzielle Auslegungsunsicherheiten hin untersucht. Hierbei auftretende Unklarheiten werden im Rahmen einer juristischen Auslegung anhand der üblichen Kriterien aufgearbeitet. Der besondere Schwerpunkt soll hierbei in Anbetracht der generell festzustellenden Diskrepanz zwischen politischer Zwecksetzung und tatsächlicher Umsetzung einer teleologischen Auslegung gelten.

Die Gewichtung der unterschiedlichen Auslegungsaspekte wird dabei unverändert bleiben, allerdings macht es sich die folgende Überprüfung zur Aufgabe, potenzielle Auslegungsergebnisse verstärkt vor dem gesetzgeberischen Kontext der Förderung einer regenerativen Energieerzeugung im Hinblick auf eine zukünftige Klima- und Ressourcenschonung einzuordnen und bestehende Abweichungen aufzuzeigen.[24] Hierzu sei bereits an dieser Stelle vorweggenommen, dass der eigentliche Normzweck – entsprechende Anlagen gegenüber der alten Rechtslage besser zu stellen[25] – gemessen an der derzeitigen Umsetzbarkeit bei Weitem verfehlt wurde.[26]

---

21 Vgl. insoweit die Ausführungen in Kapitel 3 C.IV..
22 BGBl. I S. 1509.
23 BGBl. I S. 1509 (1510).
24 Vgl. hinsichtlich des Umfangs politischer Zwecksetzung Krautzberger, in: Battis/Krautzberger/Löhr, BauGB, § 35 Rn. 38.
25 Söfker, in: Ernst/Zinkahn/Bielenberg/Krautzberger, Band II, § 35 Rn. 59.
26 Vgl. hierzu etwa Loibl/Rechel, UPR 2008, 134 (134).

Vor diesem Hintergrund wird in einem zweiten Schritt ein Abgleich der gefundenen Auslegungsergebnisse mit der tatsächlichen Verwaltungspraxis vorgenommen. In Ermangelung anderweitiger Umsetzungsmöglichkeiten ist zur Feststellung der tatsächlichen behördlichen Handhabe ein Rückgriff auf die Auslegungshinweise der Fachkommission „Städtebau" der ARGEBAU[27] sowie die zahlreich durch die jeweiligen Fachministerien der Bundesländer erlassenen Auslegungshinweise zu § 35 Abs. 1 Nr. 6 BauGB erforderlich. Diese Erlasse entfalten grundsätzlich keine unmittelbare Außenwirkung gegenüber dem Bürger. Aufgrund der dienstrechtlichen Gehorsamspflicht sind die nachgelagerten Behörden jedoch faktisch an die norminterpretierende Wirkung gebunden,[28] weshalb ein repräsentatives Abbilden der jeweiligen Verwaltungspraxis anzunehmen ist. Zusätzlich zu dieser vergleichenden Vorgehensweise versucht diese Arbeit potenzielle Auslegungsunsicherheiten bezüglich der ergangenen Rechtsprechung in Form von weitergehenden Interpretationshilfen zu beseitigen. Eine Abweichung von dieser Vorgehensweise ergibt sich lediglich in Kapitel 7 A. I. bezüglich der Einordnung einer nachträglichen Leistungssteigerung durch Anlagen zur Abgaswärmenutzung. Insoweit wird die Vereinbarkeit einer biomassefreundlichen Ausnahmeregelung des Landes Schleswig-Holstein, die aufgrund von seitens der Verwaltungsgerichtsbarkeit ausgeübten Drucks für unanwendbar erklärt wurde, mit den gesetzlichen Vorgaben des § 35 Abs. 1 Nr. 6 BauGB überprüft.

Abschließend werden die aufgezeigten Ergebnisse in Form konkreter Vorgaben für die verwaltungsbehördliche Praxis formuliert. Hierbei ist zu beachten, dass eine entsprechende Festlegung ausschließlich für derartige Tatbestandsmerkmale oder Ausnahmeregelungen vorgenommen wird, hinsichtlich derer eine Abweichung zu den rechtlichen Vorgaben tatsächlich festgestellt wurde. Zudem wird – deren Erforderlichkeit vorausgesetzt – eine Interpretation der verwaltungsgerichtlichen Rechtsprechung vorgenommen.

27　Auslegungshinweise der Fachkommission Städtebau vom 22.03.2006, S. 1 ff.; Auslegungshinweise der Fachkommission Städtebau vom 23.03.2012, S. 1 ff..
28　Schomerus/Sanden/Dietrich, NordÖR 2006, 177 (183); Loibl/Rechel, UPR 2008, 134 (134).

Kapitel 2 Technische Grundlagen der Biogaserzeugung

Im Rahmen des für die Methanerzeugung erforderlichen Fermentationsprozesses werden organische Stoffe durch einen bakteriellen Abbauvorgang in einen gasförmigen Zustand überführt.[29]

A. Chemische Beschaffenheit des Biogases

Das im Rahmen des Fermentationsprozesses freigesetzte Biogas besteht im Wesentlichen aus Methan, Kohlendioxid und Schwefelwasserstoff. Weiterhin sind geringfügig Stoffe wie Ammoniak, Stickstoff und Sauerstoff enthalten. Prozentual entfällt der größte Anteil mit einem Gehalt von 50 bis 75 Prozent auf brennbares Biomethan.[30] Dieses ist ebenso Hauptbestandteil von fossilem Erdgas, so dass nach einer gewissen Aufbereitung und nach gegebenenfalls erfolgter Einspeisung in das Erdgasnetz eine identische Nutzungsbandbreite realisierbar ist.

B. Aufgliederung des Fermentationsprozesses

Grundsätzlich handelt es sich im Fall des Fermentationsprozesses um einen anaeroben Abbauprozess wie er in der Natur beispielsweise im Pansen von Wiederkäuern oder in Mooren allgegenwärtig ist. Dieser Prozess lässt sich in vier Abbaustufen unterteilen:

- die Hydrolyse,
- die Versäuerungsphase,
- die Essigsäurebildung und
- die Methanogenese.[31]

---

29 Peine/Knopp/Radcke, Das Recht der Errichtung von Biogasanlagen, S. 20.
30 Schulz/Eder, Biogas Praxis, S. 23.
31 Fachagentur Nachwachsende Rohstoffe e. V., Handreichung Biogas, S. 25.

Im Rahmen der Hydrolyse werden hochmolekulare organische Substanzen wie Eiweiß, Kohlenhydrate, Fett oder Zellulose im Rahmen eines biochemischen Zersetzungsprozesses in niedermolekulare Strukturen wie z. B. Aminosäuren, Zucker oder Fettsäuren aufgespalten. Während der Versäuerungsphase oder Acidogenese werden diese Zwischenprodukte durch säurebildende Bakterien in niedere Fettsäuren wie Essig-, Proprion- und Buttersäure sowie Kohlendioxid und Wasserstoff umgewandelt. Im Rahmen der Essigsäurebildung oder Acetogenese werden diese Produkte vollständig in Essigsäure, Kohlendioxid und Wasserstoff abgebaut und im Laufe der folgenden Methanogenese in Methan umgewandelt.[32] Die Qualität des produzierten Biomethans hängt dabei vorrangig von den Faktoren Gärtemperatur, Fermenterverweilzeit, Umfang der Substrataufbereitung sowie der Qualität des eingebrachten Substrats ab.[33] Der Temperaturbereich für einen Verfaulungsprozess liegt üblicherweise bei 0 bis 70 Grad Celsius. Es existieren drei typische Temperaturbereiche, innerhalb derer die jeweiligen Bakterienstämme ein optimales Arbeitsklima vorfinden. Sie gliedern sich in psychrophile, mesophile und thermophile Stämme und decken die Temperaturbereiche von unter 20 Grad Celsius, zwischen 25 und 35 Grad Celsius sowie über 45 Grad Celsius ab. In Deutschland wird ein Großteil der bestehenden Anlagen im mesophilen Bereich betrieben, wenngleich im Fall von stromerzeugenden Anlagen aufgrund der auskoppelbaren und somit ohnehin verfügbaren Abwärme bereits häufiger ein Rückgriff auf die effektiveren thermophilen Bakterienstämme erfolgt.[34] Weiterhin erfordern aufgrund gewünschter höherer Anlageneffektivität immer kürzer werdende Fermenterverweilzeiten vor allem im Fall der Verwendung von hartfaserigen Substraten einen mechanischen Aufschluss des Rohmaterials vor der Einfütterung. Hierdurch kann eine Vergrößerung der Oberflächenstruktur der Biomasse und somit eine Maximierung der Angriffsfläche für die Bakterienkulturen erreicht werden.[35]

Im Wesentlichen hängt das tatsächliche Gaserzeugungsvolumen der Biogasanlage jedoch von der Art und Qualität des eingebrachten Substrats ab. Es lässt sich eine generelle Proportionaltiät zwischen einem niedrigen Wassergehalt des eingesetzten Substrats und einem hohen Biomethananteil im produzierten

---

32 Schulz/Eder, Biogas Praxis, S. 17; Fachagentur Nachwachsende Rohstoffe e. V., Handreichung Biogas, S. 25; siehe hierzu auch Andreä, Biogas und Biomasse, S. 30.
33 Fachagentur Nachwachsende Rohstoffe e. V., Handreichung Biogas, S. 31.
34 Schulz/Eder, Biogas Praxis, S. 17/18.
35 Schulz/Eder, Biogas Praxis, S. 20; Fachagentur Nachwachsende Rohstoffe e. V., Handreichung Biogas, S. 35.

Gasgemisch feststellen.[36] Einzig für die Biogaserzeugung relevant sind dabei die eingebrachten Kohlenhydrat-, Protein- und Fettanteile der Biomasse, wobei die beiden letztgenannten Stoffe das größere Gaserzeugungspotential aufweisen.[37] Als geeignete Substrate finden in der Praxis daher auch organische Industriereststoffe sowie organische Abfälle Verwendung. Aufgrund der besonderen Förderung entsprechender Anlagen durch das Erneuerbare-Energien-Gesetz liegt der größte Anwendungsbereich momentan im Bereich der Vergärung von Gülle, Mist und nachwachsenden Rohstoffen wie Mais bzw. anderen Energiepflanzen.[38] Neben der Zusammensetzung der eingebrachten Stoffe beeinflusst auch deren hygienischer Zustand den Ablauf des Zersetzungsprozesses, da etwaige Verunreinigungen bzw. Schimmelbildungen eine Reduzierung der Bakterienkulturen und somit eine Verlangsamung des Gärungsprozesses nach sich ziehen können.[39]

C. Anlagenumfang und Umsetzung der Biogaserzeugung

Umfang und Bauweise der für die Biogasherstellung verwendeten technischen Hilfsmittel und Anlagen haben sich seit Errichtung der ersten Biogasanlage im 19. Jahrhundert stark verändert.[40] Im Fall einer modernen Biogasanlage erfolgt im Anschluss an die Anlieferung zunächst eine Lagerung des Substrats in speziellen, säuredichten Zwischenlagern. Der Umfang derartiger Lagervorrichtungen kann dabei speziell im Fall von NaWaRo-Anlagen aufgrund der vorwiegend im Jahreszyklus erfolgenden Energiepflanzenernte durchaus erheblich sein. Aus diesem Zwischenlager wird das Substrat regelmäßig nach erfolgter Zerkleinerung und Aufspaltung in einen weiteren Lagerbehälter eingebracht. Von diesem aus wird die Biomasse über ein Förderband oder eine Förderschnecke in den Fermenter transportiert. Dort wird das aufsteigende Biogas in ein Gaslager abgeleitet und im Nachgang seiner weitergehenden Nutzung zugeführt. Die zurückbleibenden Gärreste werden regelmäßig als Wirtschaftsdünger auf die umliegenden Felder ausgebracht.[41]

---

36 Fachagentur Nachwachsende Rohstoffe e. V., Handreichung Biogas, S. 31.
37 Peine/Knopp/Radcke, Das Recht der Errichtung von Biogasanlagen, S. 21.
38 Peine/Knopp/Radcke, Das Recht der Errichtung von Biogasanlagen, S. 21/ 22.
39 Fachagentur Nachwachsende Rohstoffe e. V., Handreichung Biogas, S. 34.
40 Peine/Knopp/Radcke, Das Recht der Errichtung von Biogasanlagen, S. 22.
41 Biogashandbuch Bayern, Kapitel 1, S. 6.

D. Relevante Absatzformen des erzeugten Biogases

Die Verwendung von Biogas zur Eigenversorgung wird grundsätzlich durch § 9 Abs. 1 Nr. 1 StromStG[42] in Form einer absoluten Befreiung von der Stromsteuer mittelbar subventioniert. Aufgrund der hohen Vergütungssätze nach dem Erneuerbare-Energien-Gesetz gestaltet sich die wirtschaftlich sinnvollste Biogasnutzung allerdings stets in Form einer Veräußerung am hierfür relevanten Markt. In Frage kommen hier grundsätzlich die vergütungsauslösenden Alternativen der Verstromung des erzeugten Biogases mit anschließender Einspeisung in das Netz der allgemeinen Versorgung und die Einspeisung des gewonnenen Biomethans in das allgemeine Erdgasnetz.

Die erstgenannte Alternative lässt sich dabei wirtschaftlich besonders effektiv darstellen, da sowohl die Niedertemperatur-Abwärme des BHKW-Kühlkreislaufs als auch die Hochtemperatur-Abgaswärme des Verbrennungsmotors durch Wärmetauscher ausgekoppelt und somit einer weitergehenden wirtschaftlichen Nutzung zugeführt werden kann. Als relevante Nutzungsform kommt hier besonders die Wärmeversorgung nahestehender Wohn- und Wirtschaftsgebäude in Frage, wenngleich es aufgrund der außenbereichsimmanenten Alleinlage von Biogasanlagen regelmäßig an einer ausreichenden Absatzmöglichkeit fehlen wird. Insoweit kann die entstehende Abwärme durch innovative Anlagen zur Nachverstromung in elektrische Energie umgewandelt und ebenfalls als durch das Erneuerbare-Energien-Gesetz geförderter Strom in das Netz der allgemeinen Versorgung eingespeist werden.

Die größere Nutzungsbandbreite bietet hingegen die Möglichkeit, das erzeugte Biogas in das allgemeine Erdgasnetz einzuspeisen. Auch für diese Form der Biogasnutzung erhält der Anlagenbetreiber eine hohe Einspeisevergütung nach dem Erneuerbare-Energien-Gesetz. Allerdings bedarf es hierfür zusätzlich zur regelmäßig ohnehin erfolgenden Entfeuchtung und Entschwefelung des Biogases einer weiterführenden Feinreinigung, um die gewünschte Erdgasqualität zu erreichen. Insoweit hat eine aufwendige Filterung, eine Kohlendioxidabtrennung sowie eine Entfernung weiterer Gasbegleitstoffe wie Ammoniak, Silicium und Halogenwasserstoffen zu erfolgen.[43] Diese Variante der Biogasnutzung ist besonders

---

42 Stromsteuergesetz in der Fassung der Bekanntmachung vom 24.03.1999 (BGBl. I S. 378), zuletzt geändert durch Art. 2 des Gesetzes zur Änderung des Energiesteuer- und des Stromsteuergesetzes vom 01.03.2011 (BGBl. I S. 282).

43 Fachagentur Nachwachsende Rohstoffe e. V., Studie zur Einspeisung von Biogas in das Erdgasnetz, S. 26.

umweltschonend, da das Biomethan nach der Netzeinspeisung entweder dezentral im Bereich einer entsprechenden Wärmesenke verstromt, als Treibstoff für Kraftfahrzeuge verwendet oder jeder sonstigen Nutzungsmöglichkeit von Erdgas zugeführt werden kann. Durch eine derartige Biogasnutzung kann das Speicherpotential des Erdgasnetzes zur Entlastung der Stromnetze beitragen.

Kapitel 3 Anlagen- und betriebsspezifische Tatbestandsvoraussetzungen gem. § 35 Abs. 1 Nr. 6 Hs. 1 BauGB

Gemäß § 35 Abs. 1 Nr. 6 Hs. 1 BauGB erfordert die Privilegierung einer Biomasseanlage die energetische „Nutzung von Biomasse im Rahmen eines Betriebes nach Nummer 1 oder 2 oder eines Betriebes nach Nummer 4, der Tierhaltung betreibt". Zu unterscheiden ist dabei zwischen biomassespezifischen Anforderungen an den Betrieb einer Biogasanlage und der Einordnung als energetische Biomassenutzung.

A. Biomassespezifische Anforderungen an den Betrieb

Als eigenständig privilegierte Basis für eine Biomasseanlage kommen gemäß § 35 Abs. 1 Nr. 6 Hs. 1 BauGB land- und forstwirtschaftliche Betriebe im Sinne des § 35 Abs. 1 Nr. 1 BauGB, Betriebe der gartenbaulichen Erzeugung im Sinne des § 35 Abs. 1 Nr. 2 BauGB und der Tierhaltung dienende Betriebe im Sinne des § 35 Abs. 1 Nr. 1 BauGB, die wegen der „besonderen Anforderungen an die Umgebung", der „nachteiligen Wirkung auf die Umgebung" oder der „besonderen Zweckbestimmung nur im Außenbereich ausgeführt werden" sollen, in Frage. Letzterer Fall bezieht sich besonders auf Fälle der Massentierhaltung, die wegen unzureichender eigener Futtergrundlage bzw. dem Erfordernis einer immissionsschutzrechtlichen Genehmigung nicht der baurechtlichen Definition der Landwirtschaft im Sinne des § 201 BauGB unterfallen.[44] Im Hinblick auf die Praxisrelevanz der einzelnen Anknüpfungspunkte ist festzustellen, dass hauptsächlich landwirtschaftlich geprägte Betriebe im Sinne des § 35 Abs. 1 Nr. 1 BauGB die Grundlage entsprechender Vorhaben darstellen.[45] Wesentliche Voraussetzung der bauplanungsrechtlichen Zulässigkeit ist demnach die Einordnung des Basisbetriebs[46] unter den Begriff der Landwirtschaft im Sinne

---

44 Jäde, in: Jäde/Dirnberger/Weiss, BauGB, § 35 Rn. 82.
45 Hinsch, ZUR 2007, 401 (403).
46 Die zur Erzeugung von Biogas erforderlichen Anlagenbestandteile werden als Betreiberbetrieb bezeichnet. Der meist landwirtschaftlich orientierte, privilegierte Bezugspunkt

des § 201 BauGB. Diese Frage wird regelmäßig im bauplanungsrechtlichen Genehmigungsverfahren der Biomasseanlage als zwingende Privilegierungsvoraussetzung neu aufgeworfen.

I. Verhältnis von Pacht- zu Eigentumsflächen

Das Bestehen eines Betriebs setzt im Hinblick auf den Grundsatz der größtmöglichen Außenbereichsschonung das Vorliegen einer bestimmten Organisationsstruktur sowie die Nachhaltigkeit und Ernsthaftigkeit der Tätigkeit voraus.[47] In diesem Zusammenhang wird durch die Genehmigungsbehörden das Verhältnis zwischen im Eigentum des Landwirts stehenden Wirtschaftsflächen und lediglich angepachtetem Grund als Merkmal der Dauerhaftigkeit des Vorhabens festgelegt,[48] obwohl eine Einschränkung dahingehend, die Privilegierung setze ein bestimmtes Verhältnis zwischen Pacht- und Eigentumsflächen voraus, dem gesetzlichen Tatbestand gerade nicht entnommen werden kann.[49] Die Bezugnahme auf das Verhältnis von Pacht- zu Eigentumsflächen erscheint bereits deshalb fraglich, weil aufgrund des Strukturwandels in der Landwirtschaft ein Trend hin zu größeren Pachtanteilen auszumachen ist. Besonders deutlich wird dies bei einer Betrachtung des durchschnittlichen Pachtflächenanteils. Während dieser im Jahre 1971 noch 28,7 Prozent betrug, werden bundesweit gegenwärtig ca. zwei Drittel aller landwirtschaftlich genutzten Flächen von den bewirtschaftenden Landwirten gepachtet.[50] Weiterhin ist allgemein anerkannt, dass bestehendes Eigentum an den bewirtschafteten Flächen lediglich als ein Indiz unter vielen für die erforderliche Nachhaltigkeit zu werten ist[51] und daher auch im Fall von überwiegend gepachteten

---

im Außenbereich wird als Basisbetrieb umschrieben. Vgl. zur Bedeutung dieses Begriffes auch: Söfker, in: Ernst/Zinkahn/Bielenberg/Krautzberger, Band II, § 35 Rn. 59 b.
47 Hentschke/Urbisch, AUR 2005, 41 (43); Jäde, in: Jäde/Dirnberger/Weiss, BauGB, § 35 Rn. 21.
48 Vgl. exemplarisch hierzu Biomasseerlass Brandenburg vom 5. April 2006, ABl. für Brandenburg 2006, 354 (355); ebenso Bracher, in: Gelzer/Bracher/Reidt, Bauplanungsrecht, Rn. 2112.
49 Loibl/Rechel, UPR 2008, 134 (135).
50 Bundesrat, Empfehlungen der Ausschüsse, BR-Drs. 395/1/04, S. 10.
51 So OVG Koblenz, Urt. v. 22.11.2007, 1 A 10253/07, BauR 2008, 794 (795); vgl. klarstellend hierzu Bundesregierung, Gegenäußerung zur Stellungnahme des Bundesrates, BT-Drs. 15/2250, S. 95, wonach selbst der einschränkenden Auslegung der Bundesregierung folgend im Fall langfristiger Pachtverträge die Nachhaltigkeit als gewährleistet anzusehen ist.

Flächen von einer Dauerhaftigkeit des Betriebs ausgegangen werden kann.[52] Als weitere Anhaltspunkte kommen Aspekte der Betriebsführung, die Planmäßigkeit und Eigenverantwortlichkeit der Bewirtschaftung, die fachliche Qualifikation und Zuverlässigkeit des Betreibers sowie das vorhandene Anlagevermögen in Betracht.[53] Im Fall eines zurückliegenden, mehrjährigen Bewirtschaftens der gepachteten Flächen gilt die Nachhaltigkeit der Betriebsführung jedenfalls als indiziert.[54] Das Bestehen eines landwirtschaftlichen Basisbetriebs ist folglich nicht starr an einer bestimmten Eigentumsquote festzumachen, sondern im Rahmen einer Gesamtwürdigung anhand der aufgezeigten Kriterien zu beurteilen.[55]

II. Ausschließliche Erzeugung von Biomasse

Die Einordnung als landwirtschaftlicher Betrieb im Sinne des § 201 BauGB ist – losgelöst von der Frage des Betreibens „im Rahmen" und der Eigenschaft als „energetische Nutzung" – selbst dann gleichlaufend zu beurteilen, wenn durch den Basisbetrieb ausschließlich oder überwiegend regenerative Rohstoffe zur Beschickung der Biomasseanlage erzeugt werden.[56] Denn die Erzeugung von pflanzlichen Produkten in Form unmittelbarer Bodennutzung unterfällt als landwirtschaftliche Urproduktion bereits eigenständig der gesetzlichen Legaldefinition des § 201 BauGB.[57] An dieser Klassifizierung vermag eine Weiterverarbeitung der erzeugten Rohstoffe, unabhängig vom Charakter des Verarbeitungsvorgangs, nichts mehr zu ändern.[58]

---

52 BayVGH, Urt. v. 18.06.2007, 26 B 04.1772, BeckRS 2009, 40679.
53 Biomasseerlass Brandenburg vom 5. April 2006, ABl. für Brandenburg 2006, 354 (355).
54 Loibl/Rechel, UPR 2008, 134 (135).
55 Vgl. zur strukturellen Entwicklung in Richtung einer höheren Pachtquote Bundesrat, Plenarprotokoll der Sitzung vom 28. November 2003, BR-Drs. Plenarprotoll 794, S. 469.
56 Biomasseerlass Niedersachsen vom 06.12.2006, S. 2; Außenbereichserlass NRW vom 27.10.2006, S. 11; bestätigt durch BVerwG, Urt. v. 11.12.2008, 7 C 6/08, NVwZ 2009, 585 (586).
57 BVerwG, Urt. v. 11.12.2008, 7 C 6/08, NVwZ 2009, 585 (586); Bezug nehmend auf vorbezeichnetes Urteil auch Biomasseerlass Schleswig-Holstein vom 16.03.2009, S. 2; Außenbereichserlass NRW vom 27.10.2006, S. 11; weitergehend hierzu Bundesrat, Empfehlungen der Ausschüsse, BR-Drs. 756/1/03, S. 39, wonach selbst gartenbaubetriebliche und forstwirtschaftliche Erzeugnisse unproblematisch als landwirtschaftliche Rohstoffe einzustufen sind.
58 Vgl. auch Kruschinski, Biogasanlagen als Rechtsproblem, S. 84.

B. „Energetische Nutzung von Biomasse"

Weiterhin definiert § 35 Abs. 1 Nr. 6 Hs. 1 BauGB die „energetische Nutzung von Biomasse" als tatbestandliche Privilegierungsvoraussetzung. Zu untersuchen gilt es aus diesem Grund, welche Anforderungen an die zur Gaserzeugung genutzten Rohstoffe und an die energetische Nutzungsbandbreite zu stellen sind.

I. Beurteilung des bauplanungsrechtlichen Biomassebegriffs

Eine bauplanungsrechtliche Legaldefinition des Begriffes „Biomasse" existiert nicht. Als Konsequenz beziehen sich die wesentlichen Literaturstimmen auf den förderungsspezifischen Biomassebegriff des § 27 Abs. 1 S. 1 EEG.[59] Dieser für die Einspeisevergütung nach dem Erneuerbare-Energien-Gesetz relevante Begriff wird aufgrund der Verordnungsermächtigung in § 64 a Abs. 1 Nr. 1 EEG durch § 2 Abs. 1 S. 1 BiomasseV[60] als die Gesamtheit der Phyto- und Zoomasse definiert. Erfasst werden somit sämtliche kohlenstoffhaltigen pflanzlichen und tierischen Ausgangsstoffe.[61] Dieser Begriffsumfang wird durch § 2 Abs. 1 S. 2 BiomasseV

---

59 Vgl. etwa: Bracher, in: Gelzer/Bracher/Reidt, Bauplanungsrecht, Rn. 2140; Kruschinski, Biogasanlagen als Rechtsproblem, 81/82; Hinsch, ZUR 2007, 401 (403); Röhnert, Informationen zur Raumentwicklung 2006, 67 (70); a. A. Lampe, NuR 2006, 152 (153), der bereits die Unterschiede zwischen Bauplanungsrecht und den subventionsrechtlichen Bestimmungen erkennt und den Biomassebegriff der BiomasseV konsequenterweise lediglich als Anhaltspunkt für eine Begriffsbestimmung verwendet; ebenso Kühne, Die Änderung der Außenbereichsvorschrift des § 35 BauGB durch das Europarechtsanpassungsgesetz Bau, S. 130/131, ohne jedoch eine verbindliche Aussage zur Einordnung von auf der Negativliste des § 3 BiomasseV enthaltener Biomasse zu treffen; siehe auch Söfker, in: Ernst/Zinkahn/Bielenberg/Krautzberger, BauGB, Band II, § 35 Rn. 59 a, der ebenfalls von einer Einordnung der Begriffsbestimmung der BiomasseV als bloßer Anhaltspunkt ausgeht, allerdings im Folgenden eine zwingende Bindung an den Biomassebegriff des Erneuerbare-Energien-Gesetz annimmt. Dies ergibt sich insbesondere aus der Einstufung der Einbringung von Papier bzw. gemischten Abfällen als bauplanungsrechtliche Nutzungsänderung, obwohl dieses als organische Produktionsstufe noch dem grundsätzlichen Biomassebegriff unterfällt; vgl. Andreä, Biogas und Biomasse, S. 23.
60 Verordnung über die Erzeugung von Strom aus Biomasse (Biomasseverordnung – BiomasseV) vom 21.06.2001 (BGBl. I S. 1234), zuletzt geändert durch Art. 5 Absatz 10 G v. 24.02.2012 (BGBl. I S. 212).
61 Kaltschmitt, in: Kaltschmitt/Hartmann/Hofbauer, Energie aus Biomasse: Grundlagen, Techniken und Verfahren, S. 2.

um die hieraus resultierenden Folge- und Nebenprodukte sowie Rückstände und Abfälle erweitert, sofern der hierin enthaltene Energiegehalt aus der Phyto- bzw. Zoomasse stammt.

Dieser weite Biomassebegriff wird jedoch durch eine offene Positivliste in § 2 Abs. 2 bis 4 BiomasseV und eine abschließende Negativliste in § 3 BiomasseV weiter konkretisiert.[62] Insbesondere erfährt der förderspezifische Biomassebegriff durch die Aufzählung von nicht zur Biomasse gehörenden Stoffen in § 3 BiomasseV eine erhebliche Einschränkung. So wird eine Vielzahl an Stoffen, die eigentlich organischer Natur sind, aber dem Förderzweck des Erneuerbare-Energien-Gesetzes widersprechen, als nicht zur Biomasse gehörig definiert.[63] Exemplarisch sind hierfür Siedlungsabfälle, belastetes Altholz, Papier, Pappe, Karton, Klärschlamm, Gewässerschlamm und -sedimente, bestimmte tierische Abfallprodukte[64] sowie Deponie- und Klärgas anzuführen.[65]

Zwar wurde im Rahmen der EEG-Novelle 2009[66] das ursprünglich in § 27 Abs. 1 EEG 2004[67] normierte Ausschließlichkeitsprinzip gelockert. Dieses Prinzip betrifft jedoch lediglich das grundsätzliche Bestehen des Vergütungsanspruches, der nicht mehr – wie zuvor normiert – durch einmaliges Einbringen von Biomasse im Sinne der Negativliste komplett entfällt.[68] Eine Vergütung nach

---

62 Salje, EEG, § 27 Rn. 18; im Fall von auf der Positivliste geführten Einsatzstoffen bedarf es keiner weiteren Prüfung der Tatbestandsmerkmale des § 2 Abs. 1 BiomasseV. Die Positivliste in § 2 Abs. 2 BiomasseV stellt dies für Pflanzen und Pflanzenbestandteile sowie entsprechende Folgeprodukte, Abfälle und Nebenprodukte pflanzlicher und tierischer Herkunft aus der Land-, Forst- und Fischwirtschaft, Bioabfälle i. S. v. § 2 Nr. 1 der Bioabfallverordnung sowie für aus Biomasse hergestelltes Gas und Alkohol fest; vgl. Ekardt, in: Frenz/Müggenborg, EEG, § 27 Rn. 19; weiterführend hierzu Dannischewski, ZNER 2001, 70 (71/72).
63 Schäferhoff, in: Reshöft, EEG Handkommentar, §27 Rn. 19.
64 Aufgrund der Problematik gehäuft auftretender BSE-Fälle sah sich der Gesetzgeber gezwungen, nur die Vergärung derartiger tierischer Abfallprodukte zu fördern, die nicht einer Beseitigungspflicht im Sinne des Tierkörperbeseitigungsgesetzes unterliegen; vgl. Stellungnahme des Verbandes der Verarbeitungsbetriebe tierischer Nebenprodukte e. V. (VVTN), http://www.stn-vvtn.de/archiv/BiomasseV_Initiative_100209.pdf, S. 3, 04.02.2011, 16:57 Uhr.
65 Vgl. hierzu § 3 Nr. 3 bis 7 u. Nr. 9 bis 11 BiomasseV.
66 Gesetz für den Vorrang Erneuerbarer Energien (Erneuerbare-Energien-Gesetz – EEG) in der Fassung der Bekanntmachung vom 25.10.2008 (BGBl. I S. 2074).
67 Gesetz für den Vorrang Erneuerbarer Energien (Erneuerbare-Energien-Gesetz – EEG) in der Fassung der Bekanntmachung vom 21.07.2004 (BGBl. I S. 1918) (nachfolgend EEG 2004).
68 Hinsch/Holzapfel, in: Loibl/Maslaton/Bredow, Biogasanlagen im EEG 2009, 9 (13).

dem Erneuerbare-Energien-Gesetz kann allerdings weiterhin nur für die Nutzung von Biomasse im Sinne der Biomasseverordnung erzielt werden. Die Annahme eines Gleichlaufs des dem Erneuerbare-Energien-Gesetz zugrunde liegenden Biomassebegriffs mit demjenigen des Bauplanungsrechtes führt daher in der Praxis zu erheblichen Problemen. Denn während im Bereich des Erneuerbare-Energien-Gesetz nach neuer Rechtslage, trotz Einbringung von auf der Negativliste befindlichen Stoffen, bezüglich der vergütungsfähigen Materialien ein anteiliger Vergütungsanspruch besteht, würde dies im Rahmen einer baurechtlichen Beurteilung aufgrund gegebener Nutzungsänderung eine erneute Genehmigungsbedürftigkeit hervorrufen,[69] da die Genehmigungsfähigkeit in diesem Fall aufgrund mangelnder Einschlägigkeit des Privilegierungstatbestandes regelmäßig nach den strengeren Maßstäben des § 35 Abs. 2 BauGB zu beurteilen wäre.[70] Aufgrund dessen Ausnahmecharakter würde in einer Vielzahl von Fällen die planungsrechtliche Illegalität des Vorhabens hervorgerufen werden.[71] Im Folgenden gilt es daher zu untersuchen, ob eine derart restriktive Auslegung des bauplanungsrechtlichen Biomassebegriffs und die damit einhergehende „doppelte Schlechterstellung" derartiger Anlagen, die ausweislich der Biomasseverordnung nicht EEG-fähige Biomasse vergären, tatsächlich gerechtfertigt ist.

1. Wortbedeutung des Begriffs Biomasse

Ausgehend von der Wortbedeutung umfasst die Begrifflichkeit „Biomasse" die „Gesamtheit der lebenden, toten und zersetzten Organismen eines Lebensraums, einschließlich der von ihnen produzierten organischen Substanzen".[72] Die Wortbedeutung ist somit deckungsgleich mit der grundsätzlichen Begriffsdefinition des § 2 Abs. 1 BiomasseV und derjenigen der Richtlinien 2001/77/EG und 2009/28/EG.[73] Eine Einschränkung, bestimmte Stoffe seien von der Begrifflichkeit nicht umfasst,

---

69 Söfker, in: Ernst/Zinkahn/Bielenberg/Krautzberger, BauGB, Band II, § 35 Rn. 59 a; siehe auch Kruschinski, Biogasanlagen als Rechtsproblem, S. 81.
70 Von einer bauplanungsrechtlich relevanten Nutzungsänderung ist regelmäßig auszugehen, wenn der Zulässigkeitsrahmen der neuen im Vergleich zur alten Nutzung einer restriktiveren Beurteilung unterliegt, vgl. Jäde, in: Jäde/Dirnberger/Weiss, BauGB, § 35 Rn. 82.
71 Söfker, in: Ernst/Zinkahn/Bielenberg/Krautzberger, BauGB, Band II, § 35 Rn. 59 a; Kruschinski, Biogasanlagen als Rechtsproblem, S. 81/82.
72 Brockaus Enzyklopädie Online, abrufbar unter: http://www.brockhaus-enzyklopaedie.de/be21_article.php, 02.02.2011, 12:44 Uhr.
73 Ekardt, in: Frenz/Müggenborg, EEG, § 27 Rn. 13; zum gemeinschaftsrechtlichen Biomassebegriff vgl. Art. 2 b RL 2001/77/EG und Art. 2 S. 1 e) RL 2009/28/EG.

ist der Wortbedeutung nicht zu entnehmen, so dass von einem unbegrenzten Umfang des Biomassebegriffs auszugehen ist.

2. Einordnung des bauplanungsrechtlichen Biomassebegriffs in den bestehenden Normkontext

Weitergehende Bestätigung erfährt das unbegrenzte Begriffsverständnis durch die Einordnung in den bestehenden Normkontext. Von den wesentlichen Literaturstimmen wird der energiepolitische Gesamtzusammenhang zwischen der subventionsrechtlichen Förderung von Biogasanlagen durch das Erneuerbare-Energien-Gesetz und dem bauplanungsrechtlichen Privilegierungstatbestand § 35 Abs. 1 Nr. 6 BauGB als Hauptargument für eine gleichlaufende Beurteilung des Biomassebegriffs herangezogen.[74] Abgestellt wird insoweit auf den Charakter des Privilegierungstatbestandes als bauplanungsrechtliche Absicherung der Förderungsziele des Erneuerbare-Energien-Gesetzes.[75] Dieser Annahme eines parallelen Förderinteresses ist grundsätzlich zuzustimmen. Für das Erneuerbare-Energien-Gesetz ist der Gesetzeszweck in § 1 EEG ausdrücklich normiert:

„Zweck dieses Gesetzes ist es, insbesondere im Interesse des Klima- und Umweltschutzes eine nachhaltige Entwicklung der Energieversorgung zu ermöglichen, die volkswirtschaftlichen Kosten der Energieversorgung auch durch die Einbeziehung langfristiger externer Effekte zu verringern, fossile Energieressourcen zu schonen und die Weiterentwicklung von Technologien zur Erzeugung von Strom aus Erneuerbaren Energien zu fördern.

Um den Zweck des Absatzes 1 zu erreichen, verfolgt dieses Gesetz das Ziel, den Anteil Erneuerbarer Energien an der Stromversorgung bis zum Jahr 2020 auf mindestens 30 Prozent und danach kontinuierlich weiter zu erhöhen."[76]

Zusammenfassend bezweckte der Gesetzgeber durch die Einführung des Erneuerbare-Energien-Gesetzes eine erhebliche Steigerung des Anteils der erneuerbaren Energien an der Gesamtstromversorgung der Bundesrepublik Deutschland. Das Erneuerbare-Energien-Gesetz ist daher letztendlich als nationales Umsetzungsinstrument der international im Rahmen des Kyoto-Protokolls[77] bzw. der Richtlinien

---

74 Vgl. etwa Kühne, Die Änderung der Außenbereichsvorschrift des § 35 BauGB durch das Europarechtsanpassungsgesetz Bau, S. 130.
75 Kruschinski, Biogasanlagen als Rechtsproblem, S. 82.
76 § 1 EEG v. 25.10.2008 (BGBl. I S. 2074).
77 Insoweit wurde in Form des Art. 2 Abs. 1 a) IV Kyoto-Protokoll die Förderung der Nutzung von erneuerbaren Energieträgern als Staatsaufgabe festgelegt.

2001/77/EG[78] sowie 2009/28/EG[79] festgelegten Ziele zur langfristigen Ressourcen- und Klimaschonung einzustufen.[80] Im Fall des § 35 Abs. 1 Nr. 6 BauGB gestaltet sich der politische Hintergrund allerdings wesentlich komplexer. Die Motivation des Gesetzgebers lag neben Aspekten der Förderung des Klimaschutzes und der Ressourcenschonung auch in einer effizienteren Energienutzung und dem Herbeiführen eines Strukturwandels in der Landwirtschaft.[81] Das Erreichen dieser Ziele war jedoch nur insoweit beabsichtigt, als dies auch mit dem Grundsatz größtmöglicher Außenbereichsschonung zu vereinen war.[82] Vor diesem Hintergrund wird insbesondere der unterschiedliche Regelungsgehalt des Erneuerbare-Energien-Gesetzes und des bauplanungsrechtlichen Privilegierungstatbestandes deutlich. Während der Charakter des Erneuerbare-Energien-Gesetzes als reines Förderinstrumentarium eine größtmögliche Forcierung sämtlicher, mit dem Gesetzeszweck konform gehender Energieträger beabsichtigt, steht die planungsrechtliche Zulässigkeit eines Außenbereichsvorhabens im Kontext einer Unbedenklichkeit aufgrund gegebener Außenbereichsverträglichkeit. Hieraus ist zu folgern, dass die Einschränkung des Biomassebegriffs im Rahmen des Erneuerbare-Energien-Gesetzes, die allein auf der Unverträglichkeit mit dessen Förderzweck beruht, nicht auf den bauplanungsrechtlichen Biomassebegriff übertragen werden kann.[83] Vielmehr rechtfertigen diejenigen Unterschiede zwischen bestimmten Arten von Biomasse, die in keiner Weise dazu geeignet sind, den Außenbereich stärker zu belasten als anderweitige Eingangsstoffe, keine planungsrechtliche Differenzierung. Exemplarisch ist hierzu auf die Herausnahme von Papier, Pappe und Karton aus dem Biomassebegriff des Erneuerbare-Energien-Gesetzes einzugehen. Diese Stoffe werden gemäß § 3 Nr. 5 BiomasseV dem förderspezifischen Biomassebegriff entzogen, obwohl diese unzweifelhaft als Folgeprodukte pflanzlicher Zellulose und somit als Biomasse im Sinne des § 2 Abs. 1 S. 2 BiomasseV

---

78 Vgl. hierzu die Verpflichtung zur Steigerung des Verbrauchs von Strom aus erneuerbaren Energiequellen in Art. 3 Abs. 1 der Richtlinie 2001/77/EG.
79 Vgl. insbesondere Art. 3 der Richtlinie 2009/28/EG.
80 Vgl. hierzu auch Kühne, Die Änderungen der Außenbereichsvorschrift des § 35 BauGB durch das Europarechtsanpassungsgesetz Bau, S. 120.
81 Krautzberger, in: Battis/Krautzberger/Löhr, BauGB, § 35 Rn. 38; zum Hintergrund des beabsichtigten Strukturwandels in der Landwirtschaft vgl. Peine/Knopp/Radcke, Das Recht der Errichtung von Biogasanlagen, S. 110/111.
82 Bundesregierung, Entwurf eines Gesetzes zur Anpassung des Baugesetzbuchs an EU-Richtlinien, BT-Drs. 15/2250, S. 54.
83 Siehe auch Lampe, NuR 2006, 152 (153), der streng zwischen den Voraussetzungen des Anspruchs auf Einspeisevergütung nach dem Erneuerbare-Energien-Gesetz und der generellen Zulässigkeit bestimmter Eingangsstoffe differenziert.

einzustufen sind.[84] Die Fermentation von Papier als Zusatzstoff im Gärungsprozess führt allerdings zu weit weniger intensiven Emissionen als die Vergärung von Gülle.[85] Weiterhin sind keinerlei Gründe ersichtlich, weshalb die Fermentation der aufgezeigten Stoffe zu weitergehenden, unmittelbaren Außenbereichsbeeinträchtigungen führen würde als dies im Fall der subventionierten Eingangsstoffe gegeben ist. Verstärkt wird dieser Aspekt durch das weitere Tatbestandsmerkmal des § 35 Abs. 1 Nr. 6 b BauGB. Insoweit wird die Vorhabenspivilegierung unter die Prämisse der überwiegenden Verwendung von Biomasse aus dem Basisbetrieb im Sinne von § 35 Abs. 1 Nr. 1, Nr. 2 und Nr. 4 BauGB oder nahegelegenen Betrieben in diesem Sinne gestellt. Hierdurch setzt der Gesetzgeber einen hinreichenden Bezug zu ohnehin im Außenbereich privilegierten Vorhaben voraus und grenzt damit den Begriff der privilegierten Biomasse wesentlich effektiver und vor allem außenbereichsspezifischer ein als dies anhand des förderspezifischen Begriffsverständnisses der Biomasseverordnung möglich wäre.

Zudem widerspricht der sich ständig wandelnde Charakter des Biomassebegriffs des Erneuerbare-Energien-Gesetzes dem Anspruch der planungsrechtlichen Zulässigkeit eines Bauvorhabens auf Kontinuität. Denn eine potenzielle Anpassung des Umfangs der nach dem Erneuerbare-Energien-Gesetz geförderten Eingangsstoffe an die gewandelten Umstände kann im Rahmen der Beurteilung der baurechtlichen Genehmigungsbedürftigkeit eines Vorhabens zu Umsetzungsproblemen in der Praxis führen. Während sich der Anlagenbetreiber für die Gesamtförderdauer auf den Bezug der zum Zeitpunkt der Anlagenerrichtung jeweils maßgeblichen Fördermittelhöhe einstellen kann,[86] könnte im Fall der Gleichschaltung des Biomassebegriffs noch während der Förderfrist die formelle sowie materielle baurechtliche Illegalität des Vorhabens aufgrund des Einbringens von – nach wie vor durch das Erneuerbare-Energien-Gesetz – subventionierter Biomasse eintreten. Denn wie bereits ausgeführt, wird grundsätzlich durch die Beschickung der Anlage mit auf der Negativliste befindlicher Biomasse der Tatbestand einer

---

84 Andreä, Biogas und Biomasse, S. 23.
85 Das Vergären von Gülle führt demgegenüber sogar zu einer zusätzlichen Förderung in Form eines Bonus für nachwachsende Rohstoffe gemäß § 27 Abs. 4 Nr. 3 EEG.
86 Das Erneuerbare-Energien-Gesetz legt in § 21 Abs. 1 S. 1 EEG die Gesamtförderdauer auf 20 Jahre zuzüglich des Inbetriebnahmejahres fest. Gemäß § 21 Abs. 1 S. 2 EEG sind hiervon lediglich Wasserkraftwerke im Sinne von § 23 Abs. 3 EEG, also Anlagen mit einer Leistung von über 5 MW, ausgenommen. Für diese gilt eine 15-jährige Förderdauer; bzgl. des im Fall von Biogasanlagen relevanten Zeitpunktes der Inbetriebnahme im Sinne von § 3 Abs. 4 EEG 2004 vgl. weiterführend Loibl, Anm. zu LG Regensburg, Urt. v. 06.07.2006, ZNER 2006, 279, in: ZNER 2006, 280 (280/281).

baurechtlichen Nutzungsänderung verwirklicht.[87] In diesem Rahmen kann somit durch die Genehmigungsbehörden die Frage der bauplanungsrechtlichen Zulässigkeit erneut aufgeworfen werden. Ist der vom Anlagenbetreiber verwendete Eingangsstoff in der für den bauplanungsrechtlichen Biomassebegriff maßgeblichen aktuellen Fassung der Biomasseverordnung aufgrund einer mittlerweile erfolgten Gesetzesänderung nicht mehr enthalten, stellt sich die Frage nach einer Entprivilegierung und einer damit regelmäßig einhergehenden Unzulässigkeit des Vorhabens.[88] Zwar lässt sich die Beantwortung dieser Frage regelmäßig aufgrund des formellen Bestandsschutzes der Baugenehmigung positiv für den Anlagenbetreiber beantworten, jedoch führt ein nach dem jeweiligem Genehmigungszeitpunkt divergierender Genehmigungsumfang in der Praxis unweigerlich zu erheblichen Unsicherheiten beim Anlagenbetreiber und ist daher als unpraktikabel einzustufen. Denn als für den Genehmigungsumfang entscheidend kann nur der Zeitpunkt der Genehmigungserteilung und der jeweils zu diesem Zeitpunkt zulässige Biomassekatalog eingestuft werden. Das Heranziehen eines derart wandelbaren Maßstabes für die Beurteilung als Nutzungsänderung kann dem Anlagenbetreiber allerdings nicht zugemutet werden. Unter Gesichtspunkten der Gesetzessystematik ist die Einschränkung des bauplanungsrechtlichen Biomassebegriffes hin zum engen Biomassebegriff der Biomasseverordnung somit nicht zu rechtfertigen.

3. Interpretation einer potenziellen gesetzgeberischen Zwecksetzung in Richtung einer Gleichsetzung der Begriffsbedeutungen

Wie bereits aufgezeigt, geht ein Großteil der Literatur aufgrund angeblicher Einheitlichkeit des Förderungszwecks des Erneuerbare-Energien-Gesetzes und des bauplanungsrechtlichen Privilegierungstatbestandes von der Parallelität der Begriffsbestimmungen aus.[89] Fraglich ist, ob der Gesetzgeber mit der Verwendung des Begriffs Biomasse tatsächlich eine bewusste Bezugnahme auf den engen Biomassebegriff der Biomasseverordnung beabsichtigte. Ein Indiz gegen eine derartige Auslegung ist der in § 37b S. 1 BImSchG normierte Biomassebegriff. Dort

---

87 Söfker, in: Ernst/Zinkahn/Bielenberg/Krautzberger, BauGB, Band II, § 35 Rn. 59 a; Kruschinski, Biogasanlagen als Rechtsproblem, S. 81.
88 Die Unzulässigkeit des Vorhabens wird sich in diesem Fall regelmäßig aus dem nunmehr einschlägigen, wesentlich strengeren Beurteilungsmaßstab des § 35 Abs. 2 BauGB ergeben; vgl. Kruschinski, Biogasanlagen als Rechtsproblem, S. 81/82.
89 Vgl. hierzu Kapitel 3 B.I.2..

hat der Gesetzgeber einen ausdrücklichen Verweis auf die Biomasseverordnung in § 37b S. 1 BImSchG[90] aufgenommen:

> „*Biokraftstoffe sind unbeschadet der Sätze 2 bis 8 Energieerzeugnisse ausschließlich aus Biomasse im Sinne der Biomasseverordnung vom 21. Juni 2001 (BGBl. I S. 1234), geändert durch die Verordnung vom 9. August 2005 (BGBl. I S. 2419) in der jeweils geltenden Fassung.*"

Im Gegensatz dazu spricht § 35 Abs. 1 Nr. 6 BauGB ausschließlich von der „energetischen Nutzung von Biomasse", ohne einen Bezug zur Biomasseverordnung herzustellen. Es muss daher von einer bewussten Begriffsdifferenzierung durch den Gesetzgeber ausgegangen werden. Zu mutmaßen ist, dass der Gesetzgeber aufgrund der bauplanungsrechtlichen Irrelevanz der jeweiligen Klassifizierung der Biomasse im Rahmen des Baugesetzbuches auf den naturwissenschaftlichen Biomassebegriff abstellen wollte. Dem könnte allerdings die zeitliche Abfolge des Europarechtsanpassungsgesetzes Bau und der Einführung des § 37b BImSchG entgegengehalten werden: Während die Außenbereichsprivilegierung für Biomasseanlagen im Rahmen des Europarechtsanpassungsgesetzes Bau am 23.09.2004 bekannt gemacht wurde,[91] ist die Rechtsvorschrift § 37b BImSchG erst mit Wirkung zum 01.01.2007 in Kraft getreten.[92] Es könnte somit angenommen werden, der Gesetzgeber wäre sich erst nach der Einführung des § 35 Abs. 1 Nr. 6 BauGB des Erfordernisses einer ausdrücklichen Verweisung bewusst geworden. Dem ist allerdings die zwischenzeitlich vergangene lange Zeitdauer entgegenzuhalten. Hätte der Gesetzgeber ein entsprechendes Bewusstsein erst im Nachhinein entwickelt, so wäre zwischenzeitlich genügend Zeit verblieben, eine entsprechende Verweisung im Baugesetzbuch zu ergänzen. Vielmehr ist aufgrund der konkreten Fassung der Verweisung im Rahmen des Bundes-Immissionsschutzgesetzes von einem bewussten Verzicht seitens des Gesetzgebers auszugehen. Denn abgestellt wird an dieser Stelle auf die jeweils gültige Fassung der Biomasseverordnung. Ein entsprechender Verweis würde im Rahmen des Baurechts, wie bereits aufgezeigt, zur Problematik baurechtlicher Nutzungsänderung und erneuter Genehmigungsbedürftigkeit führen. Ein derart einschneidender und unpraktikabler Regelungswille kann dem Gesetzgeber allerdings kaum unterstellt werden.

---

90 Gesetz zum Schutz vor schädlichen Umwelteinwirkungen durch Luftverunreinigungen, Geräusche, Erschütterungen und ähnliche Vorgänge (Bundes-Immissionsschutzgesetz-BImSchG) in der Fassung der Bekanntmachung vom 26.09.2002 (BGBl. I S. 3830), zuletzt geändert durch Art. 2 G zur Neuordnung des Kreislaufwirtschafts- und Abfallrechts vom 24.02.2012 (BGBl. I S. 212).
91 BGBl. 2004 I S. 2414.
92 BGBl. 2006 I S. 3180.

Bestätigt wird diese Einschätzung durch die zeitliche Abfolge der Gesetzgebungsverfahren des Europarechtsanpassungsgesetzes Bau und der Biomasseverordnung. Letztgenannte wurde bereits im Jahr 2001 und somit vor Einführung des § 35 Abs. 1 Nr. 6 BauGB verabschiedet. Der Gesetzgeber musste somit im Rahmen des Gesetzgebungsprozesses des Europarechtsanpassungsgesetzes Bau Kenntnis vom Bestehen des Biomassebegriffs der Biomasseverordnung haben.[93] Im Fall einer entsprechenden Regelungsabsicht wäre es daher ein Leichtes und somit auch logische Konsequenz gewesen, klarstellend auf den Biomassebegriff der Biomasseverordnung zu verweisen. Das Fehlen einer ausdrücklichen Verweisung auf den Biomassebegriff der Biomasseverordnung ist somit als Indiz gegen einen bezweckten Gleichlauf der Biomassebegriffe zu werten.

Bestätigt wird diese Zwecksetzung weiterhin durch die im Laufe des Gesetzgebungsvorganges erfolgte Äußerung zur mit der Einführung des § 35 Abs. 1 Nr. 6 BauGB verfolgten politischen Zielsetzung. Der federführende Ausschuss für Städtebau, Wohnungswesen und Raumordnung, der Agrarausschuss, der Ausschuss für Innere Angelegenheit, der Ausschuss für Umwelt, Naturschutz und Reaktorsicherheit sowie der Wirtschaftsausschuss haben im Rahmen ihrer Empfehlungen an den Bundesrat ausgeführt, es dürfe nicht bauplanungsrechtlich zwischen den im Rahmen der Biomasseverarbeitung verwendeten Materialen unterschieden werden, da hierdurch die Ziele des Bauplanungsrechts in Form größtmöglicher Außenbereichsschonung nicht tangiert würden.[94] Dem Gesetzgeber war somit bewusst, dass die Außenbereichsverträglichkeit eines Vorhabens nicht von der Art der eingesetzten Biomasse abhängt. Der gesetzgeberische Wille ist folglich dahingehend zu interpretieren, aufgrund nicht bestehender Außenbereichsrelevanz auf eine Differenzierung zwischen den unterschiedlichen Formen der eingesetzten Biomasse im Baugesetzbuch zu verzichten.

4. Erfordernis eines weiten bauplanungsrechtlichen Begriffsverständnisses

Die aufgezeigten Widersprüche erkennend sieht ein Teil der Literatur dennoch den Anwendungsbereich des § 35 Abs. 1 Nr. 6 BauGB faktisch auf derartige Anlagen begrenzt, die ausschließlich Biomasse im Sinne der Biomasseverordnung einsetzen. Begründet wird dies mit der Angewiesenheit des wirtschaftlichen Betriebs einer

---

93 BGBl. I, S. 1234.
94 Bundesrat, Empfehlungen der Ausschüsse, BR-Drs. 756/1/03, S. 38.

Biogasanlage auf die Einspeisevergütung nach dem Erneuerbare-Energien-Gesetz.[95] Eine derartige Vergütung ist entsprechenden Anlagen grundsätzlich auch zuzugestehen.[96] Gegen eine damit einhergehende enge Begriffsinterpretation bestehen allerdings dennoch aus mehreren Gründen Zweifel:

Zum Einen ist spätestens innerhalb der nächsten zehn Jahre mit dem Auslaufen der Gesamtförderdauer für die ersten durch das EEG 2000[97] geförderten Altanlagen zu rechnen. Denn bereits in § 9 Abs. 1 EEG 2000 war der Vergütungsanspruch auf einen Zeitraum von 20 Jahren zuzüglich des Inbetriebnahmejahres begrenzt.[98] Nach dem Auslaufen der Förderung durch das Erneuerbare-Energien-Gesetz ist daher mit einer Umorientierung hinsichtlich des Einsatzstoffportfolios zu rechnen. Da die Kosten für die Beschaffung von Gärsubstraten den mit Abstand höchsten Anteil an der Gesamtkalkulation eines wirtschaftlichen Anlagenbetriebs ausmachen, wird dies den vermehrten Einsatz von nicht förderfähiger Biomasse als Konsequenz bedeuten.[99] Denn diese wird aufgrund der geringeren Nachfrage wesentlich kostengünstiger zu beziehen sein als durch das Erneuerbare-Energien-Gesetz geförderte Biomasse. Es wird folglich nach dem Auslaufen der maximalen Förderdauer in der Praxis ein erheblicher Bestand an Anlagen betrieben werden, die auch Biomasse einsetzen, welche nicht dem eingeschränkten Begriffsverständnis der Biomasseverordnung unterfällt.

Zum Anderen berücksichtigt die Ansicht, es bestünden aus wirtschaftlichen Gründen faktisch keine Anlagen, die nicht ausschließlich Biomasse im Sinne der Biomasseverordnung vergären würden[100], nicht die aktuelle Rechtslage nach dem Erneuerbare-Energien-Gesetz zum sogenannten „Ausschließlichkeitsprinzip". Nach alter Rechtslage ist der generelle Anspruch auf Grundvergütung nach § 27 Abs. 1 EEG im Fall des Einsatzes von Biomasse, die nicht dem

---

95   Kühne, Die Änderungen der Außenbereichsvorschrift des § 35 BauGB durch das Europarechtsanpassungsgesetz Bau, S. 131; gleichlaufend Röhnert, Informationen zur Raumentwicklung 2006, 67 (70).
96   Vgl. hierzu Reinhold, in: Gülzower Fachgespräche, Band 32, 76 (76); Röhnert, Informationen zur Raumentwicklung 2006, 67 (70).
97   Gesetz für den Vorrang Erneuerbarer Energien (Erneuerbare-Energien-Gesetz – EEG) in der Fassung der Bekanntmachung vom 29. März 2000 (BGBl. I S. 305) (nachfolgend EEG 2000).
98   Reshöft, in: Reshöft, EEG Handkommentr, § 21 Rn. 6.
99   Vgl. Reinhold, in: Gülzower Fachgespräche, Band 32, 76 (77). Die insoweit behandelten Modellanlagen weisen bezüglich der Biomassekosten, abhängig von der Anlagenleistung, einen Anteil zwischen 39 % und 46 % an der Gesamtkostenstruktur auf.
100 Kühne, Die Änderungen der Außenbereichsvorschrift des § 35 BauGB durch das Europarechtsanpassungsgesetz Bau, S. 131.

Biomassebegriff im Sinne der Biomasseverordnung entsprach, komplett entfallen.[101] Allerdings umfasste der generelle Anwendungsbereich des EEG 2004 auch die Verwendung sonstiger Biomasse. Hierdurch wurden der Netzanschluss, die Stromabnahme sowie der Netzausbau auch für solche Anlagen erleichtert, die andere Biomasse als derartige im Sinne der Biomasseverordnung einsetzten.[102] Dieses Alles-oder-Nichts-Prinzip in § 27 Abs. 1 EEG wurde jedoch im Rahmen der EEG-Novelle 2009 ersatzlos gestrichen, um die Verwendung von anderweitiger Biomasse, beispielsweise derartiger im Sinne der Richtlinie 2001/77/EG zu ermöglichen.[103] Grund für das ursprüngliche Verbot des Mischeinsatzes war die Hoffnung auf eine höhere Akzeptanz der EEG-Umlage in der Bevölkerung. Dieser Aspekt wurde allerdings im Rahmen der EEG-Novelle 2009 aufgegeben, da der Gesetzgeber im Mischeinsatz ein hohes Potenzial zur Steigerung der Anlageneffizienz sah.[104] Vielmehr wurde nun in § 27 Abs. 3 Nr. 2 EEG 2009 explizit geregelt, dass der Anspruch auf Vergütung auch für Strom aus derartigen Anlagen grundsätzlich besteht, *„die neben Biomasse im Sinne der nach § 64 Abs. 1 Satz 1 Nr. 2 erlassenen Biomasseverordnung auch sonstige Biomasse einsetzen"*. Das Bestehen des Vergütungsanspruches wird in diesem Fall weiterhin vom Führen eines Einsatztagebuches zum Nachweis von Art, Menge, Einheit, Herkunft und dem unteren Heizwert pro Einheit abhängig gemacht.[105] Allerdings hat der aus sonstiger Biomasse erzeugte Stromanteil bei der Berechnung der Vergütungshöhe außer Betracht zu bleiben.[106]

Entgegen der genannten Ansicht besteht somit in der Praxis ein nicht unerheblicher Anwendungsbereich für derartige Anlagen, die auch nicht nach dem Erneuerbare-Energien-Gesetz subventionierte Biomasse einsetzen.[107] Insgesamt ist es

---

101 Vgl. hierzu Oschmann, in: Danner/Theobald, Energierecht, Band III, EEG § 5 Rn. 14 (56. Ergänzungslieferung, Mai 2007).
102 Kruschinski, Biogasanlagen als Rechtsproblem, S. 238.
103 Hinsch/Holzapfel, in: Loibl/Maslaton/Bredow, Biogasanlagen im EEG 2009, 9 (13); der Biomassebegriff der Richtlinie 2001/77/EG ist weiter als derjenige der Biomasseverordnung und regelt den generellen Anwendungsbereich des Erneuerbare-Energien-Gesetzes; vgl. hierzu Kruschinski, Biogasanlagen als Rechtsproblem, S. 241.
104 Hinsch/Holzapfel, in: Loibl/Maslaton/Bredow/Walter, Biogasanlagen im EEG (2. Auflage 2010), 9 (16).
105 Vgl. hierzu § 64 Abs. 1 Satz 1 Nr. 2 Hs. 2 EEG 2009; weiterführend Hinsch/Holzapfel, in: Loibl/Maslaton/Bredow, Biogasanlagen im EEG 2009, 9 (15).
106 Vgl. hierzu § 27 Abs. 1 S. 1 EEG 2009; Insoweit wird bezüglich der Vergütungshöhe weiterhin ausdrücklich auf den aus Biomasse im Sinne der Biomasseverordnung erzeugten Stromanteil abgestellt.
107 So auch Ekardt, in: Frenz/Müggenborg, EEG, § 27 Rn. 14.

nicht vertretbar, den Anwendungsbereich des § 35 Abs. 1 Nr. 6 BauGB auf Biomasse im Sinne der Biomasseverordnung zu begrenzen. Vielmehr ist ein Rückgriff auf das weite naturwissenschaftliche Begriffsverständnis geboten.[108] Dieses entspricht der Grunddefinition von Biomasse im Sinne des § 2 Abs. 1 BiomasseV sowie der gemeinschaftsrechtlichen Begriffsdefinition der Richtlinien 2001/77/ EG und 2009/28/EG.[109] Als Biomasse im Sinne des Baugesetzbuches gilt somit sämtliche Phyto- und Zoomasse sowie hieraus resultierende Folge- und Nebenprodukte, Rückstände und Abfall.[110]

II. Anforderungen an eine „energetische Nutzung"

Weiterhin setzt § 35 Abs. 1 Nr. 6 BauGB eine „energetische Nutzung" von Biomasse voraus. Trotz vielfacher Verwendung in zahlreichen Gesetzestexten existiert eine Legaldefinition des Begriffs „energetisch" bislang nicht.[111] Der bauplanungsrechtliche Regelungsgehalt ist daher im Rahmen einer Auslegung anhand der Kriterien Wortlaut, Systematik, Entstehungsgeschichte und Normzweck zu ermitteln.

1. Aspekte des Normwortlauts

Zur Bestimmung der näheren Wortbedeutung ist auf den physikalischen Begriff der „Energetik" abzustellen.[112] Diese ist definiert als „die Lehre von der Energie und den möglichen Umwandlungen zwischen ihren verschiedenen Formen sowie den dabei auftretenden Auswirkungen und Gesetzmäßigkeiten".[113] Eine Einordnung als „energetische Nutzung" setzt demnach zwingend die Nutzbarmachung der Energie unter Umwandlung in eine andere Energieform voraus.[114] Insoweit ist zwischen der auf

---

108 So auch Peine/Knopp/Radcke, Das Rcht der Errichtung von Biogasanlagen, S. 113.
109 Ekardt, in: Frenz/Müggenborg, EEG, § 27 Rn. 13.
110 Vgl. Schäferhoff, in: Reshöft, EEG Handkommentar, § 27 Rn. 18 zur Grunddefinition des § 2 Abs. 1 BiomasseV.
111 Vgl. hierzu exemplarisch die Verordnung über energiesparenden Wärmeschutz und energiesparende Anlagentechnik bei Gebäuden (Energieeinsparverordnung – EnEV) vom 24.07.2007 (BGBl. I S. 1519) und das Gesetz für den Vorrang Erneuerbarer Energien (Erneuerbare-Energien-Gesetz – EEG) vom 25.10.2008 (BGBl. I S. 2074).
112 Rhönert, Informationen zur Raumentwicklung 2006, 67 (70).
113 Brockhaus, Band 6 S. 366; gleichlaufend Lenk/Gellert, Fachlexikon Physik, Band 1 S. 26.
114 Rhönert, Informationen zur Raumentwicklung 2006, 67 (70); Auslegungshinweise Brandenburg November 2008, S. 5.

dem Fermentationsprozess beruhenden Biogaserzeugung und dem Verstromungsvorgang des hierdurch gewonnenen Gases zu differenzieren. Während letztere Nutzungsart aufgrund der Wandelung von chemisch gebundener Energie zunächst in thermische, mechanische und schließlich in elektrische Energie unproblematisch als energetisch eingestuft werden kann, gestaltet sich die Klassifizierung der häufig praktizierten bloßen Gaserzeugung und Einspeisung[115] wesentlich komplexer.[116] Ausgehend von der Einordnung von Biomasse als chemisch in Molekularstruktur gebundener Energie ist die Weiterverarbeitung in Form thermochemischer oder biochemischer Umwandlung zu Methan als ebenfalls chemischem Energieträger nicht als Energieumwandlung einzustufen.[117] Es handelt sich vielmehr um die identische Energieform, gebunden auf einem geändertem Energieträger.[118]

Söfker betrachtet es hingegen als für eine energetische Nutzung ausreichend, wenn durch bestimmte chemische Vorgänge Stoffe erzeugt werden, die unmittelbar zur Energieerzeugung eingesetzt werden können. Demzufolge sei die Herstellung von Biogas aufgrund der unmittelbaren Eignung zur Erzeugung von Elektrizität und Wärme als energetisch einzustufen.[119] Insoweit besteht jedoch bereits im Rahmen der verwendeten Begrifflichkeiten ein Widerspruch, da einerseits davon

---

115 Vgl. zum Umfang praktizierter Direkteinspeisung das Positionspapier des Biogasrat e. V. zur geplanten EEG-Novelle 2012, S. 1, abrufbar unter: http://www.biogasrat.de/index.php?option=com_docman&task=doc_view&gid=114&tmpl=component&format=raw&Itemid=87, 02.02.2011, 15:35 Uhr. Demnach wurden bereits im Jahr 2010 durch über 40 Biogasanlagen 230 Mio. m³ Biomethan erzeugt und in das Erdgasnetz der Bundesrepublik Deutschland eingespeist.
116 Auslegungshinweise Brandenburg November 2008, S. 5; ohne diesen relativ offensichtlichen Unterschied aufzugreifen geht der Großteil der Fachliteratur von einer unproblematischen Einordnung der Gasherstellung als energetische Nutzungsvariante aus. Exemplarisch siehe hierzu: Söfker in Ernst/Zinkahn/Bielenberg/Krautzberger, BauGB, Band II, § 35 Rn. 59 a; Stüer, Handbuch des Bau- und Fachplanungsrechts Rn. 2728; Kruschinski, Biogasanlagen als Rechtsproblem, S. 109; bzgl. der relevanten Energieformen vgl. Andreä, Biogas und Biomasse S. 31.
117 Rhönert, Informationen zur Raumentwicklung 2006, 67 (70); so auch Wiegand, INF 2006, 497 (497), der im Rahmen der steuerrechtlichen Bewertung sogar vom vollständigen Fehlen der Energiequalität des Biogases ausgeht; im Ergebnis identisch Germer/Loibl, Handbuch Energierecht S. 499, der davon ausgeht, eine energetische Nutzung könne erst nach der Umwandlung in Biogas erfolgen; zur Einordnung der unterschiedlichen Umwandlungsmethoden weiterführend Andreä, Biogas und Biomasse S. 27–29.
118 a. A. Söfker in Ernst/Zinkahn/Bielenberg/Krautzberger, BauGB, Band II, § 35 Rn. 59 a unter Verkennung des Unterschiedes zwischen bloßer Energieträgereigenschaft des Gases und dem eigenständigen Energiebegriff.
119 Söfker, in: Spannowsky/Uechtritz, BauGB, § 35 Rn. 38.

ausgegangen wird, die Biogasherstellung sei aufgrund der unmittelbaren Verwendungsfähigkeit zur Energieerzeugung eine energetische Nutzung. Andererseits wird jedoch ausgeführt, die „energetische Nutzung" setze eine „Nutzung zur Energieerzeugung" voraus.[120] Die Herstellung von Biogas wird somit einerseits als Nutzbarmachung bestimmter Stoffe zur Energieerzeugung und andererseits als Energieerzeugung selbst klassifiziert. Eine derartige Betrachtungsweise ist aufgrund der enthaltenen Widersprüche abzulehnen.

Weiterhin wird vertreten, es müsse auf den Einspeisevorgang in das allgemeine Verteilernetz als Anknüpfungspunkt für eine energetische Nutzbarmachung zurückgegriffen werden.[121] Dies würde jedoch mit der Zusammenlegung des eigentlichen Produktionsprozesses und der Weiterleitung der Erzeugnisse einerseits eine Vereinheitlichung zweier, getrennt zu betrachtender Lebenssachverhalte bedeuten. Andererseits würde selbst im Rahmen der Einspeisung das Gas in der ursprünglichen chemischen Energieform erhalten bleiben, sodass eben gerade nur eine Nutzbarmachung der Energie, aber keine Nutzung im oben aufgezeigten Sinn gegeben ist. Folgerichtig ist der separate Fermentationsprozess nicht von der Wortbedeutung der Begrifflichkeit der „energetischen Nutzung" umfasst.

2. Aspekte der Gesetzessystematik

Allerdings könnten Aspekte der Gesetzessystematik gegen eine am Normwortlaut orientierte Auslegung des Tatbestandsmerkmals sprechen. Insbesondere steht die bauplanungsrechtliche Privilegierung von Biomasseanlagen in einem Förderungszusammenhang mit dem Erneuerbare-Energien-Gesetz.[122] Denn letztlich werden aufgrund nach wie vor gegebener mangelnder Wirtschaftlichkeit auch zukünftig vorwiegend derartige Anlagen die Privilegierung in Anspruch nehmen, die auch eine wirtschaftliche Förderung nach dem Erneuerbare-Energien-Gesetz erhalten.[123] Zusätzlich beruhen beide normativen Grundlagen auf dem gesetzgeberischen Willen, die Erzeugung regenerativer Energien in Form eines einheitlichen Förderkonzepts

---

120 Söfker, in: Spannowsky/Uechtritz, BauGB, § 35 Rn. 38.
121 Loibl/Rechel, UPR 2008 134 (139).
122 Auslegungshinweise Brandenburg November 2008, S. 6; vgl. grundlegend zum Förderzusammenhang zwischen dem Erneuerbare-Energien-Gesetz und der Einführung des § 35 Abs. 1 Nr. 6 das Kapitel 3 B.I.2..
123 Reinhold, in: Gülzower Fachgespräche, Band 32, 76 (76); siehe auch Röhnert, Informationen zur Raumentwicklung 2006, 67 (70); bezüglich des verbleibenden Anwendungsbereiches im Fall von Altanlagen und gemischter Verwendung nicht förderfähiger Biomasse vgl. Kapitel 3 B.I.4..

zu forcieren. § 27 EEG 2009 legt insoweit fest, dass auch die Direkteinspeisung von aus Biomasse erzeugtem Gas die Vergütungspflicht nach dem Erneuerbare-Energien-Gesetz auslöst, sodass folgerichtig auch die bloße Gaserzeugung der bauplanungsrechtlichen Privilegierung unterfallen müsste.[124] Dieser Umkehrschluss ist jedoch im Hinblick auf den gesetzlichen Hintergrund der Außenbereichsprivilegierung gerade nicht möglich. Während das Erneuerbare-Energien-Gesetz konzipiert wurde, um eine möglichst breite Förderung regenerativer Energieerzeugung zu gewährleisten, steht die damit einhergehende Privilegierung gemäß § 35 Abs. 1 Nr. 6 BauGB unter dem Gesichtspunkt des dem Bauplanungsrecht immanenten Grundsatzes der größtmöglichen Außenbereichsschonung.[125] Eine bauplanungsrechtliche Zulässigkeit kann daher nicht allen förderfähigen Bauvorhaben zugesprochen werden, sondern nur denjenigen, die tatsächlich auf verträgliche Weise im Außenbereich situiert werden können. Hierzu wird insbesondere auch vertreten, aufgrund des einheitlichen Förderungszwecks des Erneuerbare-Energien-Gesetzes müsse zur Auslegung der Begrifflichkeit der „energetischen Nutzung" eine Parallele zu den im Rahmen der Biomasseverordnung dargestellten technischen Verfahren hergestellt werden. Da insoweit ausschließlich Verfahren der Stromerzeugung aus Biomasse beschrieben werden, sei auch der zulässige Nutzungsumfang gleichlaufend zu interpretieren.[126] Dieses Argument scheitert bereits am eingeschränkten Regelungsgehalt der Biomasseverordnung. Bereits ein Blick auf den in § 1 BiomasseV geregelten Anwendungsbereich verrät deren ausschließlich auf die Beschreibung der förderfähigen Stromerzeugungsverfahren gerichteten Rechtscharakter.[127] Die tatsächliche Förderungsfähigkeit ist daher losgelöst von der Biomasseverordnung zu beurteilen. Weiterhin geht diese Ansicht lediglich mit der ursprünglichen Wertung des Erneuerbare-Energien-Gesetzes – ausschließlich die Verstromung von Biogas zu fördern – konform. Denn bereits in die Neufassung des Erneuerbare-Energien-Gesetz vom 21. Juli 2004[128] wurden

---

124 Vgl. Auslegungshinweise Brandenburg November 2008, S. 6 unter Bezugnahme auf die Vorgängernorm § 8 Abs. 1 Satz 3 EEG 2004; Peine/Knopp/Radcke, Das Recht der Errichtung von Biogasanlagen, S. 113.
125 Bundestag, Beschlussempfehlung und Bericht des Ausschusses für Verkehr, Bau- und Wohnungswesen vom 28.04.2004, BT-Drs. 15/2996, S.67; Bundesregierung, Entwurf eines Gesetzes zur Anpassung des Baugesetzbuchs an EU-Richtlinien, BR-Drs. 756/03, S. 152.
126 Berkemann, in: Berkemann, BauGB § 35 Rn. 36; zum Umfang der beschriebenen technischen Verfahren vgl. § 4 BiomasseV.
127 Siehe hierzu auch Salje, EEG § 27 Rn. 15.
128 Gesetz für den Vorrang Erneuerbarer Energien (Erneuerbare-Energien-Gesetz – EEG) in der Fassung der Bekanntmachung vom 21.07.2004 (BGBl. I S. 1918).

Förderungsmöglichkeiten für die Direkteinspeisung von Biogas in das Erdgasnetz integriert.[129] Die fehlende Förderungsfähigkeit nach dem Erneuerbare-Energien-Gesetz kann daher nicht als systematisches Argument gegen eine Einordnung der Biogaserzeugung als „energetische Nutzung" angeführt werden. Gleichwohl ist diese Thematik im Folgenden als historischer Hinweis für einen entsprechenden Normzweck erneut aufzugreifen.[130]

Stimmen in der Literatur gehen zudem davon aus, eine Einordnung als energetische Nutzung sei bereits deshalb vorzunehmen, da auch der Anschluss an die öffentliche Gasversorgung von der Privilegierung des § 35 Abs. 1 Nr. 6 BauGB erfasst wäre.[131] Ausweislich des ausdrücklichen Wortlauts des § 35 Abs. 1 Nr. 6 BauGB umfasst die Privilegierung jedoch lediglich allgemein den Anschluss privilegierter Anlagen an das allgemeine Versorgungsnetz. Gaserzeugungsanlagen werden nicht ausdrücklich erwähnt, sodass die aufgezeigte Argumentation zu einem Zirkelschluss führt. Etwas anderes könnte sich jedoch durch einen Rückgriff auf die Gesetzesbegründung des Europarechtsanpassungsgesetzes Bau 2004 zu näherer Auslegung des Anschlussbegriffes ergeben.[132] Insoweit führt die Bundesregierung aus, für eine wirksame Umsetzung der Privilegierung von Biomasseanlagen sei es erforderlich, diese auch auf den Anschluss an die öffentliche Strom- und Gasversorgung zu erstrecken.[133] Eine dahingehende Auslegung des Anschlussbegriffes würde aus systematischen Gesichtspunkten – in Anbetracht der andernfalls zu attestierenden Nutzlosigkeit – zwangsläufig eine Privilegierung von bloßer Gaserzeugung nach sich ziehen.

Dieser Feststellung ist jedoch im Hinblick auf die Normsystematik die Einstufung von Biogas als Biomasse im Sinne des § 2 Abs. 2 Nr. 5 BiomasseV entgegen zu halten.[134] Begrifflich würde die oben angeführte Ansicht daher die Gleichstellung der Erzeugung von Biomasse mit der energetischen Nutzung von Biomasse herbeiführen. Eine Nutzung setzt jedoch bereits denknotwendig das Bestehen des Gegenstands der späteren Nutzung voraus, während die Gasproduktion als Erzeugungsprozess erst zur Herstellung des Rohstoffes führt. Eine Gleichsetzung von Nutzung und Erzeugung ist demnach begrifflich ausgeschlossen.

---

129 Fachagentur Nachwachsende Rohstoffe e. V., Studie zur Einspeisung von Biogas in das Erdgasnetz, S. 175.
130 Siehe hierzu Kapitel 3.B.II.3..
131 Peine/Knopp/Radcke, Das Recht der Errichtung von Biogasanlagen, S. 113.
132 So etwa Peine/Knopp/Radcke, Das Recht der Errichtung von Biogasanlagen, S. 113.
133 Bundesrat, Stellungnahme zum Regierungsentwurf, BT-Drs. 15/2250, S. 81.
134 Rhönert, Informationen zur Raumentwicklung 2006, 67 (70).

Als weiteres Indiz ist die Voraussetzung des § 35 Abs. 1 Nr. 6 d BauGB zu benennen. An dieser Stelle beschränkt das Gesetz die privilegierungsfähige Anlagenleistung auf maximal 0,5 MW[135]. Eine derartige Leistungsangabe ist jedoch für die Reglementierung eines gaseinspeisenden Betriebs völlig ungeeignet.[136] Insbesondere stellt die in Megawatt bezifferte Maßzahl lediglich eine Bezugsgröße für elektrische Leistung dar und bedürfte folglich einer komplizierten Umrechnung bezüglich der maximal zulässigen Feuerungswärme- bzw. Eingangsleistung eines gaserzeugenden Betriebes.[137] Dem Gesetzgeber muss daher unterstellt werden, bei der Ausarbeitung der Gesetzesänderung die bloße Gaserzeugung nicht im Blick gehabt zu haben, da ansonsten im Sinne der Rechtssicherheit auf jeden Fall eine taugliche Bezugsgröße aufgenommen worden wäre.[138] Dies ist als Indiz

---

135 § 35 Abs. 1 Nr. 6 d BauGB in der Fassung der Bekanntmachung vom 23.09.2004 (BGBl. I S. 2414). Diese Tatbestandsvoraussetzung wurde im Rahmen des Beschlusses des Gesetzes zur Förderung des Klimaschutzes bei der Entwicklung in den Städten und Gemeinden vom 22. Juli 2011 dahingehend neu gefasst, dass in der novellierten Fassung des Baugesetzbuchs nunmehr anstatt einer Begrenzung der installierten elektrischen Anlagenleistung auf 0,5 MW eine kumulative Beschränkung der Feuerungswärmeleistung auf 2,0 MW und der erzeugten Rohgasmenge auf 2,3 Mio Nm³ Biogas pro Jahr aufgenommen wurde, vgl. BGBl. I S. 1509 (1510).

136 Germer/Loibl, Handbuch Energierecht S. 514; siehe auch Söfker in Spannowsky/Uechtritz, BauGB, § 35 Rn. 45; Loibl/Rechel UPR 2008 134 (139); ebenso Berkemann, in: Berkemann, BauGB, § 35 Rn. 35, ausgehend von der Prämisse, der Gesetzgeber hätte aufgrund dieser Bezugsgröße vor allem die Elektrizitätserzeugung im Blick gehabt.

137 Krautzberger, in: Battis/Krautzberger/Löhr, BauGB, § 35 Rn. 38b; ebenso die Auslegungshinweise der Fachkommission Städtebau vom 22.03.2006, S. 4.

138 Als Indiz gegen eine derartige gesetzgeberische Zwecksetzung könnte die Änderung des Tatbestandes im Rahmen des Beschlusses des Gesetzes zur Förderung des Klimaschutzes bei der Entwicklung in den Städten und Gemeinden vom 22. Juli 2011 angeführt werden, da insoweit anstatt einer Begrenzung der installierten elektrischen Anlagenleistung auf 0,5 MW eine kumulative Beschränkung der Feuerungswärmeleistung auf 2,0 MW und der erzeugten Rohgasmenge auf 2,3 Mio. Nm³ Biogas pro Jahr aufgenommen wurde, vgl. BGBl. I S. 1509 (1510). Denn durch diese Novellierung wurde ein grundsätzlich auch für die Begrenzung von Biomethananlagen taugliches Kriterium geschaffen. Eine derartige Einschätzung wird allerdings durch die insoweit eindeutige Gesetzesbegründung widerlegt, da ausweislich dieser die Abänderung des gesetzlichen Tatbestandes ausschließlich durch eine sachgerechtere Abbildung des technischen Fortschritts insbesondere in Bezug auf den Wirkungsgrad entsprechender Anlagen motiviert war, vgl. Bundesregierung, Entwurf eines Gesetzes zur Stärkung der klimagerechten Entwicklung in den Städten und Gemeinden, BT-Drs.: 17/6076, S. 10. Allein die Bezugnahme auf den technischen Wirkungsgrad entsprechender

für einen dahingehenden gesetzgeberischen Willen zu werten, gaserzeugende Betriebe nicht von der Privilegierung profitieren zu lassen. Zwar wird vertreten, der Gesetzgeber hätte durch die stromspezifische Leistungsbegrenzung bewusst auf andere Bezugsgrößen verzichtet und daher gaserzeugende Betriebe von jeglicher Leistungsbeschränkung befreit.[139] Eine derartige Norminterpretation muss allerdings deshalb ausscheiden, weil ausweislich der amtlichen Gesetzesbegründung diese Leistungsgrenze aufgenommen wurde, um allein hierdurch dem Grundsatz der größtmöglichen Außenbereichsschonung gerecht zu werden.[140] Auch aus systematischen Gesichtspunkten ist daher strikt zwischen der Gaserzeugung und dem Begriff der „energetischen Nutzung" zu trennen.

3. Geschichtlicher Hintergrund der Novellierung

Fraglich bleibt, wie die Entstehungsgeschichte des § 35 Abs. 1 Nr. 6 BauGB im Hinblick auf die energetische Nutzung zu beurteilen ist. Wie bereits unter Kapitel 3.B.II.2. thematisiert, wurden Subventionsmöglichkeiten für die Direkteinspeisung von Biogas in das Erdgasnetz erst durch die EEG-Novelle vom 21.07.2004 geschaffen.[141] Während aufgrund der dort dargestellten, nunmehr bestehenden, einheitlichen Fördersystematik für elektrizitätserzeugende und gaseinspeisende Betriebe Indizien für einen gleichlaufenden bauplanungsrechtlichen Begriff der „energetischen Nutzung" bestehen, könnten im Fall einer, zum Zeitpunkt der Einführung des § 35 Abs. 1 Nr. 6 BauGB noch nicht bestehenden Förderfähigkeit der Direkteinspeisung von Biogas, Aspekte der Normgeschichte für

---

Anlagen bekräftigt allerdings wiederum das Beabsichtigen eines ausschließlich für verstromende Anlagen gültigen Tatbestandes, da nur im Fall derartiger von einer Umwandlung des Biogases in elektrische und thermische Energie und somit von einem entsprechenden Wirkungsgrad gesprochen werden kann. Weiterhin spricht der Gesetzgeber auch im Rahmen dieses Novellierungsprozesses als Hintergrund der Erhöhung der entsprechenden Referenzwerte das Erreichen einer bedarfsorientierten flexiblen Stromerzeugung an, vgl. Bundesregierung, Entwurf eines Gesetzes zur Stärkung der klimagerechten Entwicklung in den Städten und Gemeinden, BT-Drs.: 17/6076, S. 10. Das Umfassen der Biomethanproduktion und -einspeisung war somit nicht Triebfeder der Novellierung und kann daher nicht als Argument gegen die angeführte These verwendet werden.

139 Loibl/Rechel UPR 2008 134 (139).
140 Bundestag, Bericht des Ausschusses für Verkehr, Bau- und Wohnungswesen vom 28.04.2004, BT-Drs. 15/2996, S.67.
141 Fachagentur Nachwachsende Rohstoffe e. V., Studie zur Einspeisung von Biogas in das Erdgasnetz, S. 175.

eine Trennung zwischen der Biogaserzeugung und der „energetischen Nutzung" von Biogas sprechen. An dieser Stelle ist zu berücksichtigen, dass die zeitliche Abfolge der Gesetzesentwürfe für eine bestehende Kenntnis des Gesetzgebers von der zukünftigen Erweiterung des Vergütungstatbestandes auf die Gaseinspeisung spricht. Denn während der erste Gesetzentwurf des Europarechtsanpassungsgesetzes Bau am 17.10.2003 dem Bundesrat vorgelegt wurde,[142] geschah dies im Fall des ersten Gesetzes zur Änderung des Erneuerbaren-Energien-Gesetzes bereits am 11.04.2003.[143] Zudem handelte es sich im Fall der zuständigen Gremien mit den unter anderem zuständigen Ausschüssen für Wirtschaft, demjenigen für Finanzen und dem Ausschuss für Umwelt, Naturschutz und Reaktorsicherheit um identische Fachausschüsse.[144] Es ist daher von einer entsprechenden Kenntnis des Gesetzgebers auszugehen. Die historische Abfolge der Gesetzgebungsvorgänge spricht daher für die Gleichsetzung der Gaserzeugung mit einer energetischen Nutzung.

Indiz gegen vorbenannte Auffassung ist der ursprüngliche Wortlaut des Gesetzentwurfs zu § 35 Abs. 1 Nr. 6 BauGB.[145] Dieser umfasste mit der „Herstellung und Nutzung der Energie von aus Biomasse erzeugtem Gas" ausdrücklich auch die reine Gaserzeugung.[146] In der endgültigen Fassung wurde jedoch die Formulierung „Herstellung von Gas" gestrichen und durch die Voraussetzung der „energetischen Nutzung von Biomasse" ersetzt. Bei isolierter Betrachtung wäre somit davon auszugehen, der Gesetzgeber wollte mit dieser Änderung des Entwurfs ausdrücklich die bloße Gaserzeugung aus dem Anwendungsbereich der Privilegierung herausnehmen. Diese These muss sich jedoch den Inhalt der Beschlussempfehlungen des zuständigen Ausschusses im Bundesrat entgegenhalten lassen:

> *„Die energetische Nutzung von Biomasse begrenzt sich zunehmend nicht allein auf Erzeugung von Biogas. Daher ist die Einschränkung auf Biogas aufzuheben und stattdessen auf alle Formen der energetischen Nutzung von Biomasse auszudehnen".*[147]

---

142 Bundesregierung, Entwurf eines Gesetzes zur Anpassung des Baugesetzbuchs an EU-Richtlinien, BR-Drs. 756/03, S. 1.
143 Bundesrat, Stellungnahme zum Entwurf eines ersten Gesetzes zur Änderung des Erneuerbare-Energien-Gesetzes, BR-Drucksache 242/03 (Beschluss), S. 1.
144 Zur Übertragung auf die genannten Ausschüsse vgl.: Bundesrat, Empfehlungen der Ausschüsse, BR-Drs. 756/1/03, S. 1; Bundesrat, Stellungnahme zum Entwurf eines ersten Gesetzes zur Änderung des Erneuerbare-Energien-Gesetzes, BR-Drucksache 242/03 (Beschluss), S. 1/2.
145 Rhönert, Informationen zur Raumentwicklung 2006, 67 (70).
146 Bundesregierung, Entwurf eines Gesetzes zur Anpassung des Baugesetzbuchs an EU-Richtlinien, BT-Drs. 15/2250, S. 16.
147 Bundesrat, Empfehlungen der Ausschüsse, BR-Drs. 756/1/03, S. 39.

Aufgrund der hierin enthaltenen vermeintlichen begrifflichen Unterordnung der Gaserzeugung unter den Begriff der energetischen Nutzung könnte davon ausgegangen werden, der Gesetzgeber würde die Gaserzeugung als energetische Nutzung einstufen. Eine derartige Auslegung würde jedoch im Widerspruch zum eindeutigen Kontext dieser Änderung stehen. Diese bezieht sich ausdrücklich nur auf eine Privilegierungserweiterung auf derartige Betriebe, die Biomasse auf andere Weise als durch Gaserzeugung nutzen.[148] Somit meint der Gesetzgeber mit der „Beschränkung der energetischen Nutzung nicht allein auf die Erzeugung von Biogas" vielmehr, dass neben der Energieerzeugung aus Biogas weitere technische Verfahren die Energieerzeugung aus Biomasse ermöglichen, ohne den Zwischenschritt der Fermentierung zu Biogas zu beschreiten.[149] Die Änderung bezweckte daher gerade die zusätzliche Privilegierung auch derartiger Anlagen. Insgesamt muss somit die komplette tatbestandliche Streichung der Herstellung von Biogas als historisches Indiz gegen einen gesetzgeberischen Willen, die Gaserzeugung als energetische Nutzung einzuordnen, gewertet werden.

Die Entstehungsgeschichte des Privilegierungstatbestandes spricht im Ergebnis gegen eine Einordnung der reinen Gaserzeugung und -einspeisung als energetische Nutzungsform. Hieran vermag auch die unterstellte Kenntnis des Gesetzgebers von der subventionsrechtlichen Gleichsetzung der Produktionsstufen nichts zu ändern, da sich hieraus kein Zwang zu einer gleichlaufenden Behandlung ergibt. Vielmehr lässt die Änderung des ursprünglichen Wortlauts einen entsprechenden Trennungswillen erkennen.

4. Parlamentarische Zwecksetzung

Zusätzlich drängt sich die Frage auf, ob der Gesetzgeber mit der Einführung des § 35 Abs. 1 Nr. 6 BauGB eine Förderung bloßer Biogaserzeugung bezweckt hat. Wie bereits in systematischer Hinsicht erläutert, indizieren die für eine bloße Gaserzeugung untaugliche 0,5 Megawatt-Grenze in § 35 Abs. 1 Nr. 6 d BauGB und die gesetzliche Gleichsetzung von Biogas mit Biomasse in § 2 Abs. 2 Nr. 5 BiomasseV das Fehlen einer entsprechenden Förderungsabsicht.

---

148 Rhönert, Informationen zur Raumentwicklung 2006, 67 (70).
149 Vgl. hierzu klarstellend Bundesrat, Empfehlungen der Ausschüsse, BR-Drs. 756/1/03, S. 40, welche ausdrücklich auf die Möglichkeit der Energiegewinnung aus der Verbrennung von Biomasse wie z.B. Holz, Hackschnitzel und Geflügelkot Bezug nimmt; vgl. auch die iniziierende Begründung des Änderungsantrags des Freistaat Bayern vom 27.11.2003, Bundesrat, Antrag des Freistaates Bayern, BR-Drs. 756/11/03, S. 1.

Bestätigt wird dies weiterhin dadurch, dass dem Gesetzgeber ausweislich der dem Bundesrat zur Beschlussfassung vorgelegten Begründung zum Gesetzentwurf des Europarechtsanpassungsgesetzes Bau das Bestehen einer Privilegierungsmöglichkeit für Biogasanlagen nach § 35 Abs. 1 Nr. 1 BauGB bewusst war, da die Kompatibilität mit § 35 Abs. 1 Nr. 1 BauGB ausdrücklich erwähnt wird.[150] Dies lässt in Anbetracht des abschließenden Charakters[151] der neu eingeführten Privilegierungsnorm zwei Schlüsse zu: Entweder ging der Gesetzgeber davon aus, dass § 35 Abs. 1 Nr. 6 BauGB auch für die bloße Gaserzeugung eine Spezialvorschrift darstellt oder aber nur für energieerzeugende Anlagen im oben aufgezeigten Sinn. Betrachtet man jedoch die sorgfältige Begriffsunterscheidung im Rahmen der gesetzgeberischen Motive, so wird deutlich, dass der Gesetzgeber bewusst auf eine Privilegierung der Gaserzeugung nach § 35 Abs. 1 Nr. 6 BauGB verzichtet hat. Denn bei der Bezugnahme auf bereits nach § 35 Abs. 1 Nr. 1 BauGB zulässige Vorhaben verwendet der Gesetzgeber ausdrücklich den Begriff „Anlagen zur Nutzung von Biomasse".[152] Im Rahmen der Bezugnahme auf den abschließenden Charakter des § 35 Abs. 1 Nr. 6 BauGB wird allerdings die Formulierung „Nutzung der Energie von aus Biomasse erzeugtem Gas" verwendet.[153] Folglich war dem Gesetzgeber der Unterschied zwischen „energetischer Nutzung" und „Nutzung von Biomasse" in Form der bloßen Gasherstellung und Einspeisung sehr wohl bewusst. Weiter verdeutlicht wird diese Begriffsunterscheidung bei Betrachtung der einschlägigen Plenarprotokolle. So verwendet die Bundestagsabgeordnete Franziska Eichstädt-Bohlig im Rahmen der Plenardiskussion am 15.01.2004 bewusst die Begrifflichkeit der „Nutzung der Energie aus von Biomasse erzeugtem Gas" und setzt diese in Kontext zur Zielrichtung, aus dem Landwirt einen Energiewirt zu machen.[154] Ebenso differenziert der Bericht der Abgeordneten Wolfgang Spanier, Peter Götz, Franziska Eichstädt-Bohlig und Joachim Günther über das Beratungsverfahren im federführenden Ausschuss ausdrücklich zwischen der Nutzung von „Biomasse" und

---

150 Bundesregierung, Entwurf eines Gesetzes zur Anpassung des Baugesetzbuchs an EU-Richtlinien, BR-Drs. 756/03, S. 152.
151 Vgl. zum abschließenden Charakter des Privilegierungstatbestandes Bundesregierung, Entwurf eines Gesetzes zur Anpassung des Baugesetzbuchs an EU-Richtlinien, BT-Drs. 15/2250, S. 55.
152 Bundesregierung, Entwurf eines Gesetzes zur Anpassung des Baugesetzbuchs an EU-Richtlinien, BR-Drs. 756/03, S. 152.
153 Bundesregierung, Entwurf eines Gesetzes zur Anpassung des Baugesetzbuchs an EU-Richtlinien, BR-Drs. 756/03, S. 153.
154 Bundestag, Plenarprotokoll der Sitzung vom 15.01.2004, BT-Drs. 15/86, S. 7636.

derjenigen von „Biogas". Zusätzliche Verwendung findet an dieser Stelle der Begriff der „Energie aus Biomasse".[155] Somit lässt die Aussage in den Motiven, § 35 Abs. 1 Nr. 6 BauGB sei „lediglich" bezüglich der „Nutzung der Energie von aus Biomasse erzeugtem Gas" abschließend, den Schluss zu, dass bezüglich derartiger Vorhaben, die „nur" eine „Nutzung von Biomasse" darstellen, eine Einschlägigkeit der Norm gerade nicht gegeben ist. Zudem wird im Rahmen der amtlichen Gesetzesbegründung ausdrücklich die Förderung von „Vorhaben zur Nutzung der Energie von aus Biomasse erzeugtem Gas" als Motiv der Gesetzesänderung festgeschrieben.[156] Der Gesetzgeber hat sich daher im Bewusstsein der ambivalenten Wortbedeutung dafür entschieden, lediglich derartige Anlagen, die auch eine Weiterverarbeitung des erzeugten Gases betreiben, durch den Tatbestand des § 35 Abs. 1 Nr. 6 BauGB zu erfassen.

Allerdings hat die Bundesregierung im Rahmen der vom federführenden Ausschuss beschlossenen, öffentlichen Anhörung am 08.03.2004 auf Anregung der Fraktion „Bündnis 90/Die Grünen" klargestellt, es seien „nicht nur die Biomasse-Anlagen zur Stromerzeugung, sondern unter anderem auch die zur Erzeugung von Biogas" von der Privilegierung umfasst.[157] Hieraus ließe sich zwar bei oberflächlicher Betrachtung auf einen entsprechenden Willen des Gesetzgebers schließen. Eine derartige Betrachtungsweise würde jedoch den genauen Kontext der Plenardebatte im beratenden Ausschuss verkennen. Denn Ausgangspunkt der Plenardebatte war eine Fassung des Änderungsentwurfs, welche ausdrücklich auch derartige Vorhaben privilegiert hätte, die „der Herstellung und Nutzung der Energie von aus Biomasse erzeugtem Gas" dient.[158] Als Stellungnahme wurde allerdings ein dem aktuellen Gesetzeswortlaut entsprechender Änderungsentwurf verfasst, der als Gegenstand die Förderung „der energetischen Nutzung von Biomasse" hatte.[159] Die Stellungnahme der Bundesregierung kann jedoch mit keinem der beiden Entwürfe ausdrücklich in Zusammenhang gebracht werden, da sich der BT-Drucksache 15/2996 nicht eindeutig entnehmen lässt, zu welchem Zeitpunkt der Entwurf abgeändert wurde. Allerdings lässt sich den Drucksachen im Anhörungsverfahren

---

155 Bundestag, Bericht des Ausschusses für Verkehr, Bau- und Wohnungswesen vom 28.04.2004, BT-Drs. 15/2996, S. 58, 59.
156 Bundesregierung, Entwurf eines Gesetzes zur Anpassung des Baugesetzbuchs an EU-Richtlinien, BT-Drs. 15/2250, S. 54.
157 Bundestag, Bericht des Ausschusses für Verkehr, Bau- und Wohnungswesen vom 28.04.2004, BT-Drs. 15/2996, S. 60, 61.
158 Bundestag, Beschlussempfehlung des Ausschusses für Verkehr, Bau- und Wohnungswesen, BT-Drs. 15/2996, S.31.
159 Bundestag, Beschlussempfehlung des Ausschusses für Verkehr, Bau- und Wohnungswesen, BT-Drs. 15/2996, S.31.

die Forderung der Fraktion CDU/CSU entnehmen, die Position des Bundesrates zur Privilegierung von Biomasse zu berücksichtigen.[160] Diese auf Antrag des Freistaates Bayern eingebrachte Position des Bundesrates bezog sich auf die Aufnahme weiterer Nutzungsvarianten der Biomasse – insbesondere der Verbrennung von Holz und Hackschnitzeln sowie deren Zwischenlagerung – und entspricht damit demjenigen Tatbestandsentwurf, der vom beratenden Ausschluss letztlich in Form der „energetischen Nutzung von Biomasse" als Beschlussempfehlung verabschiedet wurde.[161] Folglich muss im Zeitpunkt des öffentlichen Anhörungsverfahrens noch der Ausgangsentwurf Gegenstand der Parlamentsdebatte gewesen sein, da die Forderung nach der Berücksichtigung der Position des Bundesrates nur dann relevant werden kann, wenn diese noch nicht Berücksichtigung gefunden hat, wie dies im Rahmen des beschlossenen Änderungsentwurfs der Fall war. Folglich kann sich auch die angeführte, klarstellende Äußerung der Bundesregierung lediglich auf den letztendlich nicht beschlossenen Ausgangsentwurf des Beratungsverfahrens bezogen haben. Dieser hatte aufgrund des Wortlauts auch die Herstellung von Biogas zum Gegenstand, sodass die hierauf bezogene Äußerung der Bundesregierung in keinerlei Bezug zum jetzigen Wortlaut des Tatbestands gebracht werden kann. Die Äußerung der Bundesregierung kann daher weder für, noch gegen die Einordnung der Biogaserzeugung als „energetische Nutzung" gewertet werden.

Allerdings besteht, wie bereits aufgezeigt, eine gewisse Widersprüchlichkeit zu den Ausführungen der Gesetzgebungsmotive hinsichtlich der Privilegierung des Anschlusses an die öffentliche Gasversorgung. Insoweit wird ausdrücklich erwähnt, dass sich die Privilegierung auch auf den Anschluss an die öffentliche Gasversorgung erstreckt.[162] Zudem könnte argumentiert werden, die Erzeugung von Biogas sei notwendiges Durchgangsstadium der Energieerzeugung und somit der energetischen Nutzung, da die Verbrennung von Biogas auch die vorhergehende Herstellung voraussetzt. Insbesondere ist daher mit einem identischen technischen Anlagenbedarf und somit gleichlaufender Belastung des Außenbereichs zu rechnen. Folglich könnte – dem Argument „a maiore ad minus" folgend – dennoch von einer tatbestandlichen Unterordnung bloßer Gaserzeugung unter § 35 Abs. 1 Nr. 6 BauGB auszugehen sein. Die entscheidende Fragestellung ist in diesem Zusammenhang jedoch, ob durch die Aufnahme in

---

160 Bundestag, Bericht des Ausschusses für Verkehr, Bau- und Wohnungswesen vom 28.04.2004, BT-Drs. 15/2996, S.59.
161 Bundesrat, Antrag des Freistaates Bayern, BR-Drs. 756/11/03, S. 2; Bundesrat, Stellungnahme zum Regierungsentwurf, BR-Drs. 756/03 (Beschluss), S. 20.
162 Bundesrat, Stellungnahme zum Regierungsentwurf, BT-Drs. 15/2250, S. 81.

den Anwendungsbereich des § 35 Abs. 1 Nr. 6 BauGB eine tatsächliche Förderung streitgegenständlicher Anlagen vorgenommen wird. Nur dann könnte davon ausgegangen werden, die Gaserzeugung als solche wäre als Minus zur „energetischen Nutzung" ebenfalls privilegiert. Geht man jedoch davon aus, entsprechende Vorhaben wären im Fall der Nichteröffnung des Anwendungsbereiches und somit nicht gegebener Spezialität des § 35 Abs. 1 Nr. 6 BauGB nach § 35 Abs. 1 Nr. 1 BauGB oder einem weiteren Privilegierungstatbestand unter wesentlich geringeren Einschränkungen privilegiert, so kann das Argument „a maiore ad minus" nicht greifen. Denn mit diesem Argument lässt sich lediglich die Besserstellung eines Vorhabens begründen. Die Unterwerfung unter den besonders in Bezug auf die Herkunft der Biomasse und den Leistungsumfang stark reglementierten Privilegierungstatbestand des § 35 Abs. 1 Nr. 6 BauGB bedürfte hingegen aufgrund des grundgesetzlich verbürgten Vorbehalts des Gesetzes einer ausdrücklichen Normierung.

a) Abschließender Charakter des § 35 Abs. 1 Nr. 6 BauGB

Dem Tatbestand des § 35 Abs. 1 Nr. 6 BauGB ist grundsätzlich ein abschließender Charakter bezüglich weiterer Privilegierungsmöglichkeiten zuzugestehen.[163] Denn bereits die amtliche Gesetzesbegründung zum Europarechtsanpassungsgesetz Bau bestimmt eine Spezialität bezüglich derartiger Vorhaben, die bereits ursprünglich aufgrund der „dienenden Funktion" oder als „mitgezogene Nebennutzung" zulässig waren.[164] Betroffen sind demnach lediglich landwirtschaftsfremde Nutzungsarten die aufgrund des besonderen Bezugs zum landwirtschaftlichen Betrieb dennoch eine Privilegierung erfahren haben. Würde sich aber herausstellen, dass die Biogaserzeugung als solche selbst dem Begriff der Landwirtschaft zuzuordnen wäre, so ist als Bezugspunkt für das im Sinne des § 35 Abs. 1 Nr. 1 BauGB erforderliche „Dienen" direkt auf die Biogaserzeugung abzustellen, sodass keiner der insoweit aufgegriffenen Fälle gegeben wäre. Bezüglich derartiger Anlagen wäre § 35 Abs. 1 Nr. 6 BauGB somit ohnehin nicht abschließend. Weiterhin kann eine Spezialität nur gegenüber derartigen Vorhaben gegeben sein, die tatbestandlich konkret erfasst werden. Im Fall der reinen Biogaserzeugung ist jedoch gerade

---

163 Vgl. Bundesregierung, Entwurf eines Gesetzes zur Anpassung des Baugesetzbuchs an EU-Richtlinien, BT-Drs. 15/2250, S. 55; insoweit wird festgestellt, dass § 35 Abs. 1 Nr. 6 BauGB gegenüber der bisherigen Privilegierungsmöglichkeit nach § 35 Abs. 1 Nr. 1 BauGB die speziellere Vorschrift darstellt; a. A. Dürr, in: Brügelmann, BauGB (Stand Februar 2012), Band 3, § 35 Rn. 63a.
164 Bundesregierung, Entwurf eines Gesetzes zur Anpassung des Baugesetzbuchs an EU-Richtlinien, BT-Drs. 15/2250, S. 54; vgl. weiterführend zu diesem Problem Kapitel 7 C.

dies Gegenstand der vorliegenden Prüfung, sodass jedenfalls eine Spezialität nur im Fall der Annahme, die bloße Biogasherstellung sei keine landwirtschaftliche Nutzung, greifen könnte. Aufgrund des damit einhergehenden Zirkelschlusses bleibt der Anwendungsbereich für eine Privilegierung der Gaserzeugung als eigenständige Privilegierung weiterhin eröffnet.[165]

b) Biogaserzeugung als landwirtschaftliche Nutzung im Sinne des § 35 Abs. 1 Nr. 1 BauGB

Grundsätzlich ist festzustellen, dass die wesentlichen Literaturstimmen von einer Unmöglichkeit der Einordnung von Biogasanlagen unter den Begriff der Landwirtschaft ausgehen.[166] Gerade die unterschiedslose Bezeichnung derartiger Anlagen in entsprechenden Fundstellen als „Biomasseanlagen", „Bioenergieanlagen" bzw. „Biogasanlagen" macht jedoch deutlich, dass eine mangelnde Differenzierung zwischen der Biogaserzeugung als solcher und der Erzeugung von Energie aus Biogas Gegenstand dieser Feststellung ist.[167]

---

165 Im Ergebnis so auch Loibl/Rechel, UPR 2008, 134 (139), allerdings auf Grundlage des wenig überzeugenden Arguments, die Privilegierung sei nur für den Fall der Eröffnung des Anwendungsbereichs abschließend konzipiert. Dies erscheint bereits deshalb sehr fragwürdig, da ansonsten die Leistungsbegrenzung des § 35 Abs. 1 Nr. 6 d BauGB leerlaufen würde. Vgl. insoweit Kraus, UPR 2008 218 (221).
166 Vgl. insoweit etwa Battis, in: Battis/Krautzberger/Löhr, BauGB, § 201 Rn. 3; Hentschke/Urbisch, AUR 2005, 41 (42); Franckenstein, AUR 2003, 73 (75); Peine/Knopp/Radcke, Das Recht der Errichtung von Biogasanlagen, S. 111; **a. A.** Stüer, Handbuch des Bau- und Fachplanungsrechts Rn. 2726, der davon ausgeht, die Erzeugung von Biogas aus Biomasse durch Vergärung könne dem Begriff der Landwirtschaft in § 201 BauGB zugeordnet werden. Bezug genommen wird insoweit allerdings auf das Urteil des OVG Koblenz vom 24.10.2001(Az.: 8 A 10125/01), dessen Rechtsansicht nicht weiter in der Rechtsprechung aufgegriffen wurde. Auch werden aus diesem Schluss keine weiteren Konsequenzen für die Privilegierung entsprechender Vorhaben gezogen; vgl. hierzu auch Stüer, in: Berliner Schriften zur Stadt- und Regionalplanung, Band 7, 79 (79); im Ergebnis gleichlaufend Berkemann/Halama, Erstkommentierung zum BauGB 2004, S. 408, der lediglich von einer Irrelevanz der Einordnung als landwirtschaftliche Nutzung aufgrund der Einführung des Privilegierungstatbestandes ausgeht.
167 Vgl. exemplarisch hierzu Battis, in: Battis/Krautzberger/Löhr, BauGB, § 201 Rn. 3, welcher Bioenergieanlagen als nicht landwirtschaftliche Nutzungsvariante klassifiziert und damit in Ermangelung separater Ausführungen zu Biogasanlagen insoweit von einer einheitlichen Begriffsbestimmung ausgeht.

(A.) Begriff der Landwirtschaft

Der Begriff der Landwirtschaft ist für den Geltungsbereich des Baugesetzbuchs in § 201 BauGB ausdrücklich geregelt.[168] Der Wortlaut des § 201 BauGB zählt exemplarisch den Ackerbau, die Wiesen- und Weidewirtschaft einschließlich der Tierhaltung unter der weiteren Voraussetzung der überwiegend auf betriebseigenen Landwirtschaftsflächen stattfindenden Futtererzeugung auf. Weiterhin werden die gartenbauliche Erzeugung, der Erwerbsobstbau, der Weinbau, die berufsmäßige Imkerei und die berufsmäßige Binnenfischerei als gesetzliche Bestandteile der Landwirtschaft definiert.[169] Aus dieser Aufzählung folgern Rechtsprechung und Literatur das Erfordernis der unmittelbaren Bodenertragsnutzung als ungeschriebenes Tatbestandsmerkmal einer landwirtschaftlichen Betätigung.[170] Wie zuvor bereits festgestellt, unterfällt die Erzeugung von Energiepflanzen in Form unmittelbarer Bodennutzung somit als landwirtschaftliche Urproduktion zweifelsohne bereits eigenständig der gesetzlichen Legaldefinition des § 201 BauGB.[171] Insbesondere beschränkt sich der Begriff des Ackerbaus nicht auf den Anbau traditionell üblicher Pflanzen, wie dies beispielsweise durch die Privilegierung des Tabakanbaus deutlich wird.[172] Die Erzeugung von Biogas ist als lediglich mittelbare Bodenertragsnutzung bereits aufgrund des Kriteriums der „Unmittelbarkeit" nicht unter den engen Landwirtschaftsbegriff zu subsumieren. Über die unmittelbare Bodenertragsnutzung hinaus sind allerdings nach allgemeiner Auffassung auch gewisse Verarbeitungs- und Veredelungsstufen des landwirtschaftlichen Erzeugnisses dem Begriff der Landwirtschaft zuzuordnen.[173] Es stellt sich daher die Frage, ob die Herstellung von Biogas aus ackerbaulich erzeugter Biomasse als Veredelungsstufe des landwirtschaftlichen Erzeugnisses einzustufen ist.

---

168 Söfker, in: Ernst/Zinkahn/Bielenberg/Krautzberger, BauGB, Band II, § 35 Rn. 23.
169 Vgl. § 201 BauGB in der Fassung der Bekanntmachung vom 23.September 2004 (BGBl. I S. 2414).
170 Söfker, in: Ernst/Zinkahn/Bielenberg/Krautzberger, BauGB, Band II, § 35 Rn. 23; BVerwG, Urt. vom 14. 5. 1969, 4 C 19.68, BayVBl. 1969, 391 (392); BVerwG, Urt. vom 13.12.1974, 4 C 22.73, BauR 1975, 104 (105).
171 BVerwG, Urt. v. 11.12.2008, 7 C 6/08, NVwZ 2009, 585 (586).
172 Söfker, in: Ernst/Zinkahn/Bielenberg/Krautzberger, BauGB, Band II, § 35 Rn. 23.
173 Söfker, in: Ernst/Zinkahn/Bielenberg/Krautzberger, BauGB, Band II, § 35 Rn. 25; BVerwG, Urt. v. 30.11.1984, 4 C 27.81, UPR 1985, 295 (296); BVerwG, Urt. v. 19.4.1985, 4 C 13.82, BauR 1985, 541 (542).

(B.) Prägung durch die Bodenertragsnutzung

Für eine Einstufung als Veredelungsstufe wäre eine Prägung des Enderzeugnisses durch die unmittelbare Bodenertragsnutzung erforderlich, wobei nicht zwingend jede einzelne Verarbeitungsstufe diesem Erfordernis unterliegt.[174] Notwendig ist hierfür eine gewisse Nähe der Produktions- oder Verarbeitungsstufe zum landwirtschaftlichen Ausgangsprodukt. Für die insoweit erforderliche Beurteilung ist irrelevant, ob die Weiterverarbeitung durch maßgeblichen Einsatz technischer Verfahren oder durch menschliche Arbeitskraft erfolgt.[175] Zulässig ist selbst die Verwendung dem herkömmlichen Landwirtschaftsbild nicht zuordenbarer, technischer Hilfsmittel, wobei Grundlage einer derartigen Betrachtung stets die Annahme sein muss, das unmittelbare Bodenerzeugnis bedürfe zum Erreichen der Marktreife einer gewissen Aufbereitung.[176] Insgesamt ist eine stetige Anpassung der diesbezüglichen Rechtsprechung an den sich ständig vollziehenden Strukturwandel in der Landwirtschaft festzustellen.[177] Exemplarisch ist insoweit die Klassifizierung der Vergärung von Obst zu Most bzw. das Brennen von Schnaps als mittlerweile anerkannter Bestandteil der Landwirtschaft zu nennen.[178] Für die Beurteilung des erforderlichen engen Zusammenhangs zwischen Ausgangsprodukt und Veredelungsstufe besteht kein exakt vorgegebener Beurteilungsrahmen. Vielmehr ist hierzu ein Rückgriff auf die Verkehrsauffassung sowie verschiedene Kriterien wie das äußere Erscheinungsbild, die Arbeitsintensität des Veredelungsprozesses sowie den Wertanteil der Veredelungszusätze erforderlich.[179]

(I.) Abgrenzung zur mitgezogenen Nutzung

Streng zu trennen sind Verarbeitungs- und Veredelungsstufen von der als „mitgezogener Betriebsteil" dem landwirtschaftlichen Betrieb zuzuordnenden Weiterverarbeitung landwirtschaftlicher Produkte. Denn diese erfordert eine grundsätzlich landwirtschaftsfremde Nutzungsform, die aufgrund der Unterordnung unter den landwirtschaftlichen Betrieb an dessen Privilegierung teilnimmt.[180] Durch die unmittelbare

---

174 Söfker, in: Ernst/Zinkahn/Bielenberg/Krautzberger, BauGB, Band II, § 35 Rn. 25.
175 Söfker, in: Ernst/Zinkahn/Bielenberg/Krautzberger, BauGB, Band II, § 35 Rn. 25; vgl. auch BVerwG, Urt. v. 19.4.1985, 4 C 13.82, UPR 1985, 422 (422).
176 Jäde, in: Jäde/Dirnberger/Weiss, BauGB § 35 Rn. 16.
177 Battis, in: Battis/Krautzberger/Löhr, BauGB, § 201 Rn. 3.
178 Vgl. zur Herstellung von Most VGH Mannheim, Urt. v. 01.09.1994, 8 S 86/94, BRS 56 Nr. 73, 212 (213); zum Brennen von Obst vgl. VGH Mannheim, Urt. v. 21.04.1982, 3 S 2066/81, BRS 39 Nr. 79, 166 (168).
179 Hendrischke, AgrarR 2001, 333 (334).
180 Hentschke/Urbisch, AUR 2005, 41 (42).

Bodenertragsnutzung geprägte Veredelungsstufen sind hingegen aufgrund des besonderen Näheverhältnisses zur landwirtschaftlichen Urproduktion als eigenständiger Bestandteil dieser zu bewerten und daher eigenständig privilegiert.

(II.) Übertragbarkeit auf die Biogaserzeugung

Maßgeblich ist im Ergebnis die Übertragbarkeit der Grundsätze der Prägung durch die unmittelbare Bodenertragsnutzung auf die Herstellung von Biogas. Insoweit hat bereits das Oberverwaltungsgericht Koblenz mit Urteil vom 24.10.2001 entschieden, dass der Vergärungsprozess von Bodenprodukten einen – zugegebenermaßen gesteuerten – natürlichen Vorgang darstellt und daher vergleichbar mit der Vergärung von Most zu Wein oder der Vergärung von Gras zu Silage als bloße Veredelungsstufe noch dem Begriff der Landwirtschaft zuzuordnen ist.[181] Dieser Einordnung wurde jedoch entgegengehalten, die Vergärung von Biomasse zu Biogas setze zwingend die Einwirkung von Bakterien voraus, durch deren Zugabe ein neuer Stoff in einem anderen Aggregatzustand hergestellt würde.[182]

Bezüglich des Einsatzes von Bakterien zur Einleitung des Vergärungsprozesses ist jedoch festzustellen, dass für diese biologische Weiterverarbeitung nichts anderes gelten kann als für den Einsatz technischer Verarbeitungsmittel oder menschlicher Arbeitskraft. Ein biologischer Prozess beeinträchtigt das Näheverhältnis zum landwirtschaftlichen Ausgangsprodukt weitaus weniger als beispielsweise eine aufwendige technische Verarbeitung. Zudem stellt der Fermentationsprozess aufgrund der technischen Steuerung und automatisierten Prozesseinleitung weit mehr einen technischen als einen biologischen Vorgang dar. Für einen derartigen wurde jedoch bereits aufgezeigt, dass dieser die Prägung durch die unmittelbare Bodenertragsnutzung nicht hindert, selbst wenn er nicht dem herkömmlichen Bild landwirtschaftlicher Nutzung entspricht.[183] Folglich kann die Vergärung mittels eingesetzter Bakterienkulturen die Einstufung als Betrieb der Landwirtschaft nicht hindern. Eine andere Ansicht wäre bereits aufgrund des nach allgemeiner Rechtsprechung der Definition des § 201 BauGB unterfallenden Brennens von Obst nicht haltbar, da die Herstellung von Alkohol aus Obst zwingend die Vergärung der Fruktose durch Bakterien voraussetzt.[184]

Für das Näheverhältnis des Produkts und damit einhergehend für die Prägung durch die unmittelbare Bodenertragsnutzung kann somit lediglich relevant

---

181 OVG Koblenz Urt. v. 24.10.2001, RdL 2003, 295 (296).
182 Fillgert, Agrarrecht 2002, 341 (342).
183 Jäde, in: Jäde/Dirnberger/Weiss, BauGB, § 35 Rn. 16.
184 VGH Mannheim, Urt. v. 21.04.1982, 3 S 2066/81, BRS 39 Nr. 79, 166 (168).

werden, dass die Biomasse als eigentlicher Ausgangsstoff nicht erhalten bleibt und in einen gasförmigen Zustand überführt wird.[185] Angeführt wird insoweit, das Endprodukt Gas stelle ein zum Ausgangsprodukt völlig unterschiedliches, neues Produkt dar, da die organischen Stoffe nicht als solche in den gasförmigen Aggregatzustand übergehen, sondern vielmehr ein Großteil des landwirtschaftlichen Ursprungserzeugnisses als Gärrückstand verbleibt.[186] Dem muss jedoch die vergleichbare Sachlage im Fall der Destillation von Obst zu Most bzw. Obstbrand entgegengehalten werden. Denn im Rahmen des Herstellungsvorgangs wird das Obst zunächst entsaftet, wobei der Großteil der Materie als Pressrückstand bereits im Zuge dieses Verarbeitungsschrittes aus dem Produktionszyklus ausscheidet. Lediglich der Obstsaft wird durch Vergärung, eingeleitet durch Bakterienzugabe, und anschließende Destillation in das spätere Enderzeugnis überführt. Der einzige Unterschied zwischen den beiden Erzeugungsprozessen liegt folglich darin, dass der feste Ausgangsstoff im einen Fall in einen flüssigen und im anderen Fall in einen gasförmigen Aggregatzustand umgewandelt wird. Insoweit besteht auch kein engeres Näheverhältnis zwischen festem und flüssigem als zwischen festem und gasförmigem Stoff. Dies wäre nur dann zwingend der Fall, wenn der flüssige Aggregatzustand notwendiges Durchgangsstadium der Gaserzeugung wäre.

Insoweit ist grundsätzlich zwischen den Verfahren der Flüssig- und Trockenvergärung zu differenzieren. Während im Rahmen der Flüssigvergärung bereits die Maische als zähflüssige Masse Gegenstand des Fermentationsprozesses ist, bedarf es im Fall der Trockenvergärung zur Beurteilung der vorliegenden Fragestellung einer weitergehenden Aufgliederung des Prozesses. Zwar wird selbst im Rahmen des Nassvergärungsverfahrens der grundsätzlich als fest einzustufenden Biomasse Prozessflüssigkeit zugegeben. Allerdings behält die Biomasse insoweit bis zur Überführung in einen gasförmigen Zustand den festen Aggregatzustand bei. Somit steht lediglich im Fall der Nassfermentation als notwendiger Zwischenschritt vor der Gaserzeugung das Durchlaufen eines flüssigen Zustands, sodass aus diesem Grund auf die fehlende Nähe zur unmittelbaren Bodenertragsnutzung und somit auf die mangelnde Vergleichbarkeit mit dem Brennen von Obst geschlossen werden könnte. Nicht unberücksichtigt bleiben darf jedoch im Fall des Obstbrennens die weiterhin erforderliche Destillierung der gewonnenen Flüssigkeit. Während im Fall der Gasherstellung der flüssige Aggregatzustand erst kurz vor Erreichen des Endstadiums der Verarbeitungskette herbeigeführt wird, erfordert die Destillierung des

---

185 So etwa Hentschke/Urbisch, AUR 2005, 41 (42).
186 Fillgert, Agrarrecht 2002, 341 (342).

Alkohols aus dem vergorenen Obst noch ein arbeitsintensives Verfahren bis zum Erreichen des Endprodukts. Genau dies muss jedoch Anknüpfungspunkt für die Beurteilung des Näheverhältnisses sein, sodass dem Erreichen des flüssigen Aggregatzustandes als Zwischenschritt keine wesentliche Bedeutung abgewonnen werden kann. Vielmehr ist auf die Intensität des Verarbeitungsvorganges abzustellen. Dieser ist im Fall des Obstbrennens als wesentlich umfangreicher einzustufen, da im Anschluss an den Vergärungsprozess noch eine aufwendige und materialintensive Aufbereitung erforderlich ist. Schließlich ist festzustellen, dass die Biogaserzeugung selbst im Fall der Nassvergärung ein mindestens gleichwertiges Näheverhältnis zum landwirtschaftlichen Ursprungsprodukt aufweist und daher eine rechtliche Beurteilung als Veredelungsstufe desselbigen angezeigt ist.

(III.) Landwirtschaftlicher Strukturwandel

Weiterhin ist das erforderliche Näheverhältnis bereits aufgrund des eingetretenen Strukturwandels in der Landwirtschaft indiziert. Die Beurteilung der unmittelbaren Bodenertragsnutzung und derer Veredelungs- bzw. Verarbeitungsstufen erfordert eine stetige Anpassung an die veränderten Produktions- und Absatzmethoden landwirtschaftlicher Erzeugnisse.[187] Dies gebietet bereits der hinsichtlich des dynamischen Wandels der landwirtschaftlichen Betriebsformen nicht abschließend formulierte Begriff der Landwirtschaft in § 201 BauGB, im Rahmen dessen Auslegung die aufgrund des voranschreitenden Strukturwandels erforderliche Anpassung des Betätigungsfeldes des modernen Landwirts zu berücksichtigen ist.[188]

Ein derartiger Wandel der tatsächlichen Gegebenheiten ist jedoch im Bereich der Landwirtschaft bereits festzustellen: Eine Vielzahl von Landwirten hat sich in Form der Biogaserzeugung mittels eigenständiger Kleinanlagen ein weiteres Standbein als Energiewirt geschaffen.[189] Diesen Strukturwandel hat selbst der Gesetzgeber bereits im Jahr 2003 festgestellt und als einen der Gründe für die Einführung des Privilegierungstatbestandes § 35 Abs. 1 Nr. 6 BauGB benannt.[190] Wie im Kontext der Plenardebatte vom 15.01.2004 deutlich wird, wurde bereits im Rahmen des Europarechtsanpassungsgesetzes Bau eine Anpassung der landwirtschaftlichen Erwerbsmöglichkeiten an die aktuellen Gegebenheiten bezweckt. So bezeichnete der damalige parlamentarische Staatssekretär Achim Großmann

---

187 Söfker, in: Ernst/Zinkahn/Bielenberg/Krautzberger, BauGB, Band II, § 35 Rn. 25.
188 Hendrischke, AgrarR 2001, 333 (337).
189 Vgl. beispielsweise Burger, Die Gemeinde 2004, 320 (320).
190 Bundesregierung, Entwurf eines Gesetzes zur Anpassung des Baugesetzbuchs an EU-Richtlinien, BT-Drs. 15/2250, S. 54.

die Biogaserzeugung als moderne Fortentwicklung in der Landwirtschaft mit der Möglichkeit der Landwirte sich neu aufzustellen.[191] Bestätigt wird dies durch die Stellungnahme der Abgeordneten Franziska Eichstädt-Bohlig, die eine Wandlung vom Landwirt hin zum Energiewirt fordert.[192] Dieser Diskussion lag lediglich eine ungenaue Differenzierung zwischen der Energieerzeugung aus Biomasse und der Herstellung von Biogas zugrunde. Zusammenfassend ist ein bereits eingetretener Wandel der Landwirtschaft hin zur Energiewirtschaft festzustellen. Diese Tatsache spricht somit ebenso für die Einordnung der Herstellung von Biogas als landwirtschaftliche Veredelungsstufe.

(IV.) Steuerrechtliche Abgrenzung

Einen weiteren Anhaltspunkt für eine differenzierende Beurteilung könnte die steuerrechtliche Abgrenzung zwischen landwirtschaftlicher und gewerblicher Einkommenserzielung geben. Zwar ist ein Rückgriff auf Begriffsbestimmungen anderer Gesetze zur Auslegung des bauplanungsrechtlichen Landwirtschaftsbegriffs grundsätzlich nicht möglich.[193] Die steuerrechtliche Aufspaltung des Vorgangs der Biogaserzeugung bzw. der Energieerzeugung kann jedoch entscheidende Ansatzpunkte für eine eigenständige Auslegung anhand bauplanungsrechtlicher Kriterien liefern. Grundlegend ist die im Bereich des Einkommensteuerrechts anerkannte Trennung zwischen der Gaserzeugung und der Energiegewinnung durch die Weiterverarbeitung des Gases festzuhalten.[194] Im Detail wird insoweit zwischen den drei unterschiedlichen Produktionsschritten der Biomasseerzeugung, der Biogasherstellung und der Energieerzeugung aus Biogas unterschieden.[195]

Der erste Schritt der Rohstoffgewinnung wird als Form ureigenster Bodenertragsnutzung unzweifelhaft als landwirtschaftlicher Erzeugungsprozess eingestuft.[196] Der Stromerzeugungsprozess als dritte Stufe wird wegen der grundlegenden Umverarbeitung des Ursprungsprodukts nicht mehr als Produkt der Landwirtschaft sondern als gewerbliches Erzeugnis behandelt.[197] Kontrovers wird jedoch die Einordnung der Biogaserzeugung gehandhabt. Insoweit ist grundsätzlich anerkannt, dass diese aufgrund der fehlenden Energiequalität des Gases grundsätzlich als

---

191 Bundestag, Plenarprotokoll der Sitzung vom 15.01.2004, BT-Drs. 15/86, S. 7634.
192 Bundestag, Plenarprotokoll der Sitzung vom 15.01.2004, BT-Drs. 15/86, S. 7636.
193 Söfker in Ernst/Zinkahn/Bielenberg/Krautzberger, BauGB, Band II, § 35 Rn. 23.
194 Vgl. allgemein zur Besteuerungsproblematik von Biomasseanlagen Eisele in Rössler/Troll, Bewertungsgesetz, § 42 Rn. 19.
195 Wiegand, INF 2005, 667 (668).
196 Wiegand, INF 2006, 497 (497).
197 Wiegand, INF 2005, 667 (668).

landwirtschaftliches Erzeugnis anzusehen ist.[198] Grund hierfür ist die Einordnung der Gaserzeugung als erste Stufe des Verarbeitungsprozesses, während die Stromerzeugung als zweite Verarbeitungsstufe nicht mehr der Landwirtschaft zugeordnet werden kann.[199] Allerdings wird bereits der für eine weitere Verwendung des Gases erforderliche Schritt der Gasaufbereitung unterschiedlich beurteilt. Seine Klassifizierung wird von der eigentlichen Gaserzeugung getrennt behandelt und von der weiteren Verwendung des erzeugten Gases abhängig gemacht. Nur derjenige gaserzeugende Betrieb, der das Erzeugnis überwiegend für den Betrieb der eigenen Hofstelle verwendet, wird als zur Landwirtschaft gehörend eingeordnet.[200] Für denjenigen Landwirt, der von ihm erzeugtes Gas aufbereitet, um es überwiegend in das öffentliche Gasnetz einzuspeisen, bedeutet dies die Einstufung als Gewerbebetrieb, da die Aufbereitung bereits als zweite Verarbeitungsstufe bewertet wird.[201]

Konsequenz dieser steuerrechtlichen Einordnung für die bauplanungsrechtliche Bewertung muss jedenfalls die getrennte Beurteilung der Gaserzeugung und Einspeisung auf der einen Seite und des Vorgangs der Stromerzeugung auf der anderen Seite sein. Denn wie die steuerrechtliche Bewertung ergibt, bestehen in tatsächlicher Hinsicht erhebliche Unterschiede zwischen diesen Vermarktungsprozessen, sodass eine eigenständige Beurteilung in der aufgezeigten Form zwingend erforderlich ist. Weiterhin ist zu untersuchen, ob die Aufspaltung von Gaserzeugung und Aufbereitung eine getrennte bauplanungsrechtliche Beurteilung erfordert und der Aufbereitungsvorgang noch als „von der unmittelbaren Bodenertragsnutzung geprägt" eingestuft werden kann.

(V.) Vorgang der Gasaufbereitung

Fraglich ist, ob die für eine Direkteinspeisung notwendige Aufbereitung des Gases zur Herausnahme des gesamten Erzeugungsprozesses aus der landwirtschaftlichen Begriffsdefinition im Sinne des Bauplanungsrechts führt. Grundsätzlich besteht ein unbedingtes Erfordernis einer dem Erzeugungsprozess nachgeschalteten Aufbereitung des Biogases, um es einer weiteren Nutzung zuzuführen, da es bislang technisch nicht möglich ist, die erforderliche Gasqualität durch Maßnahmen im Vergasungsprozess selbst herbeizuführen.[202] Die Tatsache der damit einhergehenden Trennung der beiden Prozessschritte könnte somit Indiz für das

---

198 Wiegand, INF 2006, 497 (497, 500).
199 Wiegand, INF 2005, 667 (668).
200 BMF v. 6.3.2006, BStBl. I, 248 (248).
201 BMF v. 6.3.2006, BStBl. I, 248 (248).
202 Bolhàr-Nordenkampf/Jörg, in: Schriftenreihe „Nachwachsende Rohstoffe" Band 24, S. 85.

Fehlen einer Prägung des Endprodukts durch die unmittelbare Bodenertragsnutzung sein. Entgegen der steuerrechtlichen Beurteilung ist für das Bauplanungsrecht allerdings nicht entscheidend, auf welcher Stufe der Verarbeitungskette der Prozess einzustufen ist und welche Verarbeitungsintensität hierfür eingesetzt wird. Vielmehr wird die Prägung durch das zwischen dem landwirtschaftlichen Ursprungserzeugnis und dem Endprodukt bestehende Näheverhältnis bestimmt.[203] An diesem Verhältnis wird jedoch durch die Aufbereitung des Gases nichts verändert. Diese erstreckt sich lediglich auf die Trocknung, Entschwefelung und Kohlendioxidabtrennung.[204] Letzendlich bedeutet Aufbereitung in diesem Sinn somit nichts anderes als die Säuberung des Gases von untergeordneten und damit für die Beurteilung der Prägung irrelevanten Stoffen. Insbesondere handelt es sich um ein durchaus mit der Destillierung von Obstbrand vergleichbaren Verarbeitungsschritt, weil dabei ebenfalls lediglich das gewünschte Endprodukt von störenden Zusatzstoffen befreit wird. Folglich ändert die Durchführung der Gasaufbereitung nichts an der Einordnung von Biogas als landwirtschaftliches Erzeugnis.

(VI.) Positive Beurteilung der unmittelbaren Bodenertragsnutzung

Die Erzeugung von Biogas auf Grundlage von im Rahmen der Wiesen- und Ackerwirtschaft erzeugten Produkten ist, entgegen der allgemeinen Ansicht, als von der unmittelbaren Bodenertragsnutzung geprägt einzustufen.[205] Entsprechende Bauvorhaben sind daher grundsätzlich als von § 35 Abs. 1 Nr. 1 BauGB privilegiert anzusehen.

(C.) Verwendung überwiegend eigener Ausgangsstoffe

Weiterhin setzt die Einstufung als Betrieb der Landwirtschaft die überwiegende Verarbeitung solcher Rohstoffe voraus, die auf zum Betrieb gehörenden Flächen erzeugt wurden.[206] Folglich können generell nur derartige Biogasanlagen nach § 35 Abs. 1 Nr. 1 BauGB privilegiert sein, die mindestens 51 % der Einsatzstoffe auf eigenem oder gepachtetem Grund erzeugen.[207] In der Praxis wird dies vor allem im Fall größerer Anlagen dazu führen, dass eine Privilegierung aufgrund des überwiegenden Zukaufs von Fremdbiomasse ausscheidet.

---

203 Söfker, in: Ernst/Zinkahn/Bielenberg/Krautzberger, BauGB, Band II, § 35 Rn. 25.
204 Urban, in: Gülzower Fachgespräche, Band 32, S. 238.
205 So im Ergebnis auch OVG Koblenz Urt. v. 22.11.2007, 1 A 10253/07, ZNER 2008, 91 (93); OVG Koblenz Urt. v. 24.10.2001, 8 A 10125/01, RdL 2003, 295 (296); Stubenrauch, in: Rixner/Biedermann/Steger, BauGB/BauNVO, § 201 Rn. 2.
206 Söfker, in: Ernst/Zinkahn/Bielenberg/Krautzberger, BauGB, Band II, § 35 Rn. 27; vgl. auch Stüer, Handbuch des Bau- und Fachplaungsrechts, Rn. 2628.
207 Zum Verhältnis von Pacht- zu Eigentumsflächen vgl. die Ausführungen in Kapitel 3 A.I..

(D.) Ergebnis

Anlagen zur separaten Erzeugung von Biogas sind unter der Prämisse überwiegender Verwertung eigener landwirtschaftlicher Ursprungsprodukte als von § 35 Abs. 1 Nr. 1 BauGB privilegiert anzusehen.

c) Biogaserzeugung als Betrieb der öffentlichen Gasversorgung

Für diejenigen Vorhaben ausschließlicher Gaserzeugung, welche aufgrund Zukaufs von Fremdbiomasse nicht dem Anwendungsbereich des § 35 Abs. 1 Nr. 1 BauGB unterfallen, könnte allerdings eine Privilegierung nach § 35 Abs. 1 Nr. 3 Alt. 1 BauGB als Betrieb der öffentlichen Gasversorgung relevant werden.[208]

(A.) Tatbestandliche Voraussetzungen

Tatbestandlich sind gemäß § 35 Abs. 1 Nr. 3 Alt. 1 BauGB Vorhaben privilegiert, die „der öffentlichen Versorgung mit Elektrizität, Gas, Telekommunikationsdienstleistungen, Wärme und Wasser" dienen. Übertragen auf die Direkteinspeisung von Biogas in das Erdgasnetz kann somit konsequenterweise lediglich die öffentliche Gasversorgung relevant werden, da in Ermangelung eines Energieumwandelungsprozesses weder unmittelbar Elektrizität noch Abwärme erzeugt werden. Eine öffentliche Versorgung setzt – ohne Rücksicht auf die Rechtsform des Betriebs und die diesem zugrunde liegenden Eigentumsverhältnisse – eine Bestimmung zur Versorgung der Allgemeinheit und nicht nur einzelner Personen voraus.[209] Weiterhin wurde durch die Rechtsprechung des Bundesverwaltungsgerichtshofs eine Übertragung des lediglich für die Alternative des Gewerbebetriebs ausdrücklich normierten Merkmals der Ortsgebundenheit auch auf Betriebe der öffentlichen Ver- und Entsorgung entwickelt.[210] Erforderlich ist daher eine Angewiesenheit auf die geographische oder geologische Eigenart der fraglichen Stelle in der Form, dass das Vorhaben an anderer Stelle seinen Zweck verfehlen würde. Gründe der Rentabilität sind insoweit allerdings nicht berücksichtigungsfähig.[211] Vielmehr

---

208 Vgl. hierzu Germer/Loibl, Handbuch Energierecht, S. 510, ausgehend von einer hohen Relevanz des Privilegierungstatbestandes § 35 Abs. 1 Nr. 3 BauGB speziell für Anlagen der reinen Biogaserzeugung mit anschließender Netzeinspeisung.
209 Jäde, in: Jäde/Dirnberger/Weiss, BauGB, § 35 Rn. 57; BVerwG, Urt. v. 18.02.1983, 4 C 19/81, NJW 1983, 2716 (2716).
210 BVerwG, Urt. v. 21.1.1977, IV C 28.75, DVBl. 1977, 526 (528/529); BVerwG, Urt. v. 16.6.1994, 4 C 20/93, NVwZ 1995, 64 (65/66).
211 Söfker, in: Spannowsky/Uechtritz, BauGB, § 35 Rn. 24; BVerwG, Urt. v. 5.7.1974, IV C 76.71, BayVBl. 1975, 174 (174).

muss das Vorhaben seinem Wesen nach auf seine Lage im Außenbereich angewiesen sein.[212] Allerdings ist das Erfordernis der Ortsgebundenheit von gewerblichen Betrieben nur in abgeschwächter Form auf Anlagen der öffentlichen Versorgung übertragbar.[213]

(B.) Übertragbarkeit auf die Biogaserzeugung

Im Fall der Einspeisung von Biogas in das öffentliche Gasnetz ist jedenfalls das Kriterium der öffentlichen Versorgung erfüllt.[214] Die eingespeiste Gasmenge wird durch den Einspeisevorgang mittelbar der Öffentlichkeit zum Verbrauch zugänglich gemacht. An dieser Einstufung ändert auch die regelmäßig vorliegende Ausübung des Anlagenbetriebs durch natürliche Personen oder juristische Personen des Privatrechts nichts, da das Merkmal der Öffentlichkeit keinen besonderen Gemeinwohlbezug erforderlich macht.[215]

Kontrovers wird jedoch in der Literatur im Fall von Biogasanlagen das Vorliegen des ungeschriebenen Merkmals der Ortsgebundenheit beurteilt.[216] Kraus vertritt insoweit die Ansicht, die Errichtung von Biogasanlagen sei an zahlreichen Stellen möglich und wäre daher nicht auf die Lage im Außenbereich angewiesen. Folglich könne das Kriterium der Ortsgebundenheit von derartigen Anlagen nicht erfüllt werden.[217] Auch Fillgert verneint aufgrund fehlendem spezifischen Bezugs zum Außenbereich das Vorliegen einer Ortsgebundenheit von Biogasanlagen.[218] Loibl/Rechel folgend seien allerdings Biomasseanlagen mit Bohrtürmen, Ziegeleien und Bergwerksanlagen vergleichbar, für welche die Ortsgebundenheit aufgrund der Abhängigkeit vom Standort im Außenbereich bereits gerichtlich geklärt sei.[219] Abzustellen sei insoweit vor allem auf die mit Bohrtürmen bzw. Ziegeleien vergleichbare Abhängigkeit von den Einsatzstoffen und der bestehenden Versorgungsinfrastruktur. Im Fall der Einsatzstoffe bestehe diese Abhängigkeit vor allem bei Anlagen, die im Sinne des § 8 Abs. 2 EEG 2004 nachwachsende Rohstoffe

---

212 Krautzberger, in: Battis/Krautzberger/Löhr, BauGB, § 35 Rn. 30.
213 Söfker, in: Spannowsky/Uechtritz, BauGB, § 35 Rn. 23; BVerwG, Urt. v. 16.6.1994, 4 C 20/93, NVwZ 1995, 64 (65/66).
214 Vgl. hierzu auch Kraus, UPR 2008, 218 (221).
215 Sander, in: Rixner/Biedermann/Steger, BauGB/BauNVO, § 35 Rn. 34.
216 Vgl. hierzu: Kraus, UPR 2008, 218 (221); Fillgert, AgrarR 2002, 341 (343); Loibl/Rechel, UPR 2008, 134 (139, 140).
217 Kraus, UPR 2008, 218 (221).
218 Fillgert, AgrarR 2002, 341 (343).
219 Loibl/Rechel, UPR 2008, 134 (139); Krautzberger, in: Battis/Krautzberger/Löhr, BauGB, § 35 Rn. 30.

vergären würden. Diese seien nicht nur auf die Produktion der Ausgangsstoffe auf den umliegenden Feldern, sondern auch auf die Möglichkeit, die entsprechenden Gärsubstrate als Dünger auf den nahe gelegenen Flächen auszubringen, angewiesen.[220] Aus diesem Grund würde im Fall von Biomasseanlagen eine besondere, bodenbezogene Standortbindung vorliegen, die eine mit einem Bergwerk vergleichbare Beurteilung rechtfertige.[221] Weiterhin wird in Zusammenhang mit der Abhängigkeit von der besonderen Lage im Außenbereich auch die, der Förderung im Wege der Kraft-Wärme-Kopplung immanente, Versorgung nahegelegener Bebauung – beispielsweise eines Ortsteils – mit Wärme thematisiert. Im Fall derartiger Anlagen sei an der Ortsgebundenheit nicht zu zweifeln.[222]

Diese Herleitung des unbedingten Bezuges zum Außenbereich durch die Versorgung entsprechender Bebauung mit Wärme kann allerdings kaum überzeugen. Während regelmäßig die einzige an der jeweiligen Stelle im Außenbereich relevante Bebauung der landwirtschaftlichen Hofstelle selbst oder vereinzelten Nachbarbetrieben zuzuweisen sein wird, liegt das Hauptpotenzial in der Versorgung von nahe gelegenen Ortsbereichen. Diese sind jedoch dem planungsrechtlichen Innenbereich zuzuordnen, sodass ein Erfordernis entsprechender Anlagen im Außenbereich auf keinen Fall mit der Abwärmeversorgung begründet werden kann. Einziger, im Vorliegenden zu vernachlässigender Anwendungsfall wäre insoweit die ausschließliche Elektrizitätsversorgung eines einzelnen, im Außenbereich situierten Betriebs durch eine Biogasanlage.[223] Ein derartiger Fall wird allerdings in der Praxis aufgrund fehlender Wirtschaftlichkeit einer nicht subventionierten Eigenversorgung nicht relevant werden.

Weiterhin wird die Problematik der Abwärmeerzeugung im Fall der reinen Gaserzeugung und Einspeisung überhaupt nicht relevant, da es hier gerade an einem Energieumwandlungsprozess fehlt. Eine derartige Umwandlung mittels eines Blockheizkraftwerkes ist jedoch zwingende Voraussetzung für das Entstehen von Abwärme. Dieses Argument für die Ortsgebundenheit entsprechender Anlagen kann daher, jedenfalls im Rahmen der vorliegenden Untersuchung, nicht entscheidungsrelevant werden.

Auch die angeführte Abhängigkeit von bestehender Versorgungsinfrastruktur, insbesondere den Netzsystemen, kann eine Abhängigkeit von der Lage im Außenbereich nicht begründen. Während dies zwar im Fall der Elektrizitäsversorgung

---

220 Loibl/Rechel, UPR 2008, 134 (140).
221 Loibl/Rechel, UPR 2008, 134 (140).
222 Germer/Loibl, Handbuch Energierecht, S. 510.
223 Vgl. hierzu Fehling, in: Schneider/Theobald, Recht der Energiewirtschaft, § 8 Rn. 198.

aufgrund der erforderlichen Anschlüsse an das Hochspannungsnetz durchaus einleuchtet, fehlt es im Fall der reinen Gaseinspeisung an einem derartigen Bezugspunkt zum Außenbereich. Denn eine Einspeisung von aufbereitetem Gas in das öffentliche Erdgasnetz ist grundsätzlich überall möglich und kann in unmittelbarer Nähe zu einer urbanen Siedlung aufgrund geringerer Transportwege sogar wirtschaftlicher praktiziert werden.

Soweit die erforderliche Ortsgebundenheit mit der Abhängigkeit von den auf umliegenden Flächen angebauten Ausgangsstoffen und der Möglichkeit, die Gärrückstände auf eben diesen Flächen wieder auszubringen, begründet wird, ist die zweifellos bestehende Möglichkeit, bestehende Entfernungen mittels ohnehin verfügbaren Transportmitteln zurückzulegen, zu thematisieren. Wird auf die von der Verwaltungsgerichtsbarkeit entwickelte Formel Bezug genommen, so ist festzustellen, dass eine geographische Abhängigkeit der Biogasanlage von den auf landwirtschaftlichen Flächen erzeugten Ausgangsstoffen und somit vom Außenbereich grundsätzlich besteht. Denn eine auf nachwachsende Rohstoffe ausgerichtete Biogasanlage ist auf die Versorgung mit Rohstoffpflanzen als unmittelbares Bodenertragserzeugnis unbedingt angewiesen.[224] Diese Angewiesenheit konnte durch den technischen Fortschritt allerdings auf die Stufe der Rentabilität verlagert werden, da durch moderne Transportmittel eine zeitnahe Zurverfügungstellung auch bei einer Situierung im Innenbereich gewährleistet wäre. Entscheidend ist daher, ob die aufgezeigte Abhängigkeit ausschließlich auf Gründe der Rentabilität zurückzuführen ist.[225] Im Rahmen dieser Beurteilung ist allerdings neben den Motiven des Anlagenbetreibers, die zugegebenermaßen regelmäßig rein wirtschaftlicher Natur sein dürften, auch der mit der Förderung durch das Erneuerbare-Energien-Gesetz bzw. das Kraft-Wärme-Kopplungsgesetz[226] verfolgte gesetzgeberische Zweck zu berücksichtigen.[227] Denn mittelbares Ziel des Anlagenbetreibers ist zwangsläufig ein Abschöpfen der einschlägigen Fördermittel – ein Anlagenbetrieb wird andernfalls aufgrund des hohen Investitionsvolumens nur schwer wirtschaftlich gestaltbar

---

224 Vgl. hierzu Toews, Gülzower Fachgespräche, Band 32, 63 (63); weiterführend vgl. Kapitel 3 B.II.4.d).(B).(I)..
225 Ausgehend von der Einstufung als reine Rentabilitätserwägung etwa Kraus, UPR 2008, 218 (221).
226 Gesetz für die Erhaltung, die Modernisierung und den Ausbau der Kraft-Wärme-Kopplung (Kraft-Wärme-Kopplungsgesetz) vom 19.03.2002 (BGBl. I S. 1092), zuletzt geändert durch Art. 11 G zur Neuregelung des Rechtsrahmens für die Förderung der Stromerzeugung aus erneuerbaren Energien vom 28.07.2011 (BGBl. I S. 1634).
227 Ähnlich Loibl/Rechel, UPR 2008, 134 (140), die angesichts der gesetzlichen Förderung der erneuerbaren Energien eine teleologische Reduzierung des Merkmals der Ortsgebundenheit feststellen.

sein – um eine maximale Produktivität zu erreichen.²²⁸ Der gesetzgeberische Zweck der Förderung erneuerbarer Energien liegt jedoch primär in der Vermeidung eines erhöhten Kohlendioxidausstoßes durch auf regenerativen Energieträgern basierender Energieerzeugung. Folglich ist der Betrieb einer Biogasanlage und deren Angewiesenheit auf kurze Transportwege in Bezug auf die Eingangsstoffe nicht ausschließlich auf Gründe der Rentabilität, sondern mittelbar auch auf Motive des Klimaschutzes zurückzuführen. Dieser Schutzzweck würde jedoch geradezu konterkariert werden, würde man einer Biogasanlage die Abhängigkeit von auf umliegenden Flächen erzeugten Energiepflanzen absprechen und den Betreiber auf die Möglichkeit des Materialtransports auf dem Verkehrsweg sowie den damit verbundenen erhöhten Emissionsausstoß verweisen.

Fraglich ist somit, ob die aufgezeigte Abhängigkeit in Form mittelbarer ökologischer Motivation die Ortsgebundenheit des Bauvorhabens zu begründen vermag. Das Bundesverwaltungsgericht hat zu einer derartigen Motivation mit Beschluss vom 18.12.1995 festgestellt, dass die Situierung eines Vorhabens an einer bestimmten Stelle im Außenbereich und somit die Ortsgebundenheit des Vorhabens nicht mit gesamtökologischen Erwägungen begründet werden kann.²²⁹ Diese Entscheidung betraf einen auf natürliche Wasservorkommen angewiesenen Holzlagerplatz, der im Fall der Errichtung an einer anderen Stelle auf Holzschutzverfahren mit wesentlich höherer Umweltbelastung zurückgreifen hätte müssen. Das Bundesverwaltungsgericht führte aus, die Begründung der Ortsgebundenheit mit Aspekten der Gesamtökologie würde aufgrund der Vielzahl vorhandener Wasserquellen zu äußerst weitreichenden Baumöglichkeiten im Außenbereich führen, deren Umfang dem Leitgedanken größtmöglicher Schonung des Außenbereichs zuwider liefe.²³⁰ Hieraus kann der Schluss gezogen werden, die Abhängigkeit der Biomasseanlage von den umliegenden Flächen aus ökonomischen sowie ökologischen Gründen könne unmöglich die Ortsgebundenheit der Anlage begründen. Denn als Anbauflächen für die erforderlichen Rohstoffpflanzen eignet sich praktisch jede Form landwirtschaftlich nutzbaren Bodens. In Kombination mit der ohnehin bereits dahingehend aufgeweichten Abhängigkeit, die Entfernung zwischen Anlage und Betriebsfläche müsse noch umweltverträglich überbrückbar sein, würde dies faktisch zu einer Privilegierung von Biomasseanlagen im gesamten Außenbereich führen. Eine derartige Auslegung des Privilegierungstatbestandes

---

228 Vgl. zur Abhängigkeit von Fördermitteln Reinhold, in: Gülzower Fachgespräche, Band 32, 76 (76); ebenso Röhnert, Informationen zur Raumentwicklung 2006, 67 (70).
229 BVerwG, Beschl. v. 18.12.1995, 4 B 260/95, NVwZ-RR 1996, 483 (484).
230 BVerwG, Beschl. v. 18.12.1995, 4 B 260/95, NVwZ-RR 1996, 483 (484).

würde demnach den der planungsrechtlichen Zulässigkeit nach § 35 BauGB immanenten Grundsatz der größtmöglichen Außenbereichsschonung vollständig aushebeln und ist daher – vergleichbar der Einordnung von Holzlagerplätzen durch das Bundesverwaltungsgericht – abzulehnen.[231]

An dieser Einschätzung vermögen auch die im Verhältnis zu Gewerbebetrieben im Sinne des § 35 Abs. 1 Nr. 3 Alt. 3 BauGB nur in abgeschwächter Form bestehenden Anforderungen an die Ortsgebundenheit entsprechender Vorhaben nichts zu ändern.[232] Denn diese Abschwächung in Bezug auf das Merkmal der Ortsgebundenheit ist lediglich gradueller Natur.[233] Dies bedeutet im Fall eines Betriebs der öffentlichen Versorgung weiterhin das Erfordernis der absoluten funktionsbedingten Angewiesenheit auf die jeweilige Situierung im Außenbereich, da eine Aufweichung im Rahmen dieser Beurteilung nur in Bezug auf einen weitherzigeren Maßstab bei der Beurteilung der jeweiligen Entfernung zwischen Anlage und Bezugsfläche vorzunehmen ist.[234] Anlagen zur Herstellung und Einspeisung von Biogas in das Erdgasnetz können demnach das Merkmal der Ortsgebundenheit selbst dann nicht erfüllen, wenn die Biogaserzeugung ausschließlich auf der Vergärung von auf umliegenden Flächen erzeugten Eingangsstoffen beruht.

(C.) Rechtsprechung zur Ortsgebundenheit

Anlässlich der aufgezeigten Rechtslage ist grundsätzlich in Frage zu stellen, ob die ständige Rechtsprechung des Bundesverwaltungsgerichts zum Erfordernis der Ortsgebundenheit im Fall von Anlagen der öffentlichen Versorgung mit den gesetzlichen Vorgaben des § 35 Abs. 1 Nr. 3 BauGB vereinbar ist.[235] Loibl/ Rechel vertreten hierzu – bezogen auf die Errichtung von Biogasanlagen – die Ansicht, eine Übertragbarkeit des Merkmals der Ortsgebundenheit sei aufgrund des eindeutigen Gesetzeswortlauts, der gesetzgeberischen Zwecksetzung und aus Gründen der Gesetzessystematik nicht möglich. Wichtigstes Argument sei hierfür

---

231 Vgl. hierzu BVerwG, Beschl. v. 18.12.1995, 4 B 260/95, NVwZ-RR 1996, 483 (484); im Ergebnis gleichlaufend Fillgert, AgrarR 2002, 341 (343).
232 Vgl. zum abgeschwächten Erfordernis der Ortsgebundenheit bei öffentlichen Versorgungseinrichtungen: Söfker, in: Spannowsky/Uechtritz, BauGB, §35 Rn. 23; BVerwG, Urt. v. 21.1.1977, IV C 28.75, DVBl. 1977, 526 (528); BVerwG, Urt. v. 16.06.1994, 4 C 20/93, NVwZ 1995, 64 (65).
233 BVerwG, Urt. v. 21.1.1977, IV C 28.75, DVBl. 1977, 526 (528); BVerwG, Urt. v. 16.06.1994, 4 C 20/93, NVwZ 1995, 64 (65).
234 BVerwG, Urt. v. 16.06.1994, 4 C 20/93, NVwZ 1995, 64 (66).
235 Vgl. etwa Kraus, UPR 2008, 218 (221) der aus systematischen Gründen an der Übertragbarkeit des Tatbestandsmerkmales auf Vorhaben der öffentlichen Versorgung zweifelt.

der eindeutig gefasste Tatbestand des § 35 Abs. 1 Nr. 3 BauGB, wonach sich das Merkmal der Ortsgebundenheit ausschließlich auf die Privilegierung von Gewerbebetrieben, nicht aber auf diejenige von Anlagen der öffentlichen Versorgung beziehen würde.[236] Weiterhin hätte der Gesetzgeber aufgrund bestehender Kenntnis der Auslegungsunsicherheiten im Rahmen der zahlreichen Novellierungen des Baugesetzbuches ausreichende Möglichkeiten gehabt, den Tatbestand des § 35 Abs. 1 Nr. 3 BauGB entsprechend abzuändern. Auch sei im Fall der ver- und entsorgungsspezifischen Tatbestandsalternativen des § 35 Abs. 1 Nr. 3 BauGB der Anwendungsbereich bereits derart konkret umrissen, dass eine weitergehende Einschränkung im Hinblick auf den Grundsatz größtmöglicher Außenbereichsschonung gerade nicht erforderlich sei.[237]

In systematischer Hinsicht wird angeführt, es handele sich im Fall der Privilegierung ortsgebundener Gewerbebetriebe um einen völlig eigenständigen Privilegierungstatbestand, da dieser im Gegensatz zu Anlagen der Ver- und Entsorgung rein wirtschaftlichen Interessen diene. Auch wären alle Anlagen der öffentlichen Versorgung gleichzeitig auch als Gewerbebetriebe zu klassifizieren, sodass kein eigenständiger Anwendungsbereich für diese Tatbestandsalternative verbliebe.[238] Im Übrigen würde durch eine derart restriktive Auslegung der Tatbestand des § 35 Abs. 1 Nr. 3 BauGB weitgehend ausgehöhlt werden.[239] Dies stünde einer am Gesetzeszweck orientierten Auslegungsmethodik entgegen, im Rahmen derer auch die Zwecksetzung der späteren Novellierungen des Baugesetzbuches und somit die besondere Förderung regenerativer Energieerzeugung zu berücksichtigen sei.[240] Letzterer Gedanke kann allerdings kaum überzeugen. Zum einen ist ein Abstellen auf den Gesetzeszweck späterer Novellierungen trotz unverändertem Fortbestand des ursprünglichen Tatbestandes als äußerst fraglich, allerdings im Hinblick auf die objektive Auslegungsmethodik noch als vertretbar einzustufen.[241] Ausschlaggebend ist jedoch die fehlende Differenzierung zwischen regenerativen und konventionellen Energieerzeugungsmethoden in § 35 Abs. 1 Nr. 3 BauGB. Die Privilegierung erfasst mit den Anlagen der

---

236 Loibl/Rechel, UPR 2008, 134 (140); ebenso Mutius von, DVBl. 1992, 1469 (1474/1475), der am Beispiel von Windenergieanlagen die Rechtsprechung des BVerwG allein aufgrund des eindeutigen Wortlauts ablehnt.
237 Loibl/Rechel, UPR 2008, 134 (140).
238 Loibl/Rechel, UPR 2008, 134 (140); ebenso Dolde, NJW 1983, 792 (792), der am Beispiel von Kraftwerken mit nahezu identischer Argumentationsstruktur die aufgezeigte Rechtsprechung auszuhebeln versucht.
239 Loibl/Rechel, UPR 2008, 134 (140); ebenso Dolde, NJW 1983, 792 (792).
240 Loibl/Rechel, UPR 2008, 134 (140).
241 Zur objektiven Auslegungsmethodik vgl. Wank, Die Auslegung von Gesetzen, S. 32.

öffentlichen Versorgung grundsätzlich allgemein die Energieversorgung. Ein Anhaltspunkt für eine bevorzugte Behandlung entsprechender Anlagen ist dem Gesetz folglich nicht zu entnehmen und kann auch nicht aufgrund allgemeiner gesetzgeberischer Ziele generiert werden.

Des Weiteren kann nicht angenommen werden, ein entsprechender gesetzgeberischer Wille könne bereits deshalb nicht unterstellt werden, da die neben dem ortsgebundenen Gewerbebetrieb bestehenden Tatbestandsalternativen aufgrund des dem Gemeinwohl dienenden Charakters bereits derart eng gefasst sind. Dies mag zwar der ursprüngliche Grund des Gesetzgebers gewesen sein, den Privilegierungstatbestand entsprechend zu verfassen. Der Gesetzgeber hatte jedoch bei der Aufstellung des § 35 Abs. 1 Nr. 3 BauGB im Jahre 1960[242] weder die weitgehende Privatisierung des Ver- und Entsorgungssektors noch die hierdurch erforderlich gewordene Ausweitung der Privilegierung auf privatrechtlich betriebene Ver- und Entsorgungsbetriebe durch die Rechtsprechung im Blick. Zwar lässt sich der amtlichen Gesetzesbegründung insoweit keinerlei Hinweis entnehmen.[243] Allerdings lag im Jahr 1960 die Energieversorgung noch fest in öffentlicher Hand, sodass dem Gesetzgeber das Problem der Zulässigkeit privater Energieversorgungsbetriebe im heutigen Umfang nicht bewusst sein konnte.[244] Sieht man somit den Anwendungstatbestand der Ver- und Entsorgung – wie wohl ursprünglich vom Gesetzgeber vorgesehen – auf Betriebe der öffentlichen Hand begrenzt, so ergibt sich die notwendige Berücksichtigung des Grundsatzes größtmöglicher Außenbereichsschonung bereits aus der dem gesetzgeberischen Idealbild entsprechenden strengen Gemeinwohlbindung öffentlicher Versorgungseinrichtungen. Betrachtet man jedoch die von der Rechtsprechung vorgenommene Anpassung des Tatbestandsmerkmals der öffentlichen Ver- und Entsorgung an die aktuellen Gegebenheiten, so würde diese zu einem weitgehenden Unterlaufen des Außenbereichsschutzes führen. Somit ist konsequenterweise als Regularium für private Betriebe, die notwendigerweise vordergründig wirtschaftliche Interessen verfolgen und somit ein erhöhtes „Außenbereichsrisiko" darstellen, eine Übertragung des Merkmals der Ortsgebundenheit dringend erforderlich. Das öffentliche Interesse an der Ver- und Entsorgung wiegt nicht derart schwer, dass es privatwirtschaftlichen Unternehmen aufgrund dieses Interesses zuzugestehen wäre, uneingeschränkt den

---

242 Vgl. § 35 Abs. 1 Nr. 3 BauGB in der Fassung der Bekanntmachung vom 29.06.1960 (BGBl. I S. 341).
243 Bundesregierung, Entwurf eines Bundesbaugesetzbuches, BT-Drs. 3/336, S. 72.
244 Vgl. hierzu Schiffer, Energiemarkt Bundesrepublik Deutschland, S. 29, wonach der erste Schritt hin zu einer Privatisierung der Energiewirtschaft in der Teilprivatisierung der Veba AG im Jahre 1965 zusehen ist.

Außenbereichsschutz aufzuheben. Vielmehr kann eine ordnungsgemäße Ver- und Entsorgung auch ohne eine uneingeschränkte Außenbereichsprivilegierung gewährleistet werden. Es ist somit ein den ausdrücklichen Gesetzeswortlaut kompensierender gesetzgeberischer Wille festzustellen, auch Betriebe der Ver- und Entsorgung nur unter dem weiteren Merkmal der Ortsgebundenheit privilegiert im Außenbereich zuzulassen. An der höchstrichterlichen Rechtsprechung zur Übertragung des Merkmals der Ortsgebundenheit ist daher im Sinne des erforderlichen Außenbereichsschutzes ohne Einschränkungen festzuhalten.

(D.) Ausschluss der Privilegierungsmöglichkeit nach § 35 Abs. 1 Nr. 3 BauGB

Eine Privilegierung von Anlagen zur Erzeugung von Biogas als Vorhaben der öffentlichen Gasversorgung i. S. v. § 35 Abs. 1 Nr. 3 Alt. 1 BauGB ist aufgrund mangelnder Ortsgebundenheit auszuschließen.

d) Biogaserzeugung als privilegiertes Vorhaben im Sinne des § 35 Abs. 1 Nr. 4 BauGB

Weiterhin könnten entsprechende Anlagen als Vorhaben im Sinne des § 35 Abs. 1 Nr. 4 BauGB privilegiert sein. Eine Einschlägigkeit dieses Privilegierungstatbestandes wird in Teilen der Literatur lediglich aufgrund des abschließenden und spezielleren Charakters des § 35 Abs. 1 Nr. 6 BauGB abgelehnt.[245] Gerade die mangelnde tatbestandliche Einschlägigkeit der speziellen Privilegierungsvorschrift gilt es jedoch vorliegend zu untersuchen.

(A.) Tatbestandliche Voraussetzungen

Nach § 35 Abs. 1 Nr. 4 BauGB werden Vorhaben privilegiert, die wegen der besonderen Anforderungen an die Umgebung, wegen der nachteiligen Wirkung auf die Umgebung oder wegen der besonderen Zweckbestimmung nur im Außenbereich ausgeführt werden sollen.[246] Es handelt sich hierbei um einen absoluten Auffangtatbestand, der folgerichtig fehlende Subsumptionsmöglichkeiten unter die Voraussetzungen der übrigen Privilegierungtatbestände des § 35 Abs. 1 BauGB erfordert.[247] Besondere Anforderungen an die Umgebung liegen vor, wenn das Bauvorhaben seine Funktion nur aufgrund einer bestimmten

---

245 Vgl. etwa Sander, in: Rixner/Biedermann/Steger, BauGB/BauNVO, § 35 Rn. 46; Lampe, NuR 152 (155).
246 Vgl. § 35 Abs. 1 Nr. 4 BauGB in der Fassung der Bekanntmachung vom 23.September 2004 (BGBl. I S. 2414), zit. nach Beck-Online.
247 Jäde, in: Jäde/Dirnberger/Weiss, BauGB, § 35 Rn. 58.

Beziehung zu der geplanten Umgebung erfüllen kann.[248] Nachteilige Auswirkungen auf die Umgebung sind hingegen dann anzunehmen, wenn das Vorhaben wegen eines besonderen Gefahrenpotentials oder unvermeidbarer Emissionen, wie beispielsweise Rauch, Ruß, Staub, Dampf, Erschütterungen oder Gerüche, nicht innenbereichsverträglich ist.[249] Eine besondere Zweckbestimmung setzt ebenfalls eine besondere Beziehung zum Außenbereich voraus. Im Rahmen dieser Beurteilung ist jedoch – im Gegensatz zu den besonderen Umgebungsanforderungen der ersten Tatbestandsalternative – nicht auf die konkrete Umgebung, sondern auf die allgemeine Zweckbestimmung und den allgemeinen Bezug zum Außenbereich abzustellen.[250] Neben dem Vorliegen eines dieser umgebungsspezifischen Merkmale setzt die Privilegierung nach § 35 Abs. 1 Nr. 4 BauGB weiterhin allgemein voraus, dass das Vorhaben „nur im Außenbereich ausgeführt werden soll".[251] Hierzu darf dieses zum einen weder im unbeplanten noch im beplanten Innenbereich nach den §§ 30 Abs. 1 bzw. 34 BauGB zulässig sein. Eine rein theoretische Planbarkeit nach Schaffung einer fiktiven Bauleitplanung findet im Rahmen dieser Einschätzung allerdings keine Berücksichtigung.[252] Zur Beurteilung der Zulässigkeit ist nicht auf die abstrakten Innenbereichsbedingungen, sondern auf die konkreten örtlichen Verhältnisse des Plangebiets und die geplante Bauausführung abzustellen.[253]

Neben der Frage der Unzulässigkeit im planungsrechtlichen Innenbereich enthält der Privilegierungstatbestand des § 35 Abs. 1 Nr. 4 BauGB mit der Begrifflichkeit des Sollens zusätzlich ein wertendes Merkmal.[254] Insoweit ist dahingehend abzuwägen, ob das Vorhaben unter Berücksichtigung des Vorhabenzwecks und der zu befürchtenden Auswirkungen noch im Außenbereich zu billigen ist.[255] Grundvoraussetzung

---

248 Krautzberger, in: Battis/Krautzberger/Löhr, BauGB, § 35 Rn. 34.
249 Sander, in: Rixner/Biedermann/Steger, BauGB/BauNVO, § 35 Rn. 39; Söfker, in: Ernst/Zinkahn/Bielenberg/Krautzberger, BauGB, Band II, § 35 Rn. 56.
250 Söfker, in: Ernst/Zinkahn/Bielenberg/Krautzberger, BauGB, Band II, § 35 Rn. 56.
251 Vgl. hierzu allg. BVerwG, Urt. v. 16.06.1994, 4 C 20/93, BVerwGE 96, 95 (104).
252 Krautzberger, in: Battis/Krautzberger/Löhr, BauGB, § 35 Rn. 33; Jäde, in: Jäde/Dirnberger /Weiss, BauGB, § 35 Rn. 62; a. A. Söfker, in: Ernst/Zinkahn/Bielenberg/Krautzberger, BauGB, Band II, § 35 Rn. 55, der zum Zweck dieser Beurteilung auch die fiktive Zulässigkeit nach Aufstellung eines entsprechenden Bebauungsplanes in Betracht zieht.
253 Söfker, in: Ernst/Zinkahn/Bielenberg/Krautzberger, BauGB, Band II, § 35 Rn. 55; Sander, in: Rixner/Biedermann/Steger, BauGB/BauNVO, § 35 Rn. 42.
254 BVerwG, Urt. v. 16.06.1994, 4 C 20/93, BVerwGE 96, 95 (104).
255 Sander, in: Rixner/Biedermann/Steger, BauGB/BauNVO, § 35 Rn. 43.

hierzu ist ein „singulärer Charakter" des Vorhabens.[256] Dies bedeutet den Ausschluss derartiger Anlagen, die aufgrund einer möglichen Häufung gleichgearteter Bauwünsche und entsprechender Realisierungsmöglichkeiten eine nicht nur vereinzelte Außenbereichsbebauung und somit eine „Vorbildwirkung" befürchten lassen.[257]

Zudem sind derartige Vorhaben ausgeschlossen, die der Verfolgung von Individualinteressen dienen und nicht zugleich im überwiegenden Allgemeininteresse stehen.[258] Dies rührt aus der grundsätzlichen Widmung des Außenbereichs als Erholungsraum der Allgemeinheit, der nicht den Interessen einzelner Personen geopfert werden soll.[259] Weitergehend gelten Vorhaben dann grundsätzlich nicht als billigenswert, wenn diese aufgrund ihrer emittierenden Eigenschaft sachgerechter in einem Industriegebiet errichtet werden könnten.[260]

(B.) Übertragbarkeit auf die Biogaserzeugung

Fraglich ist, ob die tatbestandlichen Voraussetzungen des § 35 Abs. 1 Nr. 4 BauGB abstrakt von Anlagen zur ausschließlichen Biogasherstellung mit angeschlossener Netzeinspeisung erfüllt werden können.

(I.) Vorliegen eines umgebungsspezifischen Merkmals

Grundsätzlich kommen als umgebungsspezifische Merkmale nachteilige Auswirkungen in Form von Emissionen und die besondere Angewiesenheit der Biogasanlagen auf eine zentrale Lage hinsichtlich der Substratflächen für die Verwirklichung der Privilegierung in Frage. Teilweise wird allerdings davon ausgegangen, aufgrund technischer Möglichkeiten zur Vermeidung entsprechender Emissionen könne die Erheblichkeitsschwelle nur in wenigen Ausnahmefällen überschritten werden.[261] Dem ist jedoch nur bedingt beizupflichten, da selbst im Fall von Anlagen, deren Technik dem modernsten Stand entspricht, eine vollständige Vermeidung störender Geruchsimmissionen hinsichtlich angrenzender

---

256 Söfker, in: Ernst/Zinkahn/Bielenberg/Krautzberger, BauGB, Band II, § 35 Rn. 55; BVerwG, Urt. v. 16.06.1994, 4 C 20/93, BVerwGE 96, 95 (104).
257 BVerwG, Urt. v. 16.06.1994, 4 C 20/93, BVerwGE 96, 95 (104, 105).
258 Söfker, in: Ernst/Zinkahn/Bielenberg/Krautzberger, BauGB, Band II, § 35 Rn. 55; BVerwG, Urt v. 4.11.1977, 4 C 30.75, BauR 1978, 118 (120).
259 BVerwG, Urt v. 4.11.1977, 4 C 30.75, BauR 1978, 118 (120).
260 Söfker, in: Ernst/Zinkahn/Bielenberg/Krautzberger, BauGB, Band II, § 35 Rn. 55; BVerwG, Beschl. v. 2.3.2005, 7 B 16/05, NuR 2005, 730 (731).
261 Loibl/Rechel, UPR 2008, 134 (141); Franckenstein, AUR 2003, 73 (75) geht sogar von einer grundsätzlichen Einordnung der anfallenden Emissionen als nicht störend aus.

Flächen nicht möglich ist.[262] Dies liegt unter anderem an den fehlenden Eindämmungsmöglichkeiten im Rahmen der Anlieferung und Lagerung des Gärsubstrats und der entsprechenden Rückstände. Weiterhin können Anlagenmängel erhebliche Geruchsbelästigungen hervorrufen.[263] Exemplarisch ist insoweit auf ein Urteil des Verwaltungsgerichtshofes Mannheim vom 5.10.2000 abzustellen, wonach für den Fall einer Großbiogasanlage das Vorliegen nachteiliger Auswirkungen auf die Umgebung in Form von Geruchsimmissionen festgestellt und die baurechtliche Privilegierung gemäß § 35 Abs. 1 Nr. 4 BauGB bestätigt wurde.[264] Aufgrund der Irrelevanz des Verstromungsprozesses für eine potenzielle Geruchsentwicklung sind Anlagen zur Stromerzeugung und Derartige zur Herstellung und Einspeisung von Rohgas insoweit absolut identisch zu behandeln. Als weitere relevante Umwelteinwirkung kommen im Fall von verstromenden Biogasanlagen vom Blockheizkraftwerk ausgehende Schallemissionen in Betracht. Insoweit wurden im Fall benachbarter Wohnbebauung sowohl aufgrund des akustisch wahrnehmbaren als auch aufgrund des nicht hörbaren tieffrequenten Schalls dauerhafte körperliche Beeinträchtigungen der Anwohner festgestellt.[265] Es besteht demnach jedenfalls die abstrakte Möglichkeit der Einordnung von Anlagen zur Herstellung von Biogas als innenbereichsunverträgliches Vorhaben.[266] Eine generelle Einordnung ist hingegen nicht möglich, da das Vorliegen störender Emissionen eine Beurteilung anhand der konkreten Umstände des Einzelfalles erfordert.[267]

Zudem könnten Biogasanlagen aufgrund der Abhängigkeit von den jeweiligen Substraterzeugungsflächen auch einen generellen Außenbereichsbezug aufweisen. Insbesondere dienen diese neben wirtschaftlichen Motiven der klimaschonenden Energieerzeugung. Das Erreichen dieser Ziele ist jedoch unmittelbar an eine bestmögliche Optimierung der Transportwege im Rahmen der Versorgung mit Gärsubstraten und deren Entsorgung gekoppelt.[268] Denn diese Logistik ist einer der

---

262 Biogashandbuch Bayern, Kapitel 2, S. 13; vgl. auch Kühne, Die Änderungen der Außenbereichsvorschrift des § 35 BauGB durch das Europarechtsanpassungsgesetz Bau, S. 175.
263 Peine/Knopp/Radcke, Das Recht der Errichtung von Biogasanlagen, S. 68.
264 VGH Mannheim, Urt. vom 5.10.2000, 10 S 660/00, NVwZ 580 (582).
265 Müller-Wiesenhaken/Kubicek, ZfBR 2011, 217 (217).
266 Vgl. hierzu auch Fehling, in: Schneider/Theobald, Recht der Energiewirtschaft, § 8 Rn. 198.
267 Ebenso Fillgert, AgrarR 2002, 341 (344).
268 Vgl. Loibl/Rechel, UPR 2008, 134 (140), die zur Beurteilung der Standortgebundenheit im Rahmen der potenziellen Privilegierung gemäß § 35 Abs. 1 Nr. 3 BauGB ebenfalls auf die erforderliche Ver- und Entsorgung der Anlage durch nahegelegene Flächen abstellen. Eine Übertragung auf den Tatbestand der besonderen Zwecksetzung unterbleibt jedoch insoweit.; vgl. hierzu auch Kapitel 3 B.II.4.d).(B).(I)..

wichtigsten Rentabilitätsfaktoren einer Biogasanlage.[269] Toews konnte insoweit bereits nachweisen, dass die Beschickungskosten einer Biogasanlage bei wachsender Entfernung zwischen Anlagenstandort und Substratflächen überproportional steigen.[270] Kruschinski folgend sei daher im Fall idealer wirtschaftlicher Bedingungen aufgrund der effizienten Substratlogistik auch mit einer kleinst möglichen Außenbereichsbeeinträchtigung zu rechnen.[271] Es besteht somit zweifelsohne eine bestimmte Beziehung entsprechender Anlagen zu den umliegenden Flächen. Zur Beurteilung der Privilegierungstauglichkeit dieser Beziehung ist zwischen den beiden Alternativen der „besonderen Anforderungen an die Umgebung" und der „besonderen Zweckbestimmung" zu unterscheiden. Während die erste Alternative eine funktionelle Bindung des Bauvorhabens an die geplante Umgebung voraussetzt, gilt eine zweckbestimmte Außenbereichsabhängigkeit als gegeben, wenn das Vorhaben keine Beziehung zu der konkreten Umgebung, sondern einen allgemeinen Bezug zum Außenbereich aufweist.[272] Es handelt sich folglich im Fall des aufgezeigten Abhängigkeitsverhältnisses um eine zweckbedingte Abhängigkeit. Während eine Biogasanlage grundsätzlich ihre Funktion auch in dezentraler Lage erfüllen könnte, fordern die wirtschaftliche und umweltbezogene Zwecksetzung eine zentrale und somit effiziente Situierung des Bauvorhabens. Dem Vorhaben kann an dieser Stelle auch nicht entgegengehalten werden, es könne seine Funktion ebenso innerhalb des Innenbereiches erfüllen. Denn diese Fragestellung kann ausschließlich im Rahmen der weiteren Tatbestandsvoraussetzung der ausschließlichen Außenbereichssituierung beantwortet werden. Biogasanlagen sind folglich aufgrund der potenziell störenden Emissionsbelastungen und der gegebenen Abhängigkeit von den umliegenden Landwirtschaftsflächen grundsätzlich geeignet, den für die Privilegierung erforderlichen Außenbereichsbezug zu erfüllen.

(II.) Ausschließlicher Außenbereichscharakter

Die Beantwortung der weiteren Frage, ob das Vorhaben in der geplanten Form „nur im Außenbereich" zulässig ist, erfordert die genaue Kenntnis der konkreten örtlichen Verhältnisse des Plangebiets. Denn grundsätzlich kann nicht bereits allein aufgrund der Eigenart als Biogasanlage jegliche Zulässigkeit im beplanten oder unbeplanten Innenbereich versagt werden. Vielmehr bietet sich vor allem

---

269 Toews, in: Gülzower Fachgespräche, Band 32, 63 (63); Kruschinski, Biogasanlagen als Rechtsproblem, S. 96; Hentschke/Urbisch, AUR 2005, 41 (43).
270 Toews, in: Gülzower Fachgespräche, Band 32, 63 (65).
271 Kruschinski, Biogasanlagen als Rechtsproblem, S. 97.
272 Sander, in: Rixner/Biedermann/Steger, BauGB/BauNVO, § 35 Rn. 39, 41; vgl. auch Kapitel 3 B.II.4.d).(A).

in Dorfgebieten der Bau landwirtschaftlich geprägter Kleinanlagen an, die hier aufgrund der nach § 5 Abs. 2 Nr. 1 BauNVO[273] gebotenen besonderen Rücksichtnahme auf die Bedürfnisse der Landwirtschaft regelmäßig zulässig sein werden.[274] Weiterhin ist die planungsrechtliche Zulässigkeit innerhalb von Industrie-, Gewerbe-, und Sondergebieten im Sinne der §§ 8 ff. BauNVO in Betracht zu ziehen.[275] Das Vorliegen des ausschließlichen Außenbereichscharakters kann demnach aufgrund der potenziellen Innenbereichszulässigkeit von Biogasanlagen nicht abstrakt, sondern nur konkret anhand des Planungsumfangs und der örtlichen Verhältnisse im Plangebiet beurteilt werden. Die generelle Einstufungsmöglichkeit als „nur im Außenbereich" zulässiges Vorhaben ist jedoch festzustellen.[276]

(III.) Wertende Betrachtung

Für eine abstrakte Privilegierungsmöglichkeit ist maßgeblich, ob die Anlage nach Abwägung der befürchteten Auswirkungen gegenüber dem Zweck des Vorhabens im Außenbereich errichtet werden „soll". Der Privilegierung von Biogasanlagen wird teilweise in der Literatur entgegengehalten, es bestünde eine mit Photovoltaik- und Windenergieanlagen vergleichbare Interessenlage, da aufgrund der Vielzahl der zu erwartenden Baugesuche einer Genehmigung gewissermaßen „Präjudizwirkung" zukommen würde und ein singulärer Charakter daher nicht gegeben sei.[277] Im Fall von Windenergieanlagen wurde die Singularität insbesondere deshalb verneint, da die Vielzahl entsprechender Baugesuche nicht allein durch das „Korrektiv" entgegenstehender öffentlicher Belange in städtebaulich geordnete Bahnen gelenkt werden könne.[278] Diese Einstufung kann allerdings

---

273 Verordnung über die bauliche Nutzung der Grundstücke (Baunutzungsverordnung – BauNVO) in der Fassung der Bekanntmachung vom 23.01.1990 (BGBl. I S. 132), zuletzt geändert durch Art. 3 Investitionserleichterungs- und WohnbaulandG vom 22.04.1993 (BGBl. I S. 466).
274 Kruschinski, Biogasanlagen als Rechtsproblem, S. 51.
275 Peine/Knopp/Radcke, Das Recht der Errichtung von Biogasanlagen, S. 105/106.
276 a. A. Lampe, NuR 2006, 152 (155), die den ausschließlichen Außenbereichscharakter aufgrund einer grundsätzlichen Genehmigungsfähigkeit im Bereich von Gewerbe- und Industriegebieten regelmäßig ablehnt. Diese Einschätzung steht allerdings aufgrund der Abhängigkeit vom jeweiligen Plangebiet nicht im Widerspruch zu der aufgezeigten These.
277 Fillgert, AgrarR 2002, 341 (344); Loibl/Rechel, UPR 2008, 134 (141); den singulären Charakter von Biogasanlagen ebenfalls verneinend Kruschinski, Biogasanlagen als Rechtsproblem, S. 129.
278 BVerwG, Urt. v. 16.06.1994, 4 C 20/93, BVerwGE 96, 95 (107); zum fehlenden singulären Charakter von Freiflächenphotovoltaikanlagen vgl. VG Minden, Urt. v. 25.06.2002, 1 K 1350/01, Juris Rn. 20.

nicht ohne weiteres auf die Errichtung von Biogasanlagen übertragen werden. Zwar ist grundsätzlich festzuhalten, dass aufgrund der zunehmenden Förderung von Biogasanlagen durch das Erneuerbare-Energien-Gesetz und das Kraft-Wärme-Kopplungsgesetz von einer generellen Häufung entsprechender Baugesuche auszugehen ist.[279] Allerdings verdeutlicht die bereits aufgezeigte Abhängigkeit eines wirtschaftlichen Anlagenbetriebs von den Logistikkosten die naturgegebene Begrenzung der Zahl vergleichbarer Bauvorhaben. Das Volumen einer entsprechenden Biogasanlage wird absolut durch die jeweils in der näheren Umgebung erzeugbaren nachwachsenden Rohstoffe begrenzt. Durch die überproportional zur Entfernung steigenden Logistikkosten wird insbesondere auch die durch eine Steigerung der Anlagengröße erreichte Senkung der spezifischen Produktionskosten eliminiert.[280] Dem Bau einer Biogasanlage im Einzugsbereich einer weiteren Anlage stehen somit zwingende wirtschaftliche Aspekte entgegen, da die Biogaserzeugung zwingend auf kurze Anfahrtswege zu den Substratflächen angewiesen ist. Hierin liegt der entscheidende Unterschied zur Energieerzeugung aus Windkraft und Photovoltaik. Während Wind und Sonne im jeweiligen Plangebiet unbegrenzt zur Verfügung stehen und daher tatsächlich eine Vielzahl gleichgearteter Bauvorhaben befürchtet werden muss, wird der Bau von Biogasanlagen bereits ausreichend durch die jeweilige Verfügbarkeit entsprechender Gärsubstrate im Einzugsgebiet des geplanten Standortes begrenzt. Der Grundsatz größtmöglichen Außenbereichsschutzes steht daher im Fall von Biogasanlagen einer Vorhabensverwirklichung ohne vorherige Durchführung einer einschlägigen Bauleitplanung nicht entgegen. Es ist vielmehr von einem singulären Charakter entsprechender Bauvorhaben auszugehen, der nicht geeignet ist, in den betroffen Kommunen ein Bedürfnis nach Bauleitplanung auszulösen. Bestätigt wird dieses Ergebnis durch die Existenz des § 35 Abs. 3 S. 3 BauGB. Denn durch dieses Planungsinstrument wird den Kommunen die Möglichkeit eingeräumt, durch die Ausweisung von Vorrangflächen für die Errichtung von privilegierten Vorhaben im Sinne des § 35 Abs. 1 Nr. 2 bis Nr. 6 BauGB auf ein potenziell entstehendes Planungsbedürfnis zu reagieren.[281] Der Grundsatz größtmöglichen Außenbereichsschutzes gebietet es demnach nicht mehr zwingend, einem Vorhaben die Privilegierung bereits aufgrund des abstrakt potenziellen Charakters als nicht singuläres Vorhaben zu versagen.

---

279 Fillgert, AgrarR 2002, 341 (344).
280 Toews, in: Gülzower Fachgespräche, Band 32, 63 (67).
281 Ähnlich Fillgert, AgrarR 2002, 341 (344), die aufgrund der Einführung des § 35 Abs. 3 S. 3 BauGB eine Auflockerung der restriktiven Auslegung des Merkmals des „Sollens" thematisiert.

Haupttriebfeder für den Bau von Biogasanlagen ist unzweifelhaft die Gewinnerzielungsabsicht des jeweiligen Vorhabenträgers und somit ein Individualinteresse. Die Frage, ob eine Biogasanlage im Außenbereich zu billigen ist, kann folglich ausschließlich dann positiv beantwortet werden, wenn das Interesse an der Freihaltung des Außenbereichs hinter Aspekten des Gemeinwohls zurücktritt. Voraussetzung hierfür wäre ein den Aspekt des Außenbereichsschutzes überwiegendes Interesse der Allgemeinheit an der Errichtung und dem Betrieb von Biogasanlagen.[282] Bezug zu nehmen ist insoweit auf den mittlerweile auf höchster politischer Ebene festgesetzten Leitsatz, aufgrund klimapolitischer Ziele in näherer Zukunft einen Großteil des Energiebedarfs mittels regenerativer Energieträger zu bestreiten.[283] Einen wesentlichen Bestandteil dieser Konzeption soll aufgrund der besonderen Grundlastfähigkeit entsprechender Anlagen die Erzeugung von Biogas einnehmen.[284] Es ist somit vor dem Hintergrund des Klimaschutzes ein generelles Interesse der Allgemeinheit an einer möglichst umfangreichen und effektiven Biogasproduktion zu konstatieren. Eine effiziente Biogaserzeugung wird allerdings regelmäßig nur im Fall der zentralen Errichtung des Bauvorhabens im Außenbereich zu gewährleisten sein. Dieser Motivation verleiht die Einführung der eigenständigen Außenbereichsprivilegierung für Vorhaben der energetischen Nutzung von Biomasse durch das Europarechtsanpassungsgesetz Bau im Jahr 2004 besonderen Ausdruck. Der Gesetzgeber hat an dieser Stelle erkannt, dass ein Erreichen der klimapolitischen Zielsetzung nur durch die Öffnung des Außenbereiches erreicht werden kann.[285] Dieses öffentliche Interesse muss jedoch in gleicher Form für potenziell nicht von § 35 Abs. 1 Nr. 6 BauGB umfasste Anlagen zur ausschließlichen Herstellung von Biogas gelten. Zusätzlich ist das Interesse an einem größtmöglichen Außenbereichsschutz im Fall von Biogasanlagen ohnehin reduziert. Denn derartige Individualinteressen, die einen Bezug zu einer dem Außenbereich ohnehin innewohnenden Funktion wie derjenigen der Landwirtschaft aufweisen, sind selbstverständlich nur in abgeschwächter Weise zur Beeinträchtigung der außenbereichstypischen Funktionen geeignet.

Die Möglichkeit der Erzeugung von Biogas wird – unabhängig von einer potenziellen Einordnung als eigenständiger landwirtschaftlicher Betrieb[286] – als

---

282 BVerwG, Urt v. 4.11.1977, 4 C 30.75, BauR 1978, 118 (120).
283 Vgl. hierzu: Art. 2 Abs. 1 a) IV Kyoto-Protokoll.
284 Vgl. allgemein zur Grundlastfähigkeit von Biogasanlagen Kruschinski, Biogasanlagen als Rechtsproblem, S. 4; ebenso Hesler, REE 2011, 11 (11).
285 Bundesregierung, Entwurf eines Gesetzes zur Anpassung des Baugesetzbuchs an EU-Richtlinien, BT-Drs. 15/2250, S. 55.
286 Vgl. hierzu Kapitel 3 B.II.4.b)..

weiterführende Erwerbsmöglichkeit für eine Vielzahl von Landwirten gehandelt.[287] Hinzu kommt die landwirtschaftstypische Möglichkeit der Erzeugung von nachwachsenden Rohstoffen als Gärsubstrat.[288] Dem Betrieb einer Biogasanlage ist folglich regelmäßig zumindest ein mittelbarer Bezug zur Landwirtschaft zuzugestehen. Aufgrund dieser Nähebeziehung zu einer der außenbereichstypischen Funktionen bestehen den Aspekt größtmöglicher Außenbereichsschonung überwiegende öffentliche Interessen am Betrieb von Anlagen zur Herstellung von Biogas. Aufgrund des aufgezeigten Erfordernisses kurzer Transportwege und der bestehenden Emissionsbelastungen wird daher regelmäßig eine sachgerechtere Unterbringung an anderer Stelle, beispielsweise im Bereich eines Industriegebietes, ausscheiden müssen. Nach wertender Betrachtung sind Anlagen zur Herstellung von Biogas folglich als im Außenbereich billigenswerte Vorhaben einzustufen.[289]

(IV.) Übertragung der Rechtsprechung zur Ortsgebundenheit

Allerdings könnte die zum Merkmal der Ortsgebundenheit im Rahmen des § 35 Abs. 1 Nr. 3 BauGB ergangene Rechtsprechung auch auf das umgebungsspezifische Merkmal des § 35 Abs. 1 Nr. 4 BauGB zu übertragen sein.[290] Insoweit wurde festgelegt, dass die Angewiesenheit auf die jeweilige Lage im Außenbereich und somit die Ortsgebundenheit des Vorhabens nicht mit gesamtökologischen und gesamtökonomischen Standortvorteilen begründet werden kann.[291] Dies betrifft grundsätzlich auch die Frage der zentralen Lage und die damit einhergehenden wirtschaftlichen und klimaschonenden Aspekte. Allerdings handelt es sich nicht um eine identische Beurteilungssituation. Zwar wird die Zulässigkeit von Vorhaben sowohl nach § 35 Abs. 1 Nr. 3 BauGB als auch nach § 35 Abs. 1 Nr. 4 BauGB vor dem Hintergrund größtmöglichen Außenbereichsschutzes grundsätzlich eng ausgelegt. Gegenstand des Tatbestandsmerkmals der Ortsgebundenheit ist jedoch die Frage, ob das Vorhaben ausschließlich an der beabsichtigten Stelle verwirklicht werden kann.[292] Beurteilt wird daher lediglich, ob das Vorhaben einen bestimmten Bezug zu einer ganz konkreten Stelle im Außenbereich aufweist. Gründe der

---

287 Vgl. hierzu etwa Bundestag, Plenarprotokoll der Sitzung vom 15.01.2004, BT-Drs. 15/86, S. 7634.
288 Vgl. hierzu Kapitel 3 A.II..
289 a. A. Dürr, in: Brügelmann, BauGB (Stand Februar 2012), Band 3, § 35 Rn. 63c.
290 Vgl. hierzu Kapitel 3 B.II.4.c).(C)..
291 BVerwG, Beschl. v. 18.12.1995, 4 B 260/95, NVwZ-RR 1996, 483 (484); weiterführend zur Irrelevanz von bloßen Rentabilitätserwägungen im Rahmen der Ortsgebundenheit BVerwG, Urt. v. 5.7.1974, IV C 76.71, BayVBl. 1975, 174 (174).
292 BVerwG, Beschl. v. 18.12.1995, 4 B 260/95, NVwZ-RR 1996, 483 (484).

Rentabilität und des Klimaschutzes können in diesem Rahmen natürlich nur einen bedingten Standortbezug aufweisen, da eine Vielzahl an potenziellen Außenbereichsstandorten eine vergleichbare und somit geeignete Beschaffenheit aufweisen. Im Rahmen des § 35 Abs. 1 Nr. 4 BauGB wird hingegen nicht ein Bezug zu einer konkreten Örtlichkeit im Außenbereich vorausgesetzt, sondern vielmehr allgemein das Vorliegen eines umgebungsspezifischen Merkmals verlangt.[293] Besonders deutlich wird dies im Rahmen der Alternative der besonderen Zweckbestimmung, da an dieser Stelle ein allgemeiner Bezug des Vorhabens zum Außenbereich vorausgesetzt wird.[294] Es fehlt folglich an der für eine Übertragung der Rechtsprechung erforderlichen vergleichbaren Interessenlage. Im Gegensatz zum Privilegierungstatbestand des § 35 Abs. 1 Nr. 3 BauGB kann im Rahmen des § 35 Abs. 1 Nr. 4 BauGB daher sehr wohl auf das Erfordernis einer zentralen Lage und somit auf Aspekte der Wirtschaftlichkeit sowie auf Gründe des Klimaschutzes abgestellt werden.

(C.) Ergebnis

Die Privilegierungsvoraussetzungen des § 35 Abs. 1 Nr. 4 BauGB können grundsätzlich auf Anlagen der Biogaserzeugung übertragen werden. Biogasanlagen sind entgegen der herrschenden Literaturmeinung gemäß § 35 Abs. 1 Nr. 4 BauGB privilegiert im Außenbereich zulässig, soweit nicht aufgrund der konkreten örtlichen Verhältnisse eine Zulässigkeit im planungsrechtlichen Innenbereich gegeben ist.[295]

e) Erweiterung der Privilegierungsalternativen

Anlagen zur Erzeugung von Biogas können unabhängig von § 35 Abs. 1 Nr. 6 BauGB aufgrund der Verwendung überwiegend eigener landwirtschaftlicher Ausgangsstoffe als landwirtschaftlicher Betrieb im Sinne des § 35 Abs. 1 Nr. 1 BauGB privilegiert sein. Weiterhin erfüllen entsprechende Anlagen – die planungsrechtliche Unzulässigkeit im Innenbereich vorausgesetzt – den Privilegierungstatbestand des § 35 Abs. 1 Nr. 4 BauGB. Nach diesen Privilegierungstatbeständen werden Anlagen zur Erzeugung von Biogas ohne weitere mit § 35 Abs. 1 Nr. 6 a) bis d) BauGB vergleichbare Einschränkungen privilegiert. Die konkrete gesetzgeberische Zielsetzung, durch die Einführung des Privilegierungstatbestandes in § 35 Abs. 1 Nr. 6 BauGB die Errichtung von Biogasanlagen zu fördern, ist folglich

---

293 Vgl. hierzu Kapitel 3 B.II.4.d).(A)..
294 Söfker, in: Ernst/Zinkahn/Bielenberg/Krautzberger, BauGB, Band II, § 35 Rn. 56.
295 Dieses Ergebnis andeutend Mantler, BauR 2007, 50 (62).

nur mit einer dahingehenden Auslegung vereinbar, Anlagen zur ausschließlichen Herstellung von Biogas als nicht energetische Nutzung zu klassifizieren.

5. Einordnung separater Biogasherstellung als nicht energetische Nutzungsform

Ausgehend von gleichlautenden Ergebnissen aufgrund einer an Wortlaut, Normsystematik, Normgeschichte und Gesetzeszweck orientierten Auslegung ist die Einordnung der ausschließlichen Gasherstellung und -einspeisung als nicht energetische Nutzungsform festzuhalten.

III. Ergebnis

Anlagen zur Direkteinspeisung von Biogas in das Erdgasnetz sind entgegen der herrschenden Literaturmeinung[296] grundsätzlich nicht nach § 35 Abs. 1 Nr. 6 BauGB privilegiert. Stattdessen kommt eine Privilegierung gemäß § 35 Abs. 1 Nr. 1 u. Nr. 4 BauGB in Betracht. Ausschließlich im Fall mangelnder Privilegierungsmöglichkeiten nach § 35 Abs. 1 Nr. 1 u. Nr. 4 BauGB ist subsidiär auf § 35 Abs. 1 Nr. 6 BauGB zurück zu greifen, da die Biogasherstellung als notwendiges Durchgangsstadium der energetischen Nutzung von Biomasse zu betrachten ist. Entsprechende Anlagen können somit als „Minus" nach § 35 Abs. 1 Nr. 6 BauGB privilegiert sein. Allerdings müssen sich diese dann folgerichtig die Einschränkungen der §§ 35 Abs. 1 Nr. 6 a) bis d) BauGB entgegenhalten lassen.

IV. Abweichungen zwischen rechtlichen Vorgaben und Verwaltungspraxis

Der bauplanungsrechtlich zulässige Umfang des Biomasseeintrags findet keinerlei Erwähnung in den die Verwaltungspraxis wiedergebenden Auslegungshinweisen. Dies deutet auf eine liberale Handhabung hinsichtlich der Ausübung behördlicher Kontrollbefugnisse in der Praxis hin. Zu beachten gilt insoweit allerdings die immanente Gefahr der Gleichsetzung des bauplanungsrechtlichen Biomassebegriffs mit der im Rahmen der Biomasseverordnung verankerten Biomassedefinition. Diese

---

296 Siehe exemplarisch hierzu Dürr, in: Brügelmann, BauGB (Stand Februar 2012), Band 3, § 35 Rn. 63b.

Gleichsetzung entspricht der herrschenden Literaturansicht[297] und würde im Fall konsequenter Anwendung im Fall des Eintrags von auf der Negativliste befindlicher Biomasse zu einer bauplanungsrechtlichen Nutzungsänderung und somit regelmäßig zu einer Beseitigungsanordnung führen.[298] Wie in Kapitel 3 B.I. aufgezeigt, ist eine derartige Interpretation des bauplanungsrechtlichen Biomassebegriffs allerdings als mit wesentlichen Grundsätzen des Bauplanungsrechts unvereinbar einzustufen.

In der Verwaltungspraxis unbeachtet geblieben ist bislang auch die Problematik der Einordnung der Gasdirekteinspeisung in den Kontext der Privilegierungstatbestände des § 35 Abs. 1 Nr. 6 BauGB. Exemplarisch ist hierzu der Mustererlass der Fachkommission Städtebau anzuführen, der von einer unproblematischen Einordnung der Gasherstellung und somit der Gasdirekteinspeisung als energetische Nutzungsform im Sinne des § 35 Abs. 1 Nr. 6 BauGB ausgeht.[299] Lediglich in einem Auslegungshinweis des Ministeriums für Infrastruktur und Raumordnung des Landes Brandenburg werden diese Auslegungsschwierigkeiten aufgegriffen. Insoweit wird grundsätzlich zugestanden, dass die reine Gaserzeugung in Ermangelung einer Energieumwandlung keine energetische Nutzungsform darstellen könne.[300] Allerdings sei die Gasdirekteinspeisung dennoch aufgrund des einheitlichen Förderzwecks mit dem Erneuerbare-Energien-Gesetz vom Anwendungsbereich des § 35 Abs. 1 Nr. 6 BauGB gedeckt.[301] Damit setzt sich die Verwaltungspraxis in Widerspruch zu dem in Kapitel 3 B.II. erzielten Auslegungsergebnis, wonach Anlagen der Gasdirekteinspeisung primär nach § 35 Abs. 1 Nr. 1 u. Nr. 4 BauGB zu beurteilen sind und eine Privilegierung nach § 35 Abs. 1 Nr. 6 BauGB lediglich subsidiär in Betracht zu ziehen ist. Als ebenso widersprüchlich zu diesem Ergebnis ist die pauschale Annahme eines abschließenden Charakters hinsichtlich der weiteren Privilegierungsalternativen des § 35 Abs. 1 BauGB durch die Fachkommission Städtebau[302]

---

297 Vgl. etwa: Bracher, in: Gelzer/Bracher/Reidt, Bauplanungsrecht, Rn. 2140; Kruschinski, Biogasanlagen als Rechtsproblem, 81/82; Hinsch, ZUR 2007, 401 (403); Röhnert, Informationen zur Raumentwicklung 2006, 67 (70); a. A. Lampe, NuR 2006, 152 (153); ebenso Kühne, Die Änderung der Außenbereichsvorschrift des § 35 BauGB durch das Europarechtsanpassungsgesetz Bau, S. 130/131.
298 Söfker, in: Ernst/Zinkahn/Bielenberg/Krautzberger, BauGB, Band II, § 35 Rn. 59 a; siehe auch Kruschinski, Biogasanlagen als Rechtsproblem, S. 81.
299 Auslegungshinweise der Fachkommission Städtebau vom 22.3.2006, S. 1.
300 Auslegungshinweise Brandenburg November 2008, S. 5.
301 Auslegungshinweise Brandenburg November 2008, S. 6.
302 Auslegungshinweise der Fachkommission Städtebau vom 22.3.2006, S. 4; Auslegungshinweise der Fachkommission Städtebau vom 23.03.2012, S. 4; ebenso Auslegungshinweise des Bayerischen Staatsministeriums des Innern vom 02.12.2011, S. 11.

zu werten, da ein derartiger für nicht vom gesetzlichen Tatbestand umfasste Sachverhalte zwingend nicht bestehen kann.

C. Das Merkmal des rahmensetzenden Betriebs

§ 35 Abs. 1 Nr. 6 Hs.1 BauGB bestimmt als Gegenstand der Außenbereichsprivilegierung die „energetische Nutzung von Biomasse *im Rahmen* eines Betriebs nach Nummer 1 oder 2 oder eines Betriebs nach Nummer 4, der Tierhaltung betreibt". Unklar formuliert ist dabei das Tatbestandsmerkmal „im Rahmen". Insbesondere ergibt sich aus dem Gesetzestext nicht eindeutig welche Bedeutung der Gesetzgeber dieser Formulierung beigemessen hat und ob sich dieser überhaupt eine weitere Tatbestandsvoraussetzung entnehmen lässt.

I. Darstellung der Auslegungsvarianten

Es werden in Rechtsprechung und Literatur unterschiedlichste Lösungsansätze zur Bedeutung des Merkmals des rahmensetzenden Betriebs vertreten. Manten vertritt insoweit die Ansicht, der Formulierung „im Rahmen" sei kein eigenständiger Regelungsgehalt beizumessen, sodass durch die Verwaltungsbehörden keine über die in § 35 Abs. 1 Nr. 6 a bis d BauGB normierten Erfordernisse hinausgehenden Voraussetzungen hinsichtlich der Einschlägigkeit des Privilegierungstatbestandes zu prüfen seien.[303] Im absoluten Gegensatz hierzu wird vertreten, der Wortlaut des Tatbestandes erfordere in Form des „rahmensetzenden Betriebs" eine unmittelbare rechtliche Zuordnung des Betreiberbetriebs zu dem jeweiligen privilegierten Basisbetrieb. Dies sei nur dann der Fall, wenn Eigentümeridentität zwischen Betreiberbetrieb und Basisbetrieb vorliegen würde.[304] Diese Ansicht würde jedoch in der Praxis zu erheblichen Problemen führen. Exemplarisch ist hierbei auf die Gründung einer Betreibergesellschaft einzugehen, da sogar in derjenigen Konstellation, in welcher der

---

303 Manten, ZUR 2008, 576 (578); ebenso Hinsch, ZUR 2007, 401 (404); wohl auch Schiwy, BauGB, Band 1, § 35 Rn. 43.
304 Maslaton/Zschiegner, Immissionsschutz 2007, 122 (125); vgl. auch Biomasseerlass Niedersachsen vom 25.01.2005, S. 2; abweichend jedoch bereits der von einer mit § 35 Abs. 1 Nr. 1 BauGB vergleichbaren rechtlichen Zuordnung ausgehende Biomasseerlass Niedersachsen vom 6.12.2006, S. 3; vgl. allgemein zur niedersächsischen Verwaltungspraxis bis einschließlich des Jahres 2006 Schomerus/Sanden/Dietrich, NordÖR 2006, 177 (180).

Betreiber des Basisbetriebs hundert Prozent der Gesellschaftsanteile hält, eine unmittelbare rechtliche Zuordnung in Ermangelung einer Eigentümeridentität nicht gegeben ist.[305] Bereits an dieser Stelle wird somit die absolute Praxisuntauglichkeit dieser Auslegungsvariante erkennbar, sodass diese jedenfalls nicht mit der gesetzgeberischen Zwecksetzung der Förderung regenerativer Energieerzeugung konform gehen kann.[306] Bedeutende Literaturstimmen gehen hingegen davon aus, der Gesetzgeber hätte mit der Einfügung des „rahmensetzenden Betriebs" an die von der Rechtsprechung zur Begrifflichkeit des „Dienens" i. S. d. § 35 I Nr. 1 BauGB entwickelten Grundsätze anknüpfen wollen.[307] Trotz des äußerst restriktiven Charakters hat diese Handhabung allerdings auch Rückhalt in der verwaltungsgerichtlichen Rechtsprechung gefunden.[308] Den von der Rechtsprechung zum Merkmal des „Dienens" im Sinne des § 35 Abs. 1 Nr. 1 BauGB entwickelten Grundsätzen zufolge wäre eine funktionale Zuordnung der Biogasanlage zum Basisbetrieb, sowie eine Prägung durch den selbigen erforderlich, wobei als ausschlaggebendes Kriterium ein maßgeblicher Einfluss des Betreibers des Basisbetriebs gefordert wird.[309] Die einschneidenste Ausprägung erfährt diese Auslegungsvariante folglich im Fall der Beteiligung privilegierungsfremder Dritter, da in diesem Kontext die Erforderlichkeit einer Mehrheitsbeteiligung des Inhabers des Basisbetriebs an

---

305 Maslaton/Zschiegner, Immissionsschutz 2007, 122 (126).
306 Vgl. Kühne, Die Änderung der Außenbereichsvorschrift des § 35 BauGB durch das Europarechtsanpassungsgesetz Bau, S. 141; vgl. allgemein zum Widerspruch zwischen Verwaltungspraxis und gesetzgeberischer Motivation Loibl/Rechel, UPR 2008, 134 (134).
307 Söfker, in: Ernst/Zinkahn/Bielenberg/Krautzberger, BauGB, Band II, § 35 Rn. 59 b; Söfker, in: Spannowsky/Uechtritz, BauGB, §35 Rn. 39; vgl. auch: *Krautzberger*, in: Battis/Krautzberger/ Löhr, BauGB, §35 Rn. 38, der sich zwar lediglich exemplarisch auf das Erfordernis des „Dienens" stützt, jedoch weitere Formen der Zuordnung außerhalb des im aufgezeigten Rahmen Erforderlichen schuldig bleibt; Dürr, in: Brügelmann, BauGB (Stand Juli 2011), Band 3, § 35 Rn. 63; abweichend bereits Dürr, in: Brügelmann, BauGB (Stand Februar 2012), Band 3, § 35 Rn. 63d; Schomerus/Sanden/Dietrich, NordÖR 2006, 177 (178); losgelöst vom Erfordernis des „Dienens" fordern Peine/Knopp/Radcke allgemein das Vorliegen eines entscheidenden Einflusses des „Landwirtes" auf den Betreiberbetrieb. Im Ergebnis wird somit allerdings lediglich auf das Wesentlichste der von der Rechtsprechung herausgearbeiteten Kriterien zum „Dienen" Bezug genommen, vgl. Peine/Knopp/Radcke, Das Recht der Errichtung von Biogasanlagen, S. 120.
308 Siehe exemplarisch hierzu VG Mainz, Urt. vom 23.1.2007, 3 K 194/06.MZ, NuR 2007, 286 (287).
309 Bienek/Krautzberger, UPR 2008, 81 (90).

der Betreibergesellschaft zu folgern wäre.[310] Schlussendlich wird vertreten, in das Tatbestandsmerkmal „im Rahmen" könne keine weitergehende Bedeutung als eine rechtlich unbestimmte Verknüpfung in Form eines bloßen Anknüpfungspunktes zwischen dem Basisbetrieb und dem Betreiberbetrieb hineininterpretiert werden.[311]

II. Klärung der Rechtslage durch das Bundesverwaltungsgericht

Der grundsätzliche Meinungsstreit betreffend die Auslegung des Merkmals des rahmensetzenden Betriebs wurde zwischenzeitlich endgültig durch das Bundesverwaltungsgericht beigelegt. Dieses hat in einer richtungsweisenden Entscheidung vom 11.12.2008 umfassend zur Auslegung dieses Tatbestandsmerkmals Stellung genommen. Insbesondere hat sich das Bundesverwaltungsgericht dahingehend geäußert, dass eine Übertragung des Merkmals des „Dienens" in § 35 Abs. 1 Nr. 1 BauGB auf § 35 Abs. 1 Nr. 6 BauGB nicht möglich sei. Begründet wurde dies mit dem insoweit unergiebigen Gesetzeswortlaut, da der Gesetzgeber im Fall eines gegenläufigen Regelungswillens eine für andere Privilegierungstatbestände des § 35 Abs. 1 Nr. 6 BauGB typische Formulierung verwendet hätte. Weiterhin hätte sich ein Anfügen einer gesonderten Bestimmung an die einengenden Voraussetzungen des § 35 Abs. 1 Nr. 6 a – d BauGB wegen der ähnlichen Interessenlage angeboten. Zusätzlich ließe sich den Gesetzesmaterialen keinerlei Anhaltspunkt für eine derart restriktive Auslegung entnehmen, da der Gesetzgeber durch die Neuprivilegierung insbesondere einen Strukturwandel in der Landwirtschaft herbeiführen wollte und sich daher bewusst vom Merkmal des „Dienens" im Sinne des § 35 Abs. 1 Nr. 1 BauGB entfernt hätte. Zudem sei eine entsprechende Auslegung auch nicht durch den Grundsatz größtmöglicher Außenbereichsschonung geboten, da dieser bereits ausreichend in Form der Restriktionen des § 35 Abs. 1 Nr. 6 a – d BauGB Berücksichtigung findet. Insbesondere sei das bauliche Maß der Anlage durch die Leistungsgrenze von 0,5 MW[312] absolut begrenzt. Im Ergebnis sei daher dem Merkmal „im Rahmen" lediglich zu

---

310 Exemplarisch hierzu vgl. Söfker, in: Ernst/Zinkahn/Bielenberg/Krautzberger, BauGB, Band II, § 35 Rn. 59 b.
311 Mantler, BauR 2007, 50 (56); Hentschke/Urbisch, AUR 2005, 41 (43); Hinsch ZUR 2007, 401 (403); Loibl/Rechel, 134 (137).
312 Die Begrenzung auf 0,5 MW entspricht der im Zeitpunkt der Entscheidung geltenden Rechtslage.

entnehmen, „dass die Biogasanlage nur im Anschluss an eine bereits bestehende Anlage im Außenbereich errichtet und betrieben werden darf". Erforderlich sei daher lediglich eine Anknüpfung an einen entsprechenden privilegierten Betrieb.[313] Diese Entscheidung wurde nunmehr in Form eines Beschlusses vom 29.12.2010 durch das Bundesverwaltungsgerichts bestätigt.[314] Zusammenfassend ist daher aufgrund der mittlerweile gefestigten höchstrichterlichen Rechtsprechung davon auszugehen, dass durch das Merkmal „im Rahmen" lediglich eine Beziehung zum Basisbetrieb in Form eines bloßen Anknüpfungspunktes vorausgesetzt wird. Die nähere Bestimmung dieser losen rechtlichen Beziehung erfolgt durch die weiteren Voraussetzungen des § 35 Abs. 1 Nr. 6 a – d BauGB.

III. Belieferung der Biomasseanlage als ausschließlicher Betriebsgegenstand des Basisbetriebs

Fraglich ist weiterhin, ob auch solche landwirtschaftlichen Betriebe als rahmensetzender Betrieb geeignet sind, die ausschließlich Biomasse zur Belieferung der Biogasanlagen erzeugen.[315] Das Verwaltungsgericht Mainz hat insoweit geurteilt, dass dies nicht mehr der Fall sei, wenn die überwiegende Nutzung der landwirtschaftlichen Produktionsflächen der Erzeugung von nachwachsenden Rohstoffen für die Biomasseanlage dient. In diesem Fall sei die Anlage selbst Schwerpunkt des landwirtschaftlichen Betriebs und würde nicht mehr in dessen Rahmen betrieben werden.[316] Diese Einschätzung stieß auf erhebliche Kritik in der Literatur, da die Produktion von Rohstoffpflanzen als „landwirtschaftliche Betätigung im ureigensten Sinne" einzustufen sei und daher unabhängig von dessen Schwerpunkt ein geeigneter Basisbetrieb vorliegen würde.[317] Weiterhin könne ein derartiges Erfordernis nur aus der Rechtsprechung zum Dienen im Sinne des § 35 Abs. 1 Nr. 1 BauGB gefolgert werden. Diese sollte jedoch gerade nicht in § 35 Abs. 1 Nr. 6 BauGB

---

313 BVerwG, Urt. v. 11.12.2008, 7 C 6/08, NVwZ 2009, 585 (586).
314 BVerwG, Beschl. v. 29.12.2010, 7 B 6.10, REE 2011, 96 (99/100).
315 Vgl. allgemein hierzu: Peine/Knopp/Radcke, Das Recht der Errichtung von Biogasanlagen, S. 115–117; Kühne, Die Änderung der Außenbereichsvorschrift des § 35 BauGB durch das Europarechtsanpassungsgesetz Bau, S. 136–138; Kruschinski, Biogasanlagen als Rechtsproblem, S. 85.
316 VG Mainz, Urt. vom 23.1.2007, 3 K 194/06.MZ, NuR 2007, 286 (286).
317 Loibl/Rechel, UPR 2008, 134 (135); Peine/Knopp/Radcke, Das Recht der Errichtung von Biogasanlagen, S. 115.

fortgeschrieben werden. Vielmehr war eine Erweiterung der Zulässigkeit entsprechender Anlagen gegenüber der alten Rechtslage beabsichtigt.[318]

Diese Ansicht hat das Oberverwaltungsgericht Koblenz aufgegriffen und das vorbezeichnete Urteil des Verwaltungsgerichts Mainz aufgehoben. Zur Begründung wurde darüber hinaus ausgeführt, dass hinsichtlich der Beurteilung des Basisbetriebs streng zwischen der Biomassegewinnung als unmittelbare Bodenertragsnutzung und der energetischen Nutzung von Biomasse getrennt werden müsse. Erstere könne ihren Charakter als Landwirtschaft im Sinne des § 201 BauGB nicht dadurch verlieren, dass in einer zweiten Stufe eine Verwertung der Biomasse erfolge. Vielmehr sei eine zusammengefasste Bewertung als „landwirtschaftsfremder Biomassebetrieb" nicht zulässig.[319] Diese Auffassung fand weiterhin Bestätigung im Urteil des Bundesverwaltungsgerichts vom 11.12.2008[320] sowie hinsichtlich der Unanwendbarkeit des Merkmals der „Unterordnung" im Beschluss des Bundesverwaltungsgerichts vom 29.12.2010.[321] Im Ergebnis ist festzuhalten, dass auch landwirtschaftliche Betriebe, die ausschließlich Biomasse zur Belieferung einer Biogasanlage erzeugen, als tauglicher Anknüpfungspunkt einer derartigen Anlage anzusehen sind.

IV. Maßgeblicher Einfluss des Basisbetriebsinhabers im Fall der Beteiligung privilegierungsfremder Dritter

Eine widersprüchliche Auslegung erfährt das Merkmal des rahmensetzenden Betriebs weiterhin in Bezug auf die Beteiligung privilegierungsfremder Dritter an der Betreibergesellschaft der Biomasseanlage. Diese Fragestellung ist äußerst praxisrelevant, da kaum ein Landwirt das immense Investitionsvolumen für die Errichtung einer Biomasseanlage eigenständig tragen kann.[322] Fraglich ist insbesondere, ob in derartigen Fällen trotz der mittlerweile gefestigten höchstrichterlichen Rechtsprechung[323], welche eine Übertragung des Merkmals

---

318 Mantler, BauR 2007, 50 (54); Peine/Knopp/Radcke, Das Recht der Errichtung von Biogasanlagen, S. 115; Kühne, Die Änderung der Außenbereichsvorschrift des § 35 BauGB durch das Europarechtsanpassungsgesetz Bau, S. 136/137.
319 OVG Koblenz Urt. v. 22.11.2007, 1 A 10253/07, BauR 2008, 794 (797).
320 BVerwG, Urt. v. 11.12.2008, 7 C 6/08, NVwZ 2009, 585 (586).
321 BVerwG, Beschl. v. 29.12.2010, 7 B 6.10, REE 2011, 96 (99/100).
322 Vgl. insoweit etwa Mantler, BauR 2007, 50 (56).
323 Vgl. hierzu Kapitel 3 C.II..

des „Dienens" ablehnt, ein „maßgeblicher Einfluss" des Betreibers des Basisbetriebs erforderlich ist.

Die wesentlichen Literaturstimmen fordern dies, allerdings zumeist losgelöst vom Erfordernis des „Dienens", als Kompensation der fehlenden Eigenprivilegierung der am Betreiberbetrieb beteiligten Dritten.[324] Bestätigung fand diese Rechtsansicht zunächst in einem nicht rechtskräftig gewordenen Urteil des Verwaltungsgerichts Stade vom 09.12.2008. Insoweit führt das Gericht aus, vom Gesetzgeber sei mit der Formulierung des § 35 Abs. 1 Nr. 6 BauGB eine sich deutlich von der Begriffswahl des „Dienens" im Sinne des § 35 Abs. 1 Nr. 1 BauGB unterscheidende Formulierung gewählt worden. Dennoch sei aufgrund der offensichtlichen Einordnung der Elektrizitätserzeugung aus Biomasse als landwirtschaftsfremde Nutzung absolut erforderlich, dass durch besondere Zuordnungskriterien sichergestellt ist, „dass der landwirtschaftliche Charakter des Gesamtunternehmens erhalten" bleibe.[325] Dies könne nur dann gewährleistet werden, wenn der maßgebliche Einfluss des Betreibers des Basisbetriebs in Form von Mehrheitsanteilen an der jeweiligen Gesellschaft gesichert sei. Weiterhin sieht das Verwaltungsgericht erhebliche Bedenken bei der Zulassung sämtlicher Gesellschaftsformen, da insoweit die Gefahr einer „Über-Kreuz-Beteiligung" gegeben sei.[326]

Als einzige Begründung für diese im Ergebnis mit dem Merkmal des „Dienens" identische Einschränkung wird auf die gesetzgeberische Zwecksetzung abgestellt, mit der Einführung des § 35 Abs. 1 Nr. 6 BauGB einen Strukturwandel in der Landwirtschaft zu forcieren.[327] In unmittelbarer zeitlicher Nähe zu dieser Entscheidung hat allerdings das Bundesverwaltungsgericht mit Datum vom 11.12.2008 eigentlich eindeutig Stellung zu dieser Fragestellung bezogen. Zwar lag dieser Entscheidung keine Beteiligung privilegierungsfremder Dritter zugrunde. Allerdings hat das Gericht ausdrücklich ausgeführt, dass die Grundsätze zum „Dienen" im Sinne des § 35 Abs. 1 Nr. 1 BauGB nicht auf § 35 Abs. 1 Nr. 6 BauGB übertragen

---

324 Auslegungshinweise der Fachkommission Städtebau vom 22.3.2006, S. 2; Söfker, in: Ernst/Zinkahn/Bielenberg/Krautzberger, BauGB, Band II, § 35 Rn. 59 b; Kraus, UPR 2008, 218 (219); Kruschinski, Anm. zu VG Stade, Urt. v. 09.12.2008, 2 A 1457/07 (nicht rechtskräftig), BauR 2009, 1270, in: BauR 2009, 1234 (1237); Kruschinski, Biogasanlagen als Rechtsproblem, S. 91; Peine/Knopp/Radcke, Das Recht der Errichtung von Biogasanlagen, S. 118; a. A.: Dürr, in: Brügelmann, BauGB (Stand Februar 2012), Band 3, § 35 Rn. 63e; Mantler, BauR 2007, 50 (56); Hinsch, ZUR 2007, 401 (403); Loibl/Rechel, UPR 2008, 134 (137); Kühne, Die Änderungen der Außenbereichsvorschrift des § 35 BauGB durch das Europarechtsanpassungsgesetz Bau, S. 143.
325 VG Stade, Urt. v. 09.12.2008, 2 A 1457/07 (nicht rechtskräftig), BauR 2009, 1270 (1273).
326 VG Stade, Urt. v. 09.12.2008, 2 A 1457/07 (nicht rechtskräftig), BauR 2009, 1270 (1274).
327 VG Stade, Urt. v. 09.12.2008, 2 A 1457/07 (nicht rechtskräftig), BauR 2009, 1270 (1273).

werden können und der bewusste Verzicht auf diese Restriktionen auch nicht durch eine „einengende Auslegung des gesetzlichen Anknüpfungspunktes ‚im Rahmen eines Betriebs' überspielt werden" dürfte.[328] Die Entscheidung setzt sich daher in Widerspruch zum Urteil des Verwaltungsgerichts Stade. Denn es wird festgelegt, dass ein maßgeblicher Einfluss des Inhabers des Basisbetriebs auch in Fällen der Beteiligung privilegierungsfremder Dritter nicht erforderlich ist. Vielmehr sind Biogasanlagen als eigenständig privilegiert zu betrachten.[329] Die Begründung stellt hierzu weitestgehend darauf ab, dass der Grundsatz größtmöglicher Außenbereichsschonung allein durch die zusätzlichen Voraussetzungen des § 35 Abs. 1 Nr. 6 a – c BauGB ausreichend berücksichtigt sei.[330]

Überraschenderweise wurde allerdings nunmehr das nicht rechtskräftig gewordene Urteil des Verwaltungsgerichts Stade trotz der aufgezeigten gegenläufigen Entscheidungen des Bundesverwaltungsgerichts in Form eines aktuellen Urteils der selben Kammer vom 12.05.2011 bestätigt. Innerhalb dieser Entscheidung setzt sich das Verwaltungsgericht Stade dezidiert mit dem Urteil vom 11.12.2008 sowie dem Beschluss des Bundesverwaltungsgerichts vom 29.12.2010 auseinander und geht im Ergebnis vom Erfordernis eines maßgeblichen Einflusses des Inhabers des Basisbetriebs in Form einer Mehrheitsbeteiligung als zwingendes Privilegierungskriterium aus. Insoweit wird auf die Begründung des Urteils des Verwaltungsgericht Stade vom 09.12.2008 Bezug genommen. Hinsichtlich der in diesem Rahmen von Klägerseite gerügten Divergenz zur Rechtsprechung des Bundesverwaltungsgerichts wird angeführt, eine derartige bestünde nicht, da sich die Entscheidungsgründe des Urteils des Bundesverwaltungsgerichts vom 11.12.2008 nicht ausdrücklich mit der Frage der organisatorischen Zuordnung der Biogasanlage zu dem landwirtschaftlichen Betrieb beschäftigt hätten und auch die Beteiligung privilegierungsfremder Dritter an der Betreibergesellschaft nicht Gegenstand des Urteils gewesen sei.[331]

Diese Beurteilung unterliegt allerdings in zweierlei Hinsicht einer Fehleinschätzung. Zum einen zitiert das gegenläufige Urteil lediglich den Passus, in welchem sich das Bundesverwaltungsgericht dahingehend äußert, das Merkmal „im Rahmen" erfordere lediglich eine Anknüpfung der Biogasanlage an den landwirtschaftlichen

---

328 BVerwG, Urt. v. 11.12.2008, 7 C 6/08, NVwZ 2009, 585 (586); bestätigt durch BVerwG, Beschl. v. 29.12.2010, 7 B 6.10, REE 2011, 96 (99/100).
329 Pöhlmann, Anm. zu BVerwG, Urt. v. 11.12.2008, 7 C 6/08, NVwZ 2009, 585, in: Neue Energie 2009, 70 (71).
330 BVerwG, Urt. v. 11.12.2008, 7 C 6/08, NVwZ 2009, 585 (586).
331 VG Stade, Urt. v. 12.05.2011, 2 A 130/10, juris.

Rahmenbetrieb.[332] Dabei lässt das Verwaltungsgericht aber folgende eindeutige Festlegung hinsichtlich jedweder Form der Zuordnung außer Acht:

> *„Dieser bewusste Verzicht des Gesetzgebers auf das einschränkende Tatbestandsmerkmal des „Dienens" des Vorhabens darf nicht durch eine einengende Auslegung des gesetzlichen Anknüpfungspunktes „im Rahmen eines Betriebs" überspielt werden."*[333]

Als nichts anderes als eine derartige einengende Auslegung ist aber die Rechtsansicht des Verwaltungsgerichts Stade einzustufen. Das Urteil setzt sich somit in Widerspruch zur aufgezeigten höchstrichterlichen Rechtsprechung. Zwar handelt es sich zugegebenermaßen lediglich um die Äußerung einer Rechtsansicht im Wege eines „obiter dictums", welche somit lediglich einen Anhaltspunkt für die höchstrichterliche Rechtsansicht gewährt.[334] Allerdings ist davon auszugehen, dass diese aufgrund der Bestätigung im Rahmen der erneuten Entscheidung zu einer tatsächlichen Rechtsfortbildung führen wird.[335]

Darüber hinaus überschreitet die geäußerte Rechtsansicht die Grenzen juristischer Auslegung. Insbesondere lässt sich aus dem Merkmal „im Rahmen" keinerlei Anhaltspunkt für das Erfordernis eines maßgeblichen Einfluss des Basisbetriebsinhabers ableiten.[336] Das Verwaltungsgericht Stade generiert das Erfordernis des maßgeblichen Einflusses in Form einer Mehrheitsbeteiligung damit letztendlich ausschließlich aufgrund der augenscheinlich eindeutigen gesetzgeberischen Zwecksetzung einen Strukturwandel in der Landwirtschaft herbeizuführen. Ein derartiger würde allerdings ausschließlich dann gefördert, wenn der Landwirtschaft neue Ertragsmöglichkeiten eröffnet würden und die Gewinne zu einem überwiegenden Anteil in der Landwirtschaft verblieben. Nur für derartige Fälle hätte der Gesetzgeber den Grundsatz der Freihaltung des Außenbereiches aufgeben wollen.[337] Bereits im Rahmen einer ersten Betrachtung fällt dabei

---

332 VG Stade, Urt. v. 12.05.2011, 2 A 130/10, juris.
333 BVerwG, Urt. v. 11.12.2008, 7 C 6/08, NVwZ 2009, 585 (586).
334 Eine konkrete Bindungswirkung entfalten lediglich die tragenden Gründe der Einzelfallentscheidung; vgl. Pawlowski, Methodenlehre für Juristen, § 11 Rn. 1034.
335 Pawlowski, Methodenlehre für Juristen, § 11 Rn. 1035.
336 So auch Kühne, Die Änderung der Außenbereichsvorschrift des § 35 BauGB durch das Europarechtsanpassungsgesetz Bau, S. 143; ebenso: Mantler, BauR 2007, 50 (54); Loibl/Rechel, UPR 2008, 134 (136); im Ergebnis gleichlaufend Hinsch, ZUR 2007, 401 (404); siehe auch Dürr, in: Brügelmann, BauGB (Stand Februar 2012), Band 3, § 35 Rn. 63e.
337 VG Stade, Urt. v. 09.12.2008, 2 A 1457/07 (nicht rechtskräftig), BauR 2009, 1270 (1273); VG Stade, Urt. v. 12.05.2011, 2 A 130/10, juris; ebenso: Kruschinski, Anm. zu VG Stade, Urt. v. 09.12.2008, 2 A 1457/07 (nicht rechtskräftig), BauR 2009, 1270

unangenehm auf, dass das Erfordernis des überwiegenden Verbleibens der Gewinne in der Landwirtschaft selbstverständlich mit einer Mehrheitsbeteiligung des Landwirts und somit mit dessen insoweit bestehenden maßgeblichen Einflussnahmemöglichkeit gleichzusetzen ist. Letztendlich wird damit entgegen der ausdrücklichen Rechtsprechung des Bundesverwaltungsgerichts versucht, dem Merkmal der „dienenden Funktion" über die Hintertür der teleologischen Auslegung wiederum Geltung zu verschaffen.

Das insoweit getroffene Ergebnis teleologischer Auslegung greift allerdings aus zwei Gründen zu weit. Zum einen kann aus der Absicht, einen Strukturwandel in der Landwirtschaft herbeizuführen, nicht zwingend darauf geschlossen werden, der vom Gesetzgeber beabsichtigte Wandel könne sich ausschließlich in der Form vollziehen, dass eine überwiegende Gewinnbeteiligung an der Stromerzeugung bei den Landwirten verbleiben müsse.[338] Denn dieses Verständnis beruht auf einer ungenauen Begriffsbestimmung des landwirtschaftlichen Strukturwandels. Abhängig davon, ob auch der Erzeugungsprozess von Energie aus regenerativer Biomasse dem Begriff der Landwirtschaft unterfällt oder nicht, ergibt sich eine völlig unterschiedliche Zweckbestimmung des Gesetzgebers. Im ersten Fall wäre davon auszugehen, dass sich die beabsichtigte Strukturveränderung sowohl auf den Bereich des Anbaus regenerativer Energieträger und deren Absatz als auch die Gewinnerzielung durch den Betrieb von Fermentationsanlagen erstreckt. In diesem Fall könnte gegebenenfalls dem Verwaltungsgericht Stade entsprechend von einer gesetzgeberischen Zwecksetzung dahingehend ausgegangen werden, die Gewinne aus dem Fermentationsprozess mindestens zu einem überwiegenden Teil in der Landwirtschaft zu belassen.[339]

Tatsächlich unterfällt die Erzeugung von Elektrizität aus Biomasse jedoch nicht dem Begriff der Landwirtschaft, da es insoweit an der unmittelbaren Bodenertragsnutzung fehlt. Lediglich hinsichtlich der reinen Gaserzeugung könnte insoweit eine abweichende Ansicht vertreten werden.[340] Aus diesem Grund kann ein Strukturwandel in derselben aber nur durch die Förderung des Anbaus

---

in: BauR 2009, 1234 (1235); Kruschinski, Biogasanlagen als Rechtsproblem, S. 90; Kraus, UPR 2008, 218 (219).
338 So das VG Stade, Urt. v. 09.12.2008, 2 A 1457/07 (nicht rechtskräftig), BauR 2009, 1270 (1273); ebenso VG Stade, Urt. v. 12.05.2011, 2 A 130/10, juris; diese Einschätzung bestätigend Kruschinski, Anm. zu VG Stade, Urt. v. 09.12.2008, 2 A 1457/07 (nicht rechtskräftig), BauR 2009, 1270, in: BauR 2009, 1234 (1235).
339 Kruschinski, Anm. zu VG Stade, Urt. v. 09.12.2008, 2 A 1457/07 (nicht rechtskräftig), BauR 2009, 1270, in: BauR 2009, 1234 (1235).
340 Vgl. hierzu Kapitel 3 B.II.4.b).(D)..

regenerativer Rohstoffe erfolgen. Die gesetzliche Privilegierung von Anlagen zur Erzeugung von Energie aus Biomasse ist demnach in einen völlig anderen Kontext zu setzen. Denn der Gesetzeszweck macht es in diesem Fall absolut erforderlich, für einen effektiven Absatzweg der landwirtschaftlichen Erzeugnisse zu sorgen.[341] In Anbetracht der weiteren gesetzgeberischen Motivation, die Transportwege zwischen Anbau und Verwertung möglichst kurz zu halten,[342] ist daher festzustellen, dass sich in diesem Fall die Förderung der Strukturveränderung im Aufbau einer dezentralen gewerblichen Absatzstruktur für nachwachsende Rohstoffe in unmittelbarer Nähe zum Biomasseanbaugebiet erstreckt. Im Gegensatz zu der Ansicht des Verwaltungsgerichts Stade ist es hierfür jedoch völlig irrelevant, in welchem Segment die Gewinne verbleiben. Vielmehr ließe eine Öffnung des Anlagenbetriebs für außerhalb der Landwirtschaft liegende Potenziale eine wesentlich effektivere Förderung der gewollten Absatzstrukturen zu.

Demzufolge ist ein dahingehender Wille des Gesetzgebers, nur im Einflussbereich des Landwirts liegende Anlagen zuzulassen, nicht zu erkennen. Das Merkmal des einschlägigen Rahmens muss somit dahingehend interpretiert werden, dass eine über die Voraussetzungen der § 35 Abs. 1 Nr. 6 a – d BauGB hinausgehende Bedeutung gerade nicht bezweckt war. Zwar könnte dieser Einschätzung entgegenhalten werden, eine derart weite Auslegung könne nicht mit dem im Bauplanungsrecht allgegenwärtigen Gebot der größtmöglichen Außenbereichsschonung in Einklang gebracht werden.[343] Allerdings verbietet sich ein entsprechender Einwand bereits deshalb, weil ausweislich der amtlichen Gesetzesbegründung der Schutz des Außenbereichs vor gewerblichen Biomassebetrieben bereits mit der Beschränkung der Anlagenleistung auf 0,5 MW[344] in § 35 Abs. 1 Nr. 6 d BauGB hinreichend berücksichtigt wurde.[345]

Darüber hinaus verkennt die Rechtsansicht des Verwaltungsgerichts Stade den mit der Einführung des eigenständigen Privilegierungstatbestandes für Biomasseanlagen durch das Europarechtsanpassungsgesetzes Bau 2004 verfolgten Umfang gesetzgeberischer Zwecksetzung. Denn insbesondere beabsichtigte der

---

341 Vgl. zur generellen Einordnung einer gesicherten Absatzstruktur als Schwerpunkt landwirtschaftlichen Interesses am Betrieb von Biogasanlagen Mantler, BauR, 2007, 50 (55).
342 Bundesregierung, Entwurf eines Gesetzes zur Anpassung des Baugesetzbuchs an EU-Richtlinien, BT-Drs. 15/2250, S. 55.
343 Dies andeutend etwa Kruschinski, Biogasanlagen als Rechtsproblem, S. 90.
344 Die Leistungsbegrenzung auf 0,5 MW entspricht dem insoweit beschlossenen gesetzlichen Tatbestand und wurde erst im Nachgang abgeändert.
345 Bundestag, Beschlussempfehlung und Bericht des Ausschusses für Verkehr, Bau- und Wohnungswesen vom 28.04.2004, BT-Drs. 15/2996, S.67.

Gesetzgeber durch die Öffnung des Außenbereichs für Biomasseanlagen neben dem Unterstützen des Strukurwandels in der Landwirtschaft einen wesentlichen Beitrag zum Klimaschutz, der Ressourcenschonung sowie einer Steigerung der Energieeffizienz zu leisten.[346] Die Interpretation des gesetzlichen Tatbestandes hinsichtlich eines maßgeblichen Einflusses des Landwirts ohne jedweden Anhaltspunkt im Wortlaut der Norm wäre aber bereits vor dem Hintergrund einer singulären Ausrichtung auf den Strukturwandel in der Landwirtschaft als äußerst fraglich einzustufen. Betrachtet man dieses Auslegungsergebnis allerdings vor dem Hintergrund des Klimaschutzes und der Ressourcenschonung, so wird unweigerlich dessen mangelnde Vertretbarkeit bewusst. Denn eine effektive Umsetzung dieser weiteren gesetzgeberischen Ziele setzt eine möglichst weitgehende Förderung entsprechender Biomasseanlagen voraus. Eine Begrenzung auf derartige Vorhaben, für welche ein maßgeblicher Einfluss des Landwirts als gesichert zu betrachten ist, würde sich allerdings aufgrund des damit begrenzten Investitionsvolumens gegenläufig auswirken. Im Übrigen ist davon auszugehen, dass der landwirtschaftliche Strukturwandel lediglich als Mittel zur Zweckerreichung und somit letztendlich als Nebenprodukt der Gesetzesänderung gedacht war.

Zusammenfassend kann das Merkmal des maßgeblichen Einflusses somit auch nicht als Ergebnis teleologischer Auslegung in den gesetzlichen Tatbestand hinein gedeutet werden. Im Ergebnis ist das Urteil des Verwaltungsgerichts Stade daher als „contra legem" einzustufen. Da die Berufung im Urteil vom 12.05.2011 ausdrücklich zugelassen wurde,[347] ist insoweit mit einer obergerichtlichen Aufhebung zu rechnen.

V. Abweichungen zwischen rechtlichen Vorgaben und Verwaltungspraxis

Die Verwaltungspraxis der Bundesländer setzt sich in mehrerlei Hinsicht in Widerspruch zu den aufgezeigten Ergebnissen. Insbesondere bedient sich ein Großteil der Verwaltungspraxis einer generell der Festlegung durch das Bundesverwaltungsgericht gegenläufigen Auslegung in Form einer dem „Dienen" vergleichbaren Tatbestandsvoraussetzung.[348]

---

346 Krautzberger, in: Battis/Krautzberger/Löhr, BauGB, § 35 Rn. 38.
347 VG Stade, Urt. v. 12.05.2011, 2 A 130/10, juris.
348 Biomasseerlass Niedersachsen vom 6.12.2006, S. 2/3; Runderlass Niedersachsen vom 2.6.2004, Stand 27.2.2007, 169 (174), in Form bestätigender Bezugnahme auf den vorbezeichneten Biomasseerlass vom 6.12.2006; Auslegungshinweise der

Auch die mittlerweile durch das Bundesverwaltungsgericht[349] geklärte Rechtsfrage der Einordnung landwirtschaftlicher Basisbetriebe, die ausschließlich oder überwiegend Biomasse zur Belieferung einer Biomasseanlage anbauen, wurde von der Verwaltungspraxis ursprünglich gegenläufig gehandhabt. Insoweit ist davon auszugehen, dass diejenigen Bundesländer die ursprünglich an einer auf dem Merkmal des „Dienens" oder einer vergleichbaren Voraussetzung basierenden Verwaltungspraxis festhielten aufgrund der damit einhergehenden Unterordnung der Biogasanlage unter den landwirtschaftlichen Betrieb dem Verwaltungsgericht Mainz[350] folgend, konsequenterweise einen derartigen Betriebsschwerpunkt für unzulässig halten mussten.[351] Abweichend hiervon wurde in Niedersachsen und Nordrhein-Westfalen der Anbau nachwachsender Rohstoffe seit jeher als Form landwirtschaftlicher Urproduktion und somit als taugliche Grundlage eines Basisbetriebs bewertet.[352] Seit der Festlegung durch das Bundesverwaltungsgericht ist allerdings von einer einheitlichen Handhabung in der Verwaltungspraxis auszugehen.[353]

Als besonders restriktiv ist die Verwaltungspraxis in Bezug auf die Beteiligung privilegierungsfremder Dritter einzustufen. In Niedersachsen wurde beispielsweise bis zum Erlass des Auslegungshinweises vom 06.12.2006 die Errichtung von Biogasanlagen von der Identität zwischen dem Betreiber des Basisbetriebs und desjenigen des Betreiberbetriebs abhängig gemacht und somit die Errichtung von Kooperationsanlagen komplett unterbunden.[354] Die aktuelle Verwaltungspraxis hat sich zwar von dieser einengenden Auslegung distanziert, allerdings

---

Fachkommission Städtebau vom 22.3.2006, S. 1; Biomasseerlass Brandenburg vom 5. April 2006, ABl. für Brandenburg 2006, 354 (355); Auslegungshinweise Brandenburg November 2008, S. 8; Außenbereichserlass NRW vom 27.10.2006, S. 13.

349 BVerwG, Urt. v. 11.12.2008, 7 C 6/08, NVwZ 2009, 585 (586).
350 VG Mainz, Urt. vom 23.1.2007, 3 K 194/06.MZ, NuR 2007, 286 (288).
351 Vgl. hierzu allgemein Peine/Knopp/Radcke, Das Recht der Errichtung von Biogasanlagen, S. 115; eine besondere Widersprüchlichkeit tritt insoweit im Rahmen der Bewertung durch das Ministerium für Infrastruktur und Raumordnung des Landes Brandenburg auf, da einerseits eine Unterordnung der Biomasseanlage gefordert wird, andererseits allerdings von einer Zulässigkeit ausschließlichen Biomasseanbaus ausgegangen wird; vgl. Auslegungshinweise Brandenburg November 2008, S. 8; Peine/Knopp/Radcke, Das Recht der Errichtung von Biogasanlagen, S. 115.
352 Biomasseerlass Niedersachsen vom 06.12.2006, S. 2; Außenbereichserlass NRW vom 27.10.2006, S. 11.
353 Vgl. hierzu exemplarisch den Biomasseerlass Schleswig-Holstein vom 16.03.2009, S. 2.
354 Biomasseerlass Niedersachsen vom 25.01.2005, S. 2; Schomerus/Sanden/Dietrich, NordÖR 2006, 177 (180).

orientiert sich diese nunmehr am einschränkenden Erfordernis des maßgeblichen Einflusses des Basisbetriebbetreibers.[355] Im Wesentlichen wurde somit die Auffassung der Fachministerkonferenz fortgeschrieben, wonach dieses Kriterium im Fall einer im Eigentum einer Betreibergesellschaft stehenden Biomasseanlage zwingend erfüllt sein muss.[356] Ebenso praktiziert wird diese Rechtsauffassung in den Bundesländern Bayern[357], Brandenburg[358], Nordrhein-Westfalen[359] und Schleswig-Holstein[360].

Abweichend von der regelmäßigen Konkretisierung des maßgeblichen Einflusses dahingehend, der Inhaber des Basisbetriebs müsse eine Mehrheitsbeteiligung an der Betreibergesellschaft der Biomasseanlage halten,[361] lässt es der Außenbereichserlass Nordrhein-Westfalen für einen maßgeblichen Einfluss ausreichen, wenn der Inhaber des rahmensetzenden Betriebs 20 % der Beteiligungsgesellschaft hält und zusätzlich ein funktionaler Zusammenhang besteht.[362] Im Gegensatz hierzu halten die Genehmigungsbehörden in Schleswig-Holstein eine Beteiligung in Höhe von 75 % für absolut erforderlich, wobei dieser Prozentsatz sowohl auf die Kapitalbeteiligung als auch die Stimmengewichtung anzuwenden ist.[363]

---

355 Biomasseerlass Niedersachsen vom 6.12.2006, S. 3.
356 Auslegungshinweise der Fachkommission Städtebau vom 22.03.2006, S. 2.
357 Auslegungshinweise des Bayerischen Staatsministeriums des Innern vom 04.08.2005, S. 7; Auslegungshinweise des Bayerischen Staatsministeriums des Innern vom 17.07.2009, S. 2/3.
358 Biomasseerlass Brandenburg vom 5. April 2006, ABl. für Brandenburg 2006, 354 (356); Auslegungshinweise Brandenburg November 2008, S. 9.
359 Außenbereichserlass NRW vom 27.10.2006, S. 13.
360 Biogas: Genehmigung in Schleswig-Holstein, http://www.bioenergie-portal.info/fileadmin/bioenergie-beratung/schleswig-holstein-hamburg/dateien/Gesetze_und_Verordnungen/Biogas_Genehmigung_in_Schleswig-Holstein.pdf, S. 5, 20.06.2011, 16.33 Uhr, Bezug nehmend auf den Biomasseerlass des Ministeriums für Landwirtschaft, Umwelt und ländliche Räume des Landes Schleswig-Holstein vom 26.09.2007, Az. IV 649-512.615.2.
361 Dies näher erläuternd exemplarisch die Auslegungshinweise des Bayerischen Staatsministeriums des Innern vom 17.07.2009, S. 2; insoweit wird auf ein Rundschreiben des Staatsministeriums des Innern vom 04.08.2005 (Az. IIB5-4112.79-003/05) Bezug genommen.
362 Außenbereichserlass NRW vom 27.10.2006, S. 13.
363 Biogas: Genehmigung in Schleswig-Holstein, http://www.bioenergie-portal.info/fileadmin/bioenergie-beratung/schleswig-holstein-hamburg/dateien/Gesetze_und_Verordnungen/Biogas_Genehmigung_in_Schleswig-Holstein.pdf, S. 5, 20.06.2011, 16.33, Bezug nehmend auf den Biomasseerlass des Ministeriums für Landwirtschaft,

Damit ist der Verwaltungspraxis in Schleswig-Holstein in Bezug auf die Beteiligung privater Investoren der restriktivste Charakter sämtlicher Bundesländer zu unterstellen. In diesem Kontext als äußerst fraglich einzustufen ist weiterhin die Beurteilung der Entscheidung des Bundesverwaltungsgerichts vom 11.12.2008[364] durch das Innenministerium des Landes Schleswig-Holstein. Insoweit erfolgt eine detaillierte Auseinandersetzung mit den Auswirkungen der bezeichneten Entscheidung auf die Genehmigungspraxis des Landes. Erstaunlicherweise wird diese in Bezug auf das Merkmal „im Rahmen eines Betriebes" derart interpretiert, dass zusätzlich zum Erfordernis eines maßgeblichen Einflusses des Inhabers des Basisbetriebs eine Biomasseanlage „nur im Anschluss an eine bestehende privilegierte Anlage errichtet und betrieben werden" darf.[365] Dabei verkennt das Innenministerium des Landes Schleswig-Holstein allerdings die Festlegung des Bundesverwaltungsgerichts hinsichtlich des Bedeutungsgehalts des Merkmals des rahmensetzenden Betriebs. Insbesondere hat das Gericht hierzu entschieden, dass sich das Merkmal in der Bedeutung „im Anschluss" an einen privilegierten Basisbetrieb vollständig erschöpft.[366] Die Weiterführung der Voraussetzung des maßgeblichen Einflusses durch die Verwaltungsbehörden läuft somit der zeitlich vorausgegangenen höchstrichterlichen Rechtsprechung zuwider.

Es drängt sich vorliegend zwangsläufig die Frage nach den Gründen eines derart offensichtlichen Ignorierens der höchstrichterlichen Rechtssprechung auf. Aus pragmatischen Gesichtspunkten lässt sich dieses Verwaltungshandeln sicherlich mit der fehlenden Akzeptanz der Bioenergie innerhalb der Bevölkerung und des hieraus resultierenden politischen Drucks auf die Verwaltung erklären. In Anbetracht der grundgesetzlich verbürgten Gewaltenteilung stellt sich allerdings die Frage nach der Rechtmäßigkeit dieser Verwaltungspraxis. Aufgrund der ähnlichen Interessenlage bietet sich zur Beurteilung dieser Frage ein Rückgriff auf die im Rahmen der Finanzverwaltung gängige Praxis der Nichtanwendungserlasse an. Insoweit handelt es sich um Weisungen der obersten Finanzbehörden, wonach Urteile des obersten Finanzgerichts keine über den entschiedenen Einzelfall hinausgehende Anwendung in der Finanzverwaltungspraxis finden.[367] Gleichlaufend zu vorliegenden Auslegungshinweisen entfalten derartige Nichtanwendungserlasse

---

Umwelt und ländliche Räume des Landes Schleswig-Holstein vom 26.09.2007, Az. IV 649-512.615.2.

364 BVerwG, Urt. v. 11.12.2008, 7 C 6/08, NVwZ 2009, 585 ff.
365 Biomasseerlass Schleswig-Holstein vom 16.03.2009, S. 2.
366 BVerwG, Urt. v. 11.12.2008, 7 C 6/08, NVwZ 2009, 585 (586); vgl. hierzu insbesondere auch Kapitel 3 C. IV..
367 Kreft, Der Nichtanwendungserlass, S. 3.

als norminterpretierende Verwaltungsvorschriften ebenso lediglich mittelbare Außenwirkung gegenüber dem Bürger,[368] so dass von einer grundsätzlichen Vergleichbarkeit ausgegangen werden könnte. Als wesentlicher Grund für den Erlass entsprechender Nichtanwendungserlasse ist die Vermeidung einer der Rechtsansicht der Finanzverwaltung gegenläufigen Verwaltungspraxis zu benennen, an der sich die Verwaltung zukünftig aufgrund deren Selbstbindung gemäß Art. 3 Abs. 1 GG zwingend orientieren müsste.[369] Ähnlich könnte die Motivation für vorliegende Abweichung von der Entscheidung des Bundesverwaltungsgerichts gelagert sein. Allerdings lässt das gegenständliche Urteil aufgrund der abstrakten Formulierung der relevanten Begründung keinerlei Raum für einen abweichenden Einzelfall. Vielmehr legt die Entscheidung abstrakt fest, dass die Grundsätze zum „Dienen" im Sinne des § 35 Abs. 1 Nr. 1 BauGB nicht auf den Tatbestand des § 35 Abs. 1 Nr. 6 BauGB übertragen werden können.[370] Darüber hinaus ist die von Seiten der Verwaltungsbehörden vorgenomme Norminterpretation, wie bereits in Kapitel 3 B.II.C.IV. aufgezeigt, nicht mehr vom Wortlaut des Gesetzes gedeckt und ist daher vor dem Hintergrund des staatlichen Willkürverbots im Sinne des Art. 3 Abs. 1 GG als äußerst kritisch zu beurteilen.[371]

---

368 Desens, Bindung der Finanzverwaltung an die Rechtsprechung, S. 33.
369 Kreft, Der Nichtanwendungserlass, S. 123.
370 BVerwG, Urt. v. 11.12.2008, 7 C 6/08, NVwZ 2009, 585 (586).
371 Vgl. bzgl. der Grenzen der Rechtsauslegung durch die Verwaltung Desens, Bindung der Finanzverwaltung an die Rechtsprechung, S. 260.

Kapitel 4 Der räumlich-funktionale Zusammenhang mit dem Betrieb nach § 35 Abs. 1 Nr. 6 a BauGB

Das Merkmal des räumlich-funktionalen Zusammenhangs mit dem Betrieb nach § 35 Abs. 1 Nr. 6 a BauGB gründet auf der den Grundsatz größtmöglichen Außenbereichsschutzes präzisierenden Absicht, Splittersiedlungen und somit eine Zersiedelung des Außenbereichs zu verhindern.[372] Aufgrund des Vorliegens eines gleichlaufenden Regelungsgehalts in § 35 Abs. 4 S. 1 Nr. 1 e BauGB kann zur Auslegung auf die in diesem Rahmen festgelegten Grundsätze abgestellt werden.[373] An dieser Einschätzung vermag auch die Verwendung verschiedener Begriffe für den Gebäudebestand nichts zu ändern. Denn die zusätzliche Verwendung des Begriffs Hofstelle in § 35 Abs. 4 S. 1 Nr. 1 e BauGB bedeutet lediglich eine dahingehende Unterscheidung, vom „räumlich-funktionalen Zusammenhang" im Sinne des § 35 Abs. 1 Nr. 6 a BauGB auch derartige Gebäudeteile umfasst zu sehen, die nicht der Wohnung des Betriebsleiters dienen.[374]

A. Erforderlichkeit hinsichtlich der Beurteilung von Kooperationsbetrieben

Im Rahmen der Beurteilung des räumlich-funktionalen Zusammenhangs stellt sich unter anderem die Frage, ob dieser nur hinsichtlich des Basisbetriebs oder im Fall

---

372 Söfker, in: Ernst/Zinkahn/Bielenberg/Krautzberger, Band II, § 35 Rn. 59 c; Krautzberger, in: Battis/Krautzberger/Löhr, BauGB, § 35 Rn. 38 b; Kühne, Die Änderung der Außenbereichsvorschrift des § 35 BauGB durch das Europarechtsanpassungsgesetz Bau, S. 144.
373 Söfker, in: Ernst/Zinkahn/Bielenberg/Krautzberger, Band II, § 35 Rn. 59 c; Jäde, in: Jäde/Dirnberger/Weiss, BauGB § 35 Rn. 83; Peine/Knopp/Radcke, Das Recht der Errichtung von Biogasanlagen, S. 120; Kraus, UPR 2008, 218 (219).
374 Kraus, UPR 2008, 218 (219/220); Jäde, in: Jäde/Dirnberger/Weiss, BauGB § 35 Rn. 83; Roeser, in: Berliner Kommentar zum Baugesetzbuch, Band 2, § 35 Rn. 52 b; a. A. Kruschinski, Biogasanlagen als Rechtsproblem, S. 95, ausgehend von der These, die Übertragbarkeit der Rechtsprechung zu § 35 Abs. 4 S. 2 Nr. 1 e BauGB sei aufgrund der unterschiedlichen Formulierungen nicht möglich. Diese Einschätzung kann allerdings derart pauschal nicht nachvollzogen werden, da ansonsten der grundsätzliche Gleichlauf der Formulierungen unberücksichtigt bliebe. Richtigerweise kann sich ein Unterschied folglich ausschließlich auf den Anknüpfungspunkt für den räumlich-funktionalen Zusammenhang beziehen.

kooperierender Zulieferer auch hinsichtlich dieser Betriebe bestehen muss.[375] Hentschke/Urbisch folgend läge jedenfalls im Fall weitläufiger Gebiete unweigerlich eine größere räumliche Distanz vor, sodass regelmäßig nur wenige Betriebe tatsächlich relevant werden könnten. Weiterhin unterlägen derartige Betriebe der insoweit ausreichenden Restriktion der Herkunft „aus nahe gelegenen Betrieben" gemäß § 35 Abs. 1 Nr. 6 b BauGB. Deshalb könne ein entsprechender Zusammenhang ausschließlich mit dem Basisbetrieb gefordert werden.[376] Kruschinski nimmt hingegen grundlegend eine Trennung zwischen den Merkmalen „räumlich" und „funktional" vor. Während der funktionale Zusammenhang auch für Kooperationsbetriebe bestehen müsse, könne das Merkmal des räumlichen Zusammenhangs für diese aufgrund der „praktischen Anwendbarkeit" der Rechtsvorschrift nicht gelten. Begründet wird dies pauschal mit der gesetzgeberischen Zwecksetzung und der mit einer hiervon abweichenden Auslegung einhergehenden faktischen Begrenzung entsprechender Kooperationen.[377]

Die insoweit vorgenommen Trennung zwischen den beiden Ausprägungen des erforderlichen Zusammenhangs kann nicht überzeugen. Insbesondere ergibt sich keinerlei Anhaltspunkt für eine derartige Trennung im gesetzlichen Wortlaut. Hierzu stellt Kruschinski an anderer Stelle selbst fest, dass der räumlich-funktionale Zusammenhang als Begriffspaar eine einheitliche Beurteilung erfordert.[378] Außerdem handelt es sich im Fall des funktionalen Zusammenhangs ohnehin um ein rein dogmatisches Problem, da in der Praxis jeder Kooperationsbetrieb stets über die Versorgung der Biogasanlage mit Gärsubstraten in funktionalem Zusammenhang mit dem Basisbetrieb stehen wird.[379] Auch die Erforderlichkeit eines räumlichen Zusammenhangs zwischen den Kooperationsbetrieben und dem Basisbetrieb ist zu verneinen. Dies ergibt sich neben den bereits angeführten Gesichtspunkten aus dem eindeutigen Gesetzeswortlaut. Denn in § 35 Abs. 1 Nr. 6 b BauGB verwendet der Gesetzgeber für die Herkunft der Biomasse im Fall von Kooperationen die Formulierung „aus diesem und aus nahe gelegenen Betrieben". In § 35 Abs. 1 Nr. 6 a BauGB ist eindeutig vom „räumlich-funktionalen Zusammenhang mit dem Betrieb" die Rede. Hätte der Gesetzgeber demnach den

---

375 Hentschke/Urbisch, AUR 2005, 41 (43/44); Kruschinski, Biogasanlagen als Rechtsproblem, S. 93/94; Kühne, Die Änderung der Außenbereichsvorschrift des § 35 BauGB durch das Europarechtsanpassungsgesetz Bau, S. 145.
376 Hentschke/Urbisch, AUR 2005, 41 (44); ebenso Kühne, Die Änderung der Außenbereichsvorschrift des § 35 BauGB durch das Europarechtsanpassungsgesetz Bau, S. 145.
377 Kruschinski, Biogasanlagen als Rechtsproblem, S. 98.
378 Kruschinski, Biogasanlagen als Rechtsproblem, S. 99.
379 Vgl. exemplarisch hierzu Peine/Knopp/Radcke, Das Recht der Errichtung von Biogasanlagen, S. 123.

Zusammenhang auch zwischen Basisbetrieb und Kooperationsbetrieb gewollt, so hätte er die in § 35 Abs. 1 Nr. 6 b BauGB gewählte Formulierung unproblematisch wie folgt hierauf übertragen können:

„[…] das Vorhaben steht in einem räumlich-funktionalen Zusammenhang mit dem Betrieb und nahe gelegenen Betrieben nach den Nummern 1, 2 oder 4, soweit letzterer Tierhaltung betreibt […]"

Es ist daher davon auszugehen, dass der Gesetzgeber bewusst auf einen entsprechenden Zusammenhang zwischen Basisbetrieb und Kooperationsbetrieb verzichtet hat.[380] Weiterhin würde andernfalls das Merkmal „aus nahe gelegenen Betrieben" völlig leerlaufen, da der räumliche Zusammenhang stets enger zu interpretieren wäre und somit kein eigenständiger Anwendungsbereich verbliebe. Im Ergebnis trifft § 35 Abs. 1 Nr. 6 a BauGB keine Aussage hinsichtlich der Erforderlichkeit einer bestimmten Beziehung von Basisbetrieb und Kooperationsbetrieb.

B. Räumlicher Zusammenhang mit dem Betrieb

Von einem räumlichen Zusammenhang mit dem Betrieb ist auszugehen, wenn „eine räumliche Nähe zu den Schwerpunkten der betrieblichen Abläufe" vorliegt.[381]

I. Anknüpfungspunkt der Beurteilung

Fraglich ist, auf welchen Anknüpfungspunkt zur Beurteilung des erforderlichen Näheverhältnisses abzustellen ist. In Frage kommen hierfür als grundsätzlich für die Einstufung als Schwerpunkt der betrieblichen Abläufe geeignet sowohl der betriebliche Gebäudebestand sowie die landwirtschaftlichen Betriebsflächen.

Im ersteren Fall ist wiederum fraglich, welche Eigenschaften durch eine Bebauung erfüllt sein müssen, da nicht jedwede geringfügige Bebauung als Bezugspunkt dienen kann.[382] Im Fall räumlicher Nähe zur Hofstelle bzw. zum Betriebsstandort[383] ist allerdings stets vom Vorliegen eines ausreichenden Anknüpfungspunktes

---

380 Im Ergebnis wohl auch Berkemann/Halama, Erstkommentierung zum BauGB 2004, S. 417.
381 Söfker, in: Ernst/Zinkahn/Bielenberg/Krautzberger, BauGB, Band II, § 35 Rn. 59 c.
382 Vgl. allgemein hierzu Peine/Knopp/Radcke, Das Recht der Errichtung von Biogasanlagen, S. 121.
383 Der Begriff Betriebsstandort wird im Fall gartenbaulicher Betriebe nach § 35 Abs. 1 Nr. 2 BauGB und Betrieben der gewerblichen Tierhaltung nach

auszugehen, da diese regelmäßig die „Kernbetriebsstätte" und somit den Schwerpunkt der betrieblichen Abläufe darstellen wird.[384] Wie bereits ausgeführt ist aufgrund der unterschiedlichen Begriffsverwendung im Gegensatz zu § 35 Abs. 4 S. 1 Nr. 1 e BauGB nicht von der Erforderlichkeit einer Einordnung als Wohngebäude auszugehen.[385] Als weitere Bezugspunkte kommen im Fall landwirtschaftlicher Nutzung daher zudem Örtlichkeiten in Frage, die „als Betriebsschwerpunkt bzw. Betriebsstandort erkennbar und durch bauliche Anlagen des Betriebs von einigem Gewicht geprägt sind", z. B. große Stallgebäude oder große Maschinenhallen. Hiervon abzugrenzen sind untergeordnete bauliche Anlagen, z. B. Fahrsilos, einzeln stehende Scheunen und ähnliche untergeordnete Anlagen.[386]

Als äußerst umstritten ist allerdings die Bewertung landwirtschaftlicher Betriebsflächen als tauglicher Anknüpfungspunkt einzustufen. Grundsätzlich können derartige nur im Fall des Anbaus nachwachsender Rohstoffe relevant werden, da nur in diesem Fall ein Bezug der Biogasanlage zu den Flächen auch tatsächlich gegeben ist.[387] Allerdings lehnen wesentliche Literaturstimmen auch in diesem Fall eine Einordnung dieser als Bezugspunkt grundsätzlich ab.[388] Begründet wird dies

---

§ 35 Abs. 1 Nr. 4 BauGB regelmäßig mit Gewächshäusern und Ställen gleichzusetzen sein, vgl. Söfker, in: Ernst/Zinkahn/Bielenberg/Krautzberger, BauGB, Band II, § 35 Rn. 59 c.

384 Berkemann/Halama, Erstkommentierung zum BauGB 2004, S. 416; Kühne, Die Änderungen der Außenbereichsvorschrift des § 35 BauGB durch das Europarechtsanpassungsgesetz Bau, S. 145; Söfker, in: Ernst/Zinkahn/Bielenberg/Krautzberger, BauGB, Band II, § 35 Rn. 59 c; a. A.: Peine/Knopp/Radcke, Das Recht der Errichtung von Biogasanlagen, S. 121. Dieser sieht im Vorliegen eines räumlichen Zusammenhangs mit der Hofstelle lediglich eine Auslegungshilfe und fordert eine weitergehende Prüfung.

385 Kraus, UPR 2008, 218 (219/220); Jäde, in: Jäde/Dirnberger/Weiss, BauGB § 35 Rn. 83; Roeser, in: Berliner Kommentar zum Baugesetzbuch, § 35 Rn. 52 b.

386 Auslegungshinweise der Fachkommission Städtebau vom 22.03.2006, S. 2; vgl. auch: Söfker, in: Ernst/Zinkahn/Bielenberg/Krautzberger, BauGB, Band II, § 35 Rn. 59 c; Krautzberger, in: Battis/Krautzberger/Löhr, BauGB, § 35 Rn. 38 b; Mantler, BauR 2007, 50 (57); Kühne, Die Änderungen der Außenbereichsvorschrift des § 35 BauGB durch das Europarechtsanpassungsgesetz Bau, S. 146; Kruschinski, Biogasanlagen als Rechtsproblem, S. 93.

387 Vgl. exemplarisch hierzu Kruschinski, Biogasanlagen als Rechtsproblem, S. 97.

388 Söfker, in: Ernst/Zinkahn/Bielenberg/Krautzberger, Band II, § 35 Rn. 59 c; Krautzberger, in: Battis/Krautzberger/Löhr, BauGB, § 35 Rn. 38 b; Sander, in: Rixner/Biedermann/Steger, BauGB/BauNVO, § 35 Rn. 47; Berkemann/Halama, Erstkommentierung zum BauGB 2004, S. 417; Hentschke/Urbisch, AUR 2005, 41 (44);

zum Teil mit dem Wortlaut des § 35 Abs. 1 Nr. 6 a BauGB, da landwirtschaftliche Produktionsflächen nicht mit dem „Betrieb" gleichgesetzt werden könnten.[389] Dem wird jedoch der Formulierungsunterschied zu § 35 Abs. 4 Satz 1 Nr. 1 e Bau GB entgegengehalten, wonach nicht auf die „Hofstelle" sondern auf den „Betrieb" abgestellt wird. Zugleich sei eine Unterscheidung zu § 35 Abs. 1 Nr. 6 c BauGB festzustellen, wo ebenfalls von „Hofstelle" sowie von „Betriebsstandort" die Rede sei. Durch die Verwendung unterschiedlicher Begrifflichkeiten sei allerdings ausreichend nachgewiesen, dass nicht zwangsweise ein Bezug zur Hofstelle des Betriebs erforderlich ist, sondern ebenso die Rohstoffproduktionsflächen relevant werden könnten.[390] Zur Einstufung als tauglicher Anknüpfungspunkt müsse daher auf den bereits höchstrichterlich geklärten Begriff des „Betriebes" abgestellt werden. Der gefestigten Rechtsprechung des Bundesverwaltungsgerichts[391] folgend bedürfe es im Fall eines land- und forstwirtschaftlichen Betriebes zwingend der drei Faktoren Betriebsmittel, menschlicher Arbeit und Bodennutzung. Zur Erzeugung eines räumlichen Zusammenhangs mit dem Betrieb sei folgerichtig der Bezug zu einer Produktionsfläche als Teil des landwirtschaftlichen Betriebes ausreichend. Ein darüber hinausgehender Bezug zu baulichen Anlagen des Betriebs könne dem gesetzlichen Tatbestand nicht entnommen werden. Vielmehr hätte der Gesetzgeber hierzu die Formulierung „mit dem baulichen Bestand des Betriebs" wählen müssen.[392] Diese Einschätzung spiegelt den tatsächlichen Wortlaut des § 35 Abs. 1 Nr. 6 a BauGB angemessen wider. Hinsichtlich eines Anknüpfens an den baulichen Bestand lässt sich dem Tatbestandsmerkmal „Betrieb" keinerlei Anhaltspunkt entnehmen.

Kraus, UPR 2008, 218, 220; Röhnert, Informationen zur Raumentwicklung 2006, 67 (72); Hinsch, ZUR 2007, 401 (404); a. A.: Mantler, BauR 2007, 50 (59); Lampe, NuR 2006, 152 (154); Loibl/Rechel, UPR 2008, 134 (138); Kruschinski, Biogasanlagen als Rechtsproblem, S. 98; diesen Rechtsstreit darstellend Kühne, Die Änderungen der Außenbereichsvorschrift des § 35 BauGB durch das Europarechtsanpassungsgesetz Bau, S. 146–148.
389 Berkemann/Halama, Erstkommentierung zum BauGB 2004, S. 417.
390 Mantler, BauR 2007, 50 (59); Lampe, NuR 2006, 152 (154); Loibl/Rechel, UPR 2008, 134 (138); bzgl. der Wertung des Wortlautarguments ebenso Hentschke/Urbisch, AUR 2005, 41 (44).
391 BVerwG, Urt. v. 27.01.1967, IV C 41.65, BeckRS 1967, 30429255; BVerwG, Urt. v. 03.11.1972, 4 C 9.70, BeckRS 1972, 30425586; BVerwG, Urt. v. 04.03.1983, 4 C 69.79, BeckRS 1983, 31286472.
392 Mantler, BauR 2007, 50 (58); Kruschinski, Biogasanlagen als Rechtsproblem, S. 94/95.

Diese Einschätzung wird durch Aspekte der Gesetzessystematik bestätigt. Zwar wird zum Teil angeführt, es könnten durch ein Abstellen auf Betriebsflächen Einordnungsprobleme im Fall von Kooperationsbetrieben entstehen. Eine Zuordnung der Anlage zu einem konkreten Betrieb sei allerdings aufgrund der ausdrücklichen Regelung in § 35 Abs. 1 Nr. 6 c BauGB festgeschrieben.[393] Dieser Einschätzung ist allerdings der für die Beurteilung nach § 35 Abs. 1 Nr. 6 c BauGB maßgebliche Ausgangspunkt entgegen zu halten. Denn für die Beurteilung des Näheverhältnisses zu den Kooperationsbetriebes ist nicht etwa die Hofstelle des Basisbetriebs sondern vielmehr der konkrete Standort der Biogasanlage maßgeblich.[394] Weiterhin lässt sich aufgrund der unterschiedlichen Begriffsverwendung in § 35 Abs. 1 Nr. 6 c BauGB sowie in § 35 Abs. 4 Satz 1 Nr. 1 e BauGB darauf schließen, dass ein unabdingbarer Bezug zum Gebäudebestand des Betriebes gerade nicht festgelegt wurde.[395]

Zusätzlich würden normhistorische Gesichtspunkte für eine Einbeziehung der Betriebsflächen sprechen, da im Rahmen des Gesetzgebungsverfahrens ein genereller Verzicht auf das Erfordernis des räumlich-funktionalen Zusammenhangs diskutiert wurde. Grund hierfür war die These, eine bestmögliche Situierung der Anlage würde sich aufgrund der Abhängigkeit der wirtschaftlichen Rentabilität von den Logistikkosten aus sich selbst heraus ergeben.[396] Kruschinski folgend kann die kontroverse Diskussion dieser These trotz der endgültigen Übernahme des räumlich-funktionalen Zusammenhangs in den aktuellen Normtext zumindest dahingehend interpretiert werden, dass von einem weiten Begriffsverständnis auszugehen ist.[397]

Weiterhin stellt sich die Frage, ob eine derart weite Auslegung des Tatbestandsmerkmals auch mit der ausdrücklichen gesetzgeberischen Zwecksetzung der Verhinderung einer Zersiedlung des Außenbereichs[398] als besondere Ausprägung des Grundsatzes größtmöglicher Außenbereichsschonung vereinen lässt. Hierzu muss festgestellt werden, dass ein bloßes Abstellen auf einen räumlichen Zusammenhang zu landwirtschaftlichen Betriebsflächen faktisch den gesamten Außenbereich für die Errichtung von Biogasanlagen öffnen würde und somit

---

393 Hentschke/Urbisch, AUR 2005, 41 (44); Kruschinski, Biogasanlagen als Rechtsproblem, S. 98.
394 BVerwG, Urt. v. 11.12.2008, 7 C 6/08, NVwZ 2009, 585 (587).
395 Kruschinski, Biogasanlagen als Rechtsproblem, S. 95.
396 Hentschke/Urbisch, AUR 2005, 41 (43).
397 Kruschinski, Biogasanlagen als Rechtsproblem, S. 97.
398 Söfker, in: Ernst/Zinkahn/Bielenberg/Krautzberger, Band II, § 35 Rn. 59 c; Krautzberger, in: Battis/Krautzberger/Löhr, BauGB, § 35 Rn. 38 b; Kühne, Die Änderung der Außenbereichsvorschrift des § 35 BauGB durch das Europarechtsanpassungsgesetz Bau, S. 144.

gegen den Grundsatz größtmöglicher Außenbereichsschonung verstößt.[399] Hiergegen lässt sich zwar grundsätzlich einwenden, dass durch eine zentrale Lage der Anlage inmitten der Substraterzeugungsflächen aufgrund des sinkenden Logistikaufwands eine sowohl ökonomisch als auch ökologisch sinnvolle und daher auch dem gesetzgeberischen Hintergrund des Klimaschutzes entsprechende Anlagenplanung möglich wäre.[400] Zur Bewertung dieses Konflikts bedarf es allerdings einer Spezifizierung des gesetzgeberischen Kontextes. Denn die mit der Neuprivilegierung für Biomasseanlagen verbundenen Ziele waren nur insoweit bezweckt, als diese auch mit dem Grundsatz größtmöglichen Außenbereichsschutzes zu vereinbaren sind.[401] Vor diesem Hintergrund ist die aufgezeigte gänzliche Aufhebung des Außenbereichsschutzes nicht zu rechtfertigen.[402]

Weitergehend stellt sich allerdings die Frage, ob als Bezugspunkt ausschließlich der Gebäudebestand des Basisbetriebs in Frage kommt[403] oder ob jedwede Bebauung den erforderlichen räumlichen Zusammenhang herstellen kann. Zutreffend wird insoweit vertreten, dass die jeweiligen Eigentumsverhältnisse für die Annahme einer Splittersiedlung und somit für den Schutz des Außenbereichs als absolut irrelevant einzustufen sind.[404] Insbesondere ist aufgrund dieser Feststellung eine entsprechende Einschränkung des weit formulierten Gesetzeswortlauts nicht gerechtfertigt. Im Ergebnis kann daher im Fall einer NaWaRo-Anlage der räumliche Zusammenhang ausnahmsweise auch über betriebsfremde Gebäudeteile erzeugt werden.

II. Erforderlicher Umfang des Näheverhältnisses

Weiterhin stellt sich die Frage, ab welcher konkreten Entfernung von einem ausreichenden räumlichen Zusammenhang gesprochen werden kann. Hierzu ist dem

---

399 So auch Hentschke/Urbisch, AUR 2005, 41 (44); ebenso Kraus, UPR 2008, 218 (220), ausgehend von einer weitestgehenden Aufgabe des Außenbereichsschutzes.
400 So etwa Berkemann/Halama, Erstkommentierung zum BauGB 2004, S. 417.
401 Bundesregierung, Entwurf eines Gesetzes zur Anpassung des Baugesetzbuchs an EU-Richtlinien, BT-Drs. 15/2250, S. 54.
402 Dies erkennend gehen regelmäßig selbst die liberalsten Literaturansätze von der Erforderlichkeit eines Zusammenhangs mit irgendeiner Form von Bebauung aus, vgl. etwa: Lampe, NuR 2006, 152 (154); Loibl/Rechel, UPR 2008, 134 (138); Kruschinski, Biogasanlagen als Rechtsproblem, S. 98; a. A.: Mantler, BauR 2007, 50 (59).
403 So wohl Dürr, in: Brügelmann, BauGB (Stand Februar 2012), Band 3, § 35 Rn. 63f.
404 Kruschinski, Biogasanlagen als Rechtsproblem, S. 98; im Ergebnis ebenso: Loibl/Rechel, UPR 2008, 134 (138); Lampe, NuR 2006, 152 (154).

Normtext keinerlei weiterführender Anhaltspunkt zu entnehmen.[405] Dennoch wird in der Praxis teilweise eine Entfernung von 150 m als starre Grenze angesetzt.[406] Der überwiegenden Literaturmeinung folgend kann der räumliche Zusammenhang allerdings nicht anhand statischer Entfernungsangaben bemessen werden. Vielmehr ist stets eine Prüfung anhand der konkreten Umstände des Einzelfalls vorzunehmen.[407] Im Rahmen des § 35 Abs. 4 Satz 1 Nr. 1 e BauGB hat das Bundesverwaltungsgericht zwar eine Entfernung von 300 m als für den räumlichen Zusammenhang zu weit eingestuft.[408] Diese Rechtsprechung kann allerdings nicht auf § 35 Abs. 1 Nr. 6 a BauGB übertragen werden, da dieses Begriffsverständnis für den Betrieb einer Biomasseanlage zu eng ist[409] und darüber hinaus auf das Merkmal der „untergeordneten dienenden Funktion" abgestellt wird. Auf dieses Tatbestandsmerkmal wird allerdings im Bereich des § 35 Abs. 1 Nr. 6 a BauGB gerade nicht Bezug genommen.[410] Weiterhin würde sich bereits aufgrund der immissionsschutzrechtlichen Anforderungen eine ungewollte Schlechterstellung ergeben, da der TA Luft[411] folgend auch im Fall geschlossener Anlagen ein Mindestabstand von 300 m zur nächstgelegenen Wohnbebauung eingehalten werden müsse. Daher sei aufgrund des Grundsatzes der Einheitlichkeit der Rechtsordnung zumindest regelmäßig eine derartige Entfernung noch als angemessen zu betrachten.[412] Bestätigt wird diese Einschätzung durch eine obergerichtliche Entscheidung, wonach im konkreten Sachverhalt aufgrund einer Einbettung in die landwirtschaftlichen Produktionsflächen des Betriebes sogar eine Entfernung von

---

405 Kruschinski, Biogasanlagen als Rechtsproblem, S. 95.
406 Germer/Loibl, Handbuch Energierecht, S. 509; Kruschinski, Biogasanlagen als Rechtsproblem, S. 93.
407 Auslegungshinweise der Fachkommission Städtebau vom 22.03.2006, S. 2; Söfker, in: Ernst/Zinkahn/Bielenberg/Krautzberger, BauGB, Band II, § 35 Rn. 59 c; Loibl/Rechel, UPR 2008, 134 (138); Berkemann/Halama, Erstkommentierung zum BauGB 2004, S. 417; Kühne, Die Änderung der Außenbereichsvorschrift des § 35 BauGB durch das Europarechtsanpassungsgesetz Bau, S. 149.
408 BVerwG, Urt. v. 18.05.2001, 4 C 13.00, ZfBR 2001, 564 (565).
409 Kühne, Die Änderung der Außenbereichsvorschrift des § 35 BauGB durch das Europarechtsanpassungsgesetz Bau, S. 149.
410 Loibl/Rechel, UPR 2008, 134 (138); weiterführend hierzu BVerwG, Urt. v. 11.12.2008, 7 C 6/08, NVwZ 2009, 585 (586).
411 Erste Allgemeine Verwaltungsvorschrift zum Bundes-Immissionsschutzgesetz (Technische Anleitung zur Reinhaltung der Luft – TA Luft) vom 27.02.1986, zuletzt geändert durch Ziff. 7 Technische Anleitung zur Reinhaltung der Luft vom 24.07.2002 (GMBl. I S. 511).
412 Germer/Loibl, Handbuch Energierecht, S. 509; Loibl/Rechel, UPR 2008, 134 (138); Dürr, in: Brügelmann, BauGB (Stand Februar 2012), Band 3, § 35 Rn. 63f.

700 m zur Hofstelle akzeptiert wurde.[413] Letztendlich ist im Rahmen der Einzelfallabwägung sicher zu stellen, dass die Biogasanlage im konkreten Einzelfall zu keiner unzumutbaren Zersiedelung des Außenbereichs führt.

C. Funktionaler Zusammenhang mit dem Betrieb

Der funktionale Zusammenhang erfordert eine „Verknüpfung der Biomasseverwertung mit der vorhandenen Betriebsstruktur".[414] Der Begriff der Verknüpfung ist in diesem Kontext gleichbedeutend mit „betriebstechnischem Zusammenhang" zu interpretieren.[415] Als relevantes Zusammenwirken zwischen Basisbetrieb und Biogasanlage kommen daher die Belieferung mit Gärsubstraten, die Abnahme der Gärreste sowie deren Ausbringen als Dünger auf den Wirtschaftsflächen, die Abnahme von Strom und Abwärme zur Versorgung des Basisbetriebs oder der Wohneinheit sowie die Nutzung von Gerätschaften des Basisbetriebes – beispielsweise zur Beschickung der Biogasanlage – in Frage.[416] Teilweise wird vertreten, das Vorliegen eines funktionalen Zusammenhangs sei zu verneinen, wenn eine unzweckmäßige Trennung der Betriebsschritte vorläge.[417] Dem ist allerdings nicht zu folgen, da in der Praxis bereits allein durch die wirtschaftliche Rentabilität eine zweckmäßige Verzahnung der Betriebe gewährleistet wird.[418] Kruschinski ist weitergehend der Ansicht, dass im Fall von Kooperationsbetrieben der funktionale Zusammenhang auch zwischen Biogasanlage und jedem einzelnen

---

413 OVG Schleswig, Beschluss v. 08.08.2006, 1 MB 18/06, NordÖR 2007, 41 (43); vgl. insoweit auch Hinsch, ZUR 2007, 401 (404), der generell einen Abstand von 700 m für ausreichend hält.
414 Auslegungshinweise der Fachkommission Städtebau vom 22.03.2006, S. 3; ebenso: Kühne, Die Änderung der Außenbereichsvorschrift des § 35 BauGB durch das Europarechtsanpassungsgesetz Bau, S. 149; Krautzberger, in: Battis/Krautzberger/Löhr, BauGB, § 35 Rn. 38 b; Loibl/Rechel, UPR 2008, 134 (138); Kruschinski, Biogasanlagen als Rechtsproblem, S. 98.
415 Peine/Knopp/Radcke, Das Recht der Errichtung von Biogasanlagen, S. 123.
416 OVG Schleswig, Beschluss v. 08.08.2006, 1 MB 18/06, NordÖR 2007, 41 (43); Mantler, BauR 2007, 50 (59); Loibl/Rechel, UPR 2008, 134 (138); Peine/Knopp/Radcke, Das Recht der Errichtung von Biogasanlagen, S. 123; Kruschinski, Biogasanlagen als Rechtsproblem, S. 98/99; Kühne, Die Änderung der Außenbereichsvorschrift des § 35 BauGB durch das Europarechtsanpassungsgesetz Bau, S. 150; BVerwG, Beschl. v. 29.12.2010, 7 B 6.10, REE 2011, 96 (99).
417 Hinsch, ZUR 2007, 401 (404); Peine/Knopp/Radcke, Das Recht der Errichtung von Biogasanlagen, S. 124.
418 Vgl. hierzu in anderem Kontext Kruschinski, Biogasanlagen als Rechtsproblem, S. 96.

Kooperationsbetrieb vorliegen müsse.[419] Diese Einschätzung kann aufgrund des Wortlauts „mit dem Betrieb" in § 35 Abs. 1 Nr. 6 a BauGB und der eindeutigen Unterscheidung in § 35 Abs. 1 Nr. 6 b BauGB zwischen „dem Betrieb" und „nahe gelegenen Betrieben" nicht überzeugen. Allerdings wird in der Praxis aufgrund der im Fall von Kooperationsbetrieben ohnehin bestehenden Belieferung mit Biomasse stets der geforderte funktionale Zusammenhang bestehen.

D. Abweichungen zwischen rechtlichen Vorgaben und Verwaltungspraxis

Im Rahmen der Verwaltungspraxis finden sich differenzierte Ansichten hinsichtlich der Einordnung bestehender Betriebsflächen als Anknüpfungspunkt des räumlich-funktionalen Zusammenhangs. Während in Brandenburg beispielsweise für NaWaRo-Anlagen im Fall des Bestehens einer landwirtschaftlichen Betriebsstruktur ein Zusammenhang mit den landwirtschaftlichen Betriebsflächen als ausreichend bewertet wird,[420] gelten diese in Nordrhein-Westfalen und Bayern nicht als tauglicher Anknüpfungspunkt.[421] Eine insoweit ebenfalls negative Beurteilung ist weiterhin den Auslegungshinweisen der Fachkommission Städtebau zu entnehmen.[422] Letztendlich steht damit die gesamte Verwaltungspraxis in teilweisem Widerspruch zu den rechtlichen Vorgaben des Baugesetzbuches. Insbesondere verstößt die Bezugnahme auf landwirtschaftliche Betriebsflächen, wie in Kapitel 4 B.I. dargestellt, gegen den Grundsatz größtmöglicher Außenbereichsschonung. Die restriktive Auffassung, die pauschal einen Zusammenhang mit dem Gebäudebestand des Basisbetriebs fordert, überspannt jedoch die Anforderungen an den Grundsatz größtmöglicher Außenbereichsschonung. Denn dem gesetzgeberischen Hintergrund der Verhinderung von Splittersiedlungen kann keine Anknüpfung an den betriebseigenen Gebäudebestand entnommen werden. Vielmehr wird der Schutz vor Zersiedelung auch im Fall der Anknüpfung an betriebsfremde Gebäude ausreichend gewährleistet.

Ein weitgehender Gleichlauf besteht hinsichtlich der behördlichen Handhabung des Maßes des räumlichen Zusammenhangs. Insoweit verzichten sämtliche

---

419 Kruschinski, Biogasanlagen als Rechtsproblem, S. 98/99.
420 Biomasseerlass Brandenburg vom 5. April 2006, ABl. für Brandenburg 2006, 354 (356); Peine/Knopp/Radcke, Das Recht der Errichtung von Biogasanlagen, S. 122.
421 Außenbereichserlass NRW vom 27.10.2006, S. 12; Biogashandbuch Bayern, Kapitel 2, S. 9; Peine/Knopp/Radcke, Das Recht der Errichtung von Biogasanlagen, S. 122.
422 Auslegungshinweise der Fachkommission Städtebau vom 22.03.2006, S. 2.

Verwaltungserlasse grundsätzlich auf die Angabe einer bindenden Entfernung und verlagern die Beurteilung des Zusammenhangs auf eine Einzelfallentscheidung.[423] Allerdings geben vereinzelte Verwaltungserlasse ein Höchstgrenze vor, ab welcher das Vorliegen eines räumlichen Zusammenhangs zwingend zu verneinen sei. Früher wurde hier häufig ein Radius von 150 m um die Hofstelle als starre Grenze festgelegt.[424] Auch die Verwaltungspraxis in Nordrhein-Westfalen und Schleswig-Holstein geht ab einer Distanz von 300 m von einer Unzulässigkeit des Vorhabens nach § 35 Abs. 1 Nr. 6 BauGB aus.[425] Damit besteht allerdings ein Widerspruch zur Rechtsprechung, die bereits eine Entfernung von 700 m für ausreichend erachtet hat.[426] Diese Entscheidung aufgreifend geht die Verwaltungspraxis in Brandenburg, abhängig vom jeweiligen Einzelfall, von einer potenziell ausreichenden Zuordnung bis zu einer Entfernung von 700 m aus.[427] Hierzu ist festzustellen, dass jedwede Angabe starrer Höchstgrenzen jedenfalls im Bereich eines Radius von unter 700 m gegen die Vorgaben der Rechtsprechung verstößt.

---

423 Auslegungshinweise der Fachkommission Städtebau vom 22.3.2006, S. 2; Biomasseerlass Brandenburg vom 5. April 2006, ABl. für Brandenburg 2006, 354 (356); Auslegungshinweise Brandenburg November 2008, S. 12; Biomasseerlass Niedersachsen vom 06.12.2006, S. 3; Biogashandbuch Bayern, Kapitel 2, S. 9; Auslegungshinweise des Bayerischen Staatsministeriums des Innern vom 04.08.2005, S. 2; Außenbereichserlass NRW vom 27.10.2006, S. 12.
424 Germer/Loibl, Handbuch Energierecht, S. 509; Kruschinski, Biogasanlagen als Rechtsproblem, S. 93.
425 Außenbereichserlass NRW vom 27.10.2006, S. 12; ebenso die Verwaltungspraxis in Schleswig-Holstein; vgl. Biogas: Genehmigung in Schleswig-Holstein, http://www.bioenergie-portal.info/fileadmin/bioenergie-beratung/schleswig-holstein-hamburg/dateien/Gesetze_und_ Verordnungen/Biogas_Genehmigung_in_Schleswig-Holstein. pdf, S. 5, 20.06.2011, 16.33 Uhr, Bezug nehmend auf den Biomasseerlass des Ministeriums für Landwirtschaft, Umwelt und ländliche Räume des Landes Schleswig-Holstein vom 26.09.2007, Az. IV 649 – 512.615.2.
426 OVG Schleswig, Beschluss v. 08.08.2006, 1 MB 18/06, NordÖR 2007, 41 (43); Hinsch, ZUR 2007, 401 (404).
427 Auslegungshinweise Brandenburg November 2008, S. 12.

Kapitel 5 Anforderungen an die Herkunft der Biomasse gem. § 35 Abs. 1 Nr. 6 b BauGB

Gemäß § 35 Abs. 1 Nr. 6 b BauGB muss die im Rahmen der Biomasseanlage eingesetzte Biomasse „überwiegend aus dem Betrieb oder überwiegend aus nahe gelegenen Betrieben nach den Nummern 1, 2 oder 4, soweit letzterer Tierhaltung betreibt," stammen. Mit Einführung dieser weiteren Beschränkung beabsichtigte der Gesetzgeber das Verhindern eines überregionalen Rohmaterialtransports aus ökologischen und volkswirtschaftlichen Motiven.[428] Zugleich wurde mit der ausdrücklichen Zulassung von Kooperationsbetrieben eine weitergehende Außenbereichsschonung bezweckt, da sich die Frage der Erforderlichkeit der Errichtung einer Biogasanlage nunmehr nicht zwingend für jeden beteiligungswilligen Betreiber eines Basisbetriebs stellt.[429]

A. Relevante Betriebstypen im Fall eines Kooperationsbetriebes

§ 35 Abs. 1 Nr. 6 b BauGB legt als Voraussetzung der Privilegierung im Fall des Vorliegens eines Kooperationsbetriebs bestimmte Merkmale hinsichtlich der relevanten Betriebstypik fest.

I. Beurteilung einer im Innenbereich situierten Hofstelle

Bezüglich der Einstufung als tauglicher Zulieferbetrieb im Sinne des § 35 Abs. 1 Nr. 6 b BauGB ist die Handhabe von im Innenbereich gelegenen landwirtschaftlichen Betrieben umstritten.[430] Söfker vertritt hierzu die Ansicht, derartige Betriebe könnten für ein Überwiegen des Biomasseanteils nicht relevant werden, da der gesetzliche Wortlaut ausschließlich auf Vorhaben im Sinne des § 35 Abs. 1 Nr. 1,

---

428 Bundesregierung, Entwurf eines Gesetzes zur Anpassung des Baugesetzbuchs an EU-Richtlinien, BT-Drs. 15/2250, S. 55; BVerwG, Urt. v. 11.12.2008, 7 C 6/08, NVwZ 2009, 585 (586).
429 Roeser, in: Berliner Kommentar zum Baugesetzbuch, § 35 Rn. 52 c.
430 Für die restlichen relevanten Betriebstypen wird sich aufgrund der regelmäßig bestehenden Innenbereichsunverträglichkeit keine nennenswerte Praxisrelevanz ergeben.

2 und 3 BauGB und somit auf einen unverzichtbaren Außenbereichsbezug abstellt.[431] Kraus sieht hierin eine Widersprüchlichkeit zur gesetzgeberischen Absicht, Kooperationen sämtlicher relevanter Betriebsarten zu ermöglichen. Weiterhin würde im Fall einer derartigen Beschränkung das Tatbestandsmerkmal „aus nahe gelegenen" weitgehend bedeutungslos werden.[432] Kruschinski folgend meine das Tatbestandsmerkmal „Betrieb" den Gesamtbetrieb und somit auch die im Außenbereich gelegenen Betriebsflächen. Die gesetzgeberische Zwecksetzung der Vermeidung überregionaler Biomassetransporte sowie der Förderung eines landwirtschaftlichen Strukturwandels verbiete weiterhin eine Differenzierung nach der Lage der Hofstelle, da durch den Strukturwandel sämtliche Landwirte und nicht nur diejenigen, deren Hofstellen dem Außenbereich zuzuordnen wären, gefördert werden sollten. Zudem sei die Abgrenzung nach Innen- und Außenbereich für ein Unterbinden weiter Transportstrecken ungeeignet.[433] Bracher fordert daher eine grundsätzliche Differenzierung nach der Art der Biomasseerzeugung. Fällt diese – wie beispielsweise im Fall tierhaltender Betriebe – typischerweise in einem Wirtschaftsgebäude an, so sei auf dieses als Bezugspunkt abzustellen. Für landwirtschaftliche Rohstofferzeugnisse bedeute dies ein Abstellen auf die jeweilige Ertragsfläche.[434]

Dieses Ergebnis teleologischer Auslegung wird weiterhin durch die Einstufung der landwirtschaftlichen Betriebsflächen als Anknüpfungspunkt der Biomasselogistik bestätigt. Denn der Landwirt wird aufgrund der starken Abhängigkeit des mit der Biomasseanlage zu erwirtschaftenden Deckungsbeitrages von der Länge der Transportwege[435] stets bemüht sein, eine Zwischenlagerung auf der Hofstelle und damit verbundene Umwege zu vermeiden. Dieses Ergebnis steht somit in Einklang mit der gesetzgeberischen Zwecksetzung der Vermeidung weiter Transportstrecken und dem bauplanungsrechtlichen Grundsatz größtmöglicher Außenbereichsschonung. Weiterhin hat das Bundesverwaltungsgericht in der richtungsweisenden Entscheidung vom 11.12.2008 diese Auffassung bestätigt. Insoweit wurde festgelegt,

---

431 Söfker, in: Ernst/Zinkahn/Bielenberg/Krautzberger, BauGB, Band II, § 35 Rn. 59 d.
432 Kraus, UPR 2008, 218 (220).
433 Kruschinski, Biogasanlagen als Rechtsproblem, S. 103; Kruschinski fordert daher eine ausdrückliche Klarstellung durch den Gesetzgeber. So soll in den gesetzlichen Tatbestand aufgenommen werden, dass die Biomasse „von nahe gelegenen Flächen von Betrieben" herrühren muss; vgl. Kruschinski, Biogasanlagen als Rechtsproblem, S. 104.
434 Bracher, in: Gelzer/Bracher/Reidt, Bauplanungsrecht, Rn. 2143; diese Einschätzung trifft Bracher losgelöst von der Problematik der im Innenbereich gelegenen Hofstelle. Das Ergebnis ist aber ebenso auf diesen Problemkreis übertragbar; ähnlich Lampe, NuR 2006, 152 (154).
435 Toews, in: Gülzower Fachgespräche, Band 32, 63 (63).

dass in Anbetracht des Gesetzeszwecks der Anknüpfungspunkt der überwiegenden Belieferung nicht die Lage der Hofstellen der Kooperationspartner sein kann, sondern ausschließlich auf die Lage der landwirtschaftlichen Produktionsflächen abzustellen ist.[436] Überträgt man diese Entscheidung auf die aufgezeigte Problematik, so ist zwingend von einer Irrelevanz der Situierung der Hofstelle im Innenbereich auszugehen. Auch derartige landwirtschaftliche Betriebe sind somit als für eine überwiegende Belieferung relevante Betriebstypen einzuordnen.

II. Erforderlichkeit der Mitbetreibereigenschaft des Zulieferbetriebs

Eine Einstufung des Zulieferbetriebes als Mitbetreiber der Biogasanlage ist nicht erforderlich.[437] Für eine hiervon abweichende Auslegung fehlt es dem gesetzlichen Wortlaut an einer entsprechenden Festlegung.[438] Weiterhin besteht keinerlei „sachlicher Grund" für eine Herausnahme bloßer Zulieferbetriebe aus dem gesetzlichen Kooperationsmodell, da der Gesetzgeber gerade verhindern wollte, dass jeder Kleinstbetrieb eine eigenständige Biogasanlage unterhält. Insoweit besteht allerdings keinerlei Grund für eine Differenzierung zwischen bloßer Zulieferung und gesellschaftsrechtlicher Beteiligung, da beide Modelle geeignet sind, die beabsichtigte Emissionseinsparung herbeizuführen.[439]

III. Bewertung anhand der Eigenschaft als Eigentums- oder Pachtfläche

Als für einen überwiegenden Biomasseeintrag relevant ist der überwiegenden Literaturmeinung folgend diejenige Biomasse einzustufen, die auf im Eigentum

---

436 BVerwG, Urt. v. 11.12.2008, 7 C 6/08, NVwZ 2009, 585 (587).
437 Krautzberger, in: Battis/Krautzberger/Löhr, BauGB, § 35 Rn. 38; Söfker, in: Ernst/Zinkahn/Bielenberg/Krautzberger, BauGB, Band II, § 35 Rn. 59 d; Lampe, NuR 2006, 152 (154); Hentschke/Urbisch, AUR 2005, 41 (44); Kühne, Die Änderung der Außenbereichsvorschrift des § 35 BauGB durch das Europarechtsanpassungsgesetz Bau, S. 154; Peine/Knopp/Radcke, Das Recht der Errichtung von Biogasanlagen, S. 124; ebenso die Verwaltungspraxis, vgl. Auslegungshinweise der Fachkommission Städtebau vom 22.03.2006, S. 3.
438 Peine/Knopp/Radcke, Das Recht der Errichtung von Biogasanlagen, S. 124; dies andeutend ebenso Hentschke/Urbisch, AUR 2005, 41 (44).
439 Hentschke/Urbisch, AUR 2005, 41 (44); Kühne, Die Änderung der Außenbereichsvorschrift des § 35 BauGB durch das Europarechtsanpassungsgesetz Bau, S. 154.

des Zulieferers stehenden Nutzflächen produziert wird. Für Pachtflächen soll diese Einschätzung ebenso gelten, da der gesetzliche Wortlaut nicht zwischen im Eigentum stehenden und gepachteten Flächen differenzieren würde. Diese Unterscheidung sei vielmehr ausschließlich für die grundsätzliche Einstufung als privilegierter Betriebstypus relevant.[440] Der Gegenansicht folgend lege das Merkmal „aus dem Betrieb" eine ausschließliche Relevanz derartiger Biomasse fest, die aus einer betriebstypischen Nutzung herrührt.[441] Ausschließlich die letztere Ansicht erfasst die sich aus dem gesetzlichen Tatbestandsmerkmal „stammt [...] aus dem Betrieb [...] und aus nahe gelegenen Betrieben" ergebende Problematik zutreffend. Denn das Gesetz nimmt in keiner Weise Bezug auf die bestehenden dinglichen Eigentumsverhältnisse oder ein sonstiges Recht. Insoweit ist grundsätzlich auch der erstgenannten Ansicht Recht zu geben.

Aus dem Fehlen einer derartigen Differenzierung kann allerdings nicht umgekehrt der Schluss gezogen werden, sämtliche Pacht- und Eigentumsflächen würden relevante Betriebsflächen darstellen. Zutreffend ist vielmehr die Einordnung als relevante Betriebsfläche unabhängig von deren rechtlichen Beurteilung vorzunehmen. Denn ein betriebsspezifischer Bezug lässt sich selbst im Fall der Einordnung der Fläche als Eigentum des Landwirts nicht sicher bestimmen. Dies wird beispielsweise im Fall eines Biogasanlagenbetreibers deutlich, der eigene Flächen von einem externen Betrieb zum Zwecke der Rohstoffproduktion bewirtschaften lässt. Denn in diesem Fall kann die Frage des „Betriebs" und diejenige des Eigentums nicht zwingend gleichlaufend beurteilt werden. Vielmehr kann an dieser Stelle nicht der Betrieb des Anlagenbetreibers, sondern nur der externe Betrieb, der die tatsächliche Bodenbewirtschaftung vornimmt, für die Herkunft der Biomasse relevant werden.[442]

Entscheidend für diese Beurteilung ist somit nicht, ob die Biomasse von den Flächen des Betriebes herrührt, sondern ob sie „aus dem Betrieb" „stammt".[443]

---

440 Mantler, BauR 2007, 50 (60); Kruschinski, Biogasanlagen als Rechtsproblem, S. 102; diese Ansicht darstellend Kühne, Die Änderung der Außenbereichsvorschrift des § 35 BauGB durch das Europarechtsanpassungsgesetz Bau, S. 158/159; Berkemann/Halama, Erstkommentierung zum BauGB 2004, S. 417; vgl. bzgl. der Relevanz des Verhältnisses von Pacht- zu Eigentumsflächen im Fall landwirtschaftlicher Betriebe Kapitel 3 A. I..
441 Peine/Knopp/Radcke, Das Recht der Errichtung von Biogasanlagen, S. 126; Kraus, UPR 2008, 218 (220).
442 So wohl Lampe, NuR 2006, 152 (154), die von Dritten bezogene Biomasse selbst dann als nicht zum Betrieb gehörend betrachtet, wenn es sich um Pächter handelt.
443 Kruschinski, Biogasanlagen als Rechtsproblem, S. 102 erkennt diese Problematik, verortet diese allerdings ausschließlich im Bereich der Zulässigkeit sogenannter Scheinzulieferbetriebe. Hierzu sei auf die Ausführungen in Kapitel 5 A.IV. verwiesen.

Insoweit ist exemplarisch auf den „landwirtschaftlichen Betrieb" im Sinne des § 35 Abs. 1 Nr. 1 BauGB abzustellen. Dieser Begriff setzt zwingend „eine spezifische betriebliche Organisation, die neben den Betriebsmitteln und menschlichem Arbeitseinsatz auch den für die Landwirtschaft wichtigen Bezug zur Bodenertragsnutzung hat", voraus.[444] Das Merkmal „aus dem Betrieb" stellt demnach zwingend auf ein Erwirtschaften der Rohstoffe in Form unmittelbarer Bodenertragsnutzung ab.[445] Auf welchen Flächen eine derartige stattfindet ist im Rahmen dieses Tatbestandsmerkmals jedoch irrelevant. Hätte der Gesetzgeber auf die dinglichen Grundstücksverhältnisse abstellen wollen, so hätte er als Anknüpfungspunkt für die Herkunft der Biomasse nicht den „Betrieb" festgelegt, sondern auf die betriebsspezifischen Erzeugungsflächen abgestellt.[446] Die Herkunft der Biomasse von im Eigentum stehenden oder gepachteten Flächen des nahe gelegenen Betriebes ist demnach nicht zwingend gleichbedeutend mit der Einstufung als Biomasse aus nahe gelegenen Betrieben. Allerdings kann eine entsprechende Einordnung regelmäßig auch eine Herkunft der Biomasse aus dem Betrieb indizieren.

IV. Relevanz sogenannter Scheinzulieferbetriebe

Fraglich ist weiterhin die Relevanz sogenannter Scheinzulieferbetriebe für die überwiegende Herkunft der Biomasse. Es handelt sich hierbei um Konstellationen, in welchen auf entfernt gelegenen Hofstellen angebaute Biomasse durch den Inhaber eines nahe zur Biogasanlage gelegenen Betriebes aufgekauft und in die Anlage eingebracht werden.[447] Hentschke/Urbisch folgend sei es dabei unabhängig von der Situierung der Produktionsflächen allein ausschlaggebend, dass die Biomasse „in irgendeiner Art und Weise vor der Anlieferung als Gärsubstrat den Betrieb passiert haben muss".[448] Hierzu bestehenden Bedenken hinsichtlich der Eröffnung von

---

444 Söfker, in: Ernst/Zinkahn/Bielenberg/Krautzberger, Band II, § 35 Rn. 29.
445 So auch Mantler, BauR 2007, 50 (60); in anderem Kontext auch Kruschinski, Biogasanlagen als Rechtsproblem, S. 102.
446 Vgl. hierzu auch Kruschinski, Biogasanlagen als Rechtsproblem, S. 104, die anlässlich der Problematik von im Innenbereich situierten Hofstellen eine entsprechende Klarstellung im Gesetzeswortlaut fordert; vgl. hierzu auch Kapitel 5 A.I..
447 Vgl. zum Begriff des „Scheinzulieferbetriebes" Hentschke/Urbisch, AUR 2005, 41 (44); Kruschinski, Biogasanlagen als Rechtsproblem, S. 102; Peine/Knopp/Radcke, Das Recht der Errichtung von Biogasanlagen, S. 125; Kühne, Die Änderung der Außenbereichsvorschrift des § 35 BauGB durch das Europarechtsanpassungsgesetz Bau, S. 158.
448 Hentschke/Urbisch, AUR 2005, 41 (44).

Umgehungsmöglichkeiten sei durch eine restriktive Auslegung des funktionalen Zusammenhangs im Sinne des § 35 Abs. 1 Nr. 6 a BauGB zu begegnen.[449] An dieser Rechtsansicht wird berechtigte Kritik geübt, da hierdurch einer faktischen Unterwanderung des Außenbereichsschutzes weitreichende Möglichkeiten eingeräumt würden.[450] Insbesondere würde ein derartiges Normverständnis Sinn und Zweck der Regelung zuwiderlaufen, da die Vorschrift durch das Einschieben eines Zwischenhändlers leicht umgangen werden könnte und somit das Ziel der Vermeidung überregionaler Biomassetransporte gefährdet sei.[451] Weiterhin würde der Verweis auf die weitere Restriktion des § 35 Abs. 1 Nr. 6 a BauGB übersehen, dass der insoweit erforderliche funktionale Zusammenhang nur hinsichtlich des Basisbetriebes, nicht aber für die Zulieferbetriebe Wirkung entfaltet.[452] Auch bestünde für eine derartige Auslegung keinerlei Anhaltspunkt im Wortlaut der Norm. Vielmehr setze das Merkmal „aus dem Betrieb" eine unmittelbare Bodenertragsnutzung oder eine gartenbauliche Erzeugung voraus. Eine derartige Beurteilung müsse allerdings im Fall des als gewerbliche Tätigkeit einzustufenden Zukaufs von Fremdbiomasse bereits ausscheiden.[453] Dieser Einschätzung ist zwar grundsätzlich die Einstufung der ebenfalls von der Kooperationsmöglichkeit des § 35 Abs. 1 Nr. 6 b BauGB erfassten Massentierhaltung als gewerbliche Tätigkeit[454] entgegen zu halten, eine anderslautende Beurteilung von Fremdbiomasse scheitert allerdings, wie richtig ausgeführt, am eindeutigen Wortlaut und dessen Abstellen auf den jeweiligen Betrieb. Denn Bezug nehmend auf die Ausführungen

---

449 Hentschke/Urbisch, AUR 2005, 41 (44); diese Rechtsansicht aufgreifend Peine/Knopp/Radcke, Das Recht der Errichtung von Biogasanlagen, S. 125, sowie Kühne, Die Änderung der Außenbereichsvorschrift des § 35 BauGB durch das Europarechtsanpassungsgesetz Bau, S. 158.
450 Lampe, NuR 2006, 152 (154).
451 Kruschinski, Biogasanlagen als Rechtsproblem, S. 103.
452 Peine/Knopp/Radcke, Das Recht der Errichtung von Biogasanlagen, S. 126; a. A. Kruschinski, Biogasanlagen als Rechtsproblem, S. 98/99, wonach auch in Bezug auf Kooperationsbetriebe ein funktionaler Zusammenhang gegeben sein müsse.
453 Mantler, BauR 2007, 50 (60); Kruschinski, Biogasanlagen als Rechtsproblem, S. 102; Lampe sieht weiterhin aufgrund der eingeschränkten Transportfähigkeit des Rohmaterials für eine derart weite Auslegung regelmäßig keinen praktischen Anwendungsbereich eröffnet, vgl. Lampe, NuR 2006, 152 (154); siehe auch Mantler, BauR 2007, 50 (61); insoweit wird weiterhin angeführt, der Gesetzgeber hätte im Fall einer derartigen Regelungsabsicht die Formulierung „wird [...] überwiegend aus diesem und aus nahe gelegenen Betrieben [...] geliefert" verwendet, vgl. Kruschinski, Biogasanlagen als Rechtsproblem, S. 103.
454 Vgl. zur Einstufung von Betrieben der Massentierhaltung als Gewerbebetrieb Jäde, in: Jäde/Dirnberger/Weiss, BauGB, § 35 Rn. 72.

unter Kapitel 5 A.III. setzt ein Herrühren „aus dem Betrieb" zwingend eine Produktion der Rohstoffe am maßgeblichen Standort voraus.[455] Da eine derartige Qualifikation im Fall von Fremdbiomasse nicht möglich ist, kann diese ausschließlich im Rahmen des Anteils von 49,99 % Restbiomasse privilegierungsunschädlich verwertet werden.[456] In dieser Form findet die Regelung auch Anwendung in der allgemeinen Verwaltungspraxis.[457]

B. Bedeutung des Merkmals „überwiegend"

Das Merkmal „überwiegend" ist dahingehend zu interpretieren, dass mehr als 50 % der eingesetzten Biomasse aus dem Basisbetrieb oder aus den aufgezeigten nahe gelegenen Betrieben stammen müssen.[458] Der Terminus „überwiegend" entspricht dabei der für landwirtschaftliche Betriebe im Sinne des § 35 Abs. 1 Nr. 1 BauGB anerkannten Voraussetzung der „überwiegend eigenen Futtergrundlage".[459]

I. Umfang des Mindestbeitrages des Basisbetriebs

Wie die Formulierung „aus diesem und aus nahe gelegenen Betrieben" verdeutlicht, ist es auch im Fall landwirtschaftlicher Kooperationen erforderlich, dass ein Minimum an Biomasse aus dem Basisbetrieb selbst herrührt. Es ist daher nicht ausreichend, wenn der Basisbetrieb ausschließlich die Flächen zur Errichtung der Anlage stellt und die Rohstoffversorgung durch nahe gelegene Betriebe sichergestellt ist.[460] Allerdings besteht keinerlei Vorgabe eines Mindestbeitrags des Basisbetriebs, sodass selbst ein eigentlich zu vernachlässigender Minimaleintrag

---

455 So auch: Peine/Knopp/Radcke, Das Recht der Errichtung von Biogasanlagen, S. 126; Kraus, UPR 2008, 218 (220); Kruschinski, Biogasanlagen als Rechtsproblem, S. 102.
456 Kruschinski, Biogasanlagen als Rechtsproblem, S. 102.
457 Peine/Knopp/Radcke, Das Recht der Errichtung von Biogasanlagen, S. 126.
458 So einhellig sämtliche Literaturstimmen, bestätigt durch BVerwG, Urt. v. 11.12.2008, 7 C 6/08, NVwZ 2009, 585 (586).
459 Söfker, in: Ernst/Zinkahn/Bielenberg/Krautzberger, BauGB, Band II, § 35 Rn. 59 d; vgl. hierzu weiterführend die Ausführungen in Kapitel 3 B.II.4.b).(C)..
460 Krautzberger, in: Battis/Krautzberger/Löhr, BauGB, § 35 Rn. 38 d; Bracher, in: Gelzer/Bracher/Reidt, Bauplanungsrecht, Rn. 2143; Kühne, Die Änderung der Außenbereichsvorschrift des § 35 BauGB durch das Europarechtsanpassungsgesetz Bau, S. 153; Auslegungshinweise der Fachkommission Städtebau vom 22.3.2006, S. 3; a. A. Röhnert, Informationen zur Raumentwicklung 2006, 67 (73).

an Biomasse für eine Beurteilung als privilegiertes Vorhaben ausreicht. Teilweise wird hierzu vertreten, dass der Beitrag des Basisbetriebs „im Rahmen einer Gesamtbetrachtung eine gewisse, nicht gänzlich unbedeutende Menge ausmachen müsse", da die gesetzliche Regelung ansonsten als bloße Förmelei zu betrachten sei.[461] Dem ist allerdings aus Gründen der Praktikabilität und dem insoweit unergiebigen Gesetzeswortlaut entgegenzutreten. Dieser fordert gerade nur formell eine Beteiligung des Basisbetriebs. Eine zahlenmäßige Festlegung hat der Gesetzgeber ausdrücklich nur für die Kooperation aus nahe gelegenen Betrieben und dem Basisbetrieb beabsichtigt. Außerdem wird dem Basisbetrieb das Glaubhaftmachen des entsprechenden Anteils stets unschwer möglich sein, da allein aufgrund der Einstufung als privilegierter Betrieb im Sinne der Nummern 1, 2 oder 4 des § 35 Abs. 1 BauGB von einer grundsätzlichen Geeignetheit zur Biomasseproduktion auszugehen ist.

II. Festlegung der entscheidungserheblichen Maßzahl

Zudem stellt sich die Frage, anhand welcher Maßzahl das Erreichen der 50-Prozent-Marke zu bestimmen ist. Grundsätzlich könnten hierfür der Energiegehalt, das Volumen bzw. das Gewicht der eingebrachten Biomasse herangezogen werden.[462] Hierzu wird vertreten, es sei gegenläufig zur Beurteilung von tatsächlich vermengter Biomasse zum Nachweis des Überwiegens der Biomasse aus nahe gelegenen Betrieben ein Abstellen auf die Menge bzw. das Volumen des Rohstoffeintrags erforderlich.[463] Kruschinski folgend ergebe sich eine derartige Herangehensweise bereits aus dem Wortlaut, da lediglich der Begriff Biomasse und nicht eine konkretere Bezeichnung verwendet würde. Aus systematischer Sicht wird angeführt, das Baugesetzbuch sei keine energierechtliche Gesetzesmaterie wie beispielsweise das Erneuerbare-Energien-Gesetz. Nur in einem derartigen Regelungskontext würde allerdings ein Abstellen auf den Energiegehalt überhaupt sinnhaft erscheinen.[464]

Diese Einschätzung entspricht dem Normzweck. Denn die überwiegende Beschränkung auf Biomasse aus nahe gelegenen Betrieben dient der Vermeidung

---

461 Kruschinski, Biogasanlagen als Rechtsproblem, S. 101.
462 Kruschinski, Biogasanlagen als Rechtsproblem, S. 101.
463 Kühne, Die Änderung der Außenbereichsvorschrift des § 35 BauGB durch das Europarechtsanpassungsgesetz Bau, S. 151; Kruschinski, Biogasanlagen als Rechtsproblem, S. 101.
464 Kruschinski, Biogasanlagen als Rechtsproblem, S. 101.

überregionaler Biomassetransporte und somit der Außenbereichsschonung.[465] Auf den Umfang des den Außenbereich beeinträchtigenden Transportbedarfs hat der Energiegehalt aufgrund dessen starker Variation zwischen den unterschiedlichen Arten an Rohstoffpflanzen nur einen mittelbaren Einfluss. Das Volumen und das Gewicht der Biomasse bestimmen jedoch aufgrund der insoweit bestehenden Beschränkungen hinsichtlich der vorhandenen Ladefläche und der maximal zulässigen Ladung unmittelbar den Umfang der Außenbereichsbelastung durch logistische Maßnahmen. Problematisch ist im Fall einer derartigen Bestimmung lediglich ein mögliches Differieren nach dem jeweiligen Trocknungsgrad zu bewerten. Diese Problematik besteht im Fall des Abstellens auf den jeweiligen Energiegehalt allerdings identisch, da auch dieser in Abhängigkeit von Gärtemperatur und Gärzeit stark variieren kann.[466] Dieses Problem kann im Fall von Volumen oder Gewicht durch das Festlegen eines einheitlichen Bestimmungszeitpunktes umgangen werden. Beispielsweise könnte hierzu ausschließlich die Trockenmasse als ausschlaggebende Maßzahl festgelegt werden.[467] Im Ergebnis kann somit wahlweise auf das Volumen oder das Gewicht der eingesetzten Biomasse abgestellt werden. Entscheidend ist hierbei letztendlich, dass der Beurteilung ein einheitlicher Maßstab zugrunde liegt.[468]

Ähnlich problematisch gestaltet sich die Bewertung sogenannter Mischbiomasse. Im Gegensatz zur eben aufgezeigten Konstellation handelt es sich hierbei um die Vermengung eigener und zugekaufter bzw. nicht aus dem privilegierten Betrieb herrührender Biomasse auf Ebene des Zulieferbetriebes.[469] Erstaunlicherweise bewerten die bestehenden Literaturstimmen diese Interessenlage konträr zur oben aufgezeigten Problematik. So könne diese Konstellation nicht anhand des Biomassevolumens, sondern nur anhand des Energieertrages bewertet werden.[470] Berkemann begründet dies pauschal mit dem Argument, eine andere Berechnung sei in Anbetracht des beabsichtigten Verhinderns eines überwiegenden Anteils an Fremdbiomasse nicht sinnvoll.[471] Hintergrund dieser Rechtsansicht mag gewesen

---

465 Bundesregierung, Entwurf eines Gesetzes zur Anpassung des Baugesetzbuchs an EU-Richtlinien, BT-Drs. 15/2250, S. 55.
466 Kruschinski, Biogasanlagen als Rechtsproblem, S. 102.
467 Diese Möglichkeit grundsätzlich erkennend Röhnert, Informationen zur Raumentwicklung 2006, 67 (73).
468 Röhnert, Informationen zur Raumentwicklung 2006, 67 (73).
469 Berkemann/Halama, Erstkommentierung zum BauGB 2004, S. 420.
470 Berkemann/Halama, Erstkommentierung zum BauGB 2004, S. 420; Bracher, in: Gelzer/Bracher/Reidt, Bauplanungsrecht, Rn. 2143; Kühne, Die Änderung der Außenbereichsvorschrift des § 35 BauGB durch das Europarechtsanpassungsgesetz Bau, S. 151.
471 Berkemann/Halama, Erstkommentierung zum BauGB 2004, S. 420.

sein, eine Umgehung des gesetzlichen Tatbestandes durch „Scheinzulieferungen" zu verhindern. Denkbar wäre insoweit eine Vorgehensweise, in welcher äußerst ertragreiche Biomasse mit sehr voluminöser aber ertragsarmer Biomasse vermengt und somit eine Verschiebung des zulässigen Rahmens der Zulieferung erreicht werden könnte. Wie bereits zur generellen Bewertung des Fremdbiomasseanteils ausgeführt, findet eine derartige Auslegung allerdings keinerlei Stütze im gesetzlichen Wortlaut. Zudem fehlt es dem Energieertrag im Gegensatz zu Volumen und Gewicht an der unmittelbaren Außenbereichsrelevanz. Ein derartiges Ausweiten der Restriktion ist daher juristisch nicht zu rechtfertigen. Zur Beurteilung des Eigenanteils an der gemischten Biomasse ist daher im aufgezeigten Umfang auf das Volumen oder das Gewicht der Biomasse abzustellen. Weiterhin ist festzuhalten, dass der Anteil, mit dem sich die jeweiligen Zulieferbetriebe an der überwiegenden Belieferung beteiligen, selbstverständlich zwischen den einzelnen Betrieben variieren kann.[472] Ein hierdurch gegebenenfalls zu erreichendes Abschwächen der Restriktion[473] verhält sich im gesetzlichen Rahmen und ist daher als rechtlich unbedenklich einzustufen.

C. „Aus nahe gelegenen Betrieben"

In Form der Einschränkung von Kooperationsbetrieben auf überwiegende Biomasseverwertung „aus nahe gelegen Betrieben" sollte trotz der Ausdehnung auf räumlich vom Basisbetrieb getrennte Betriebe eine örtliche Bindung an diesen erreicht werden.[474] Bezüglich des für diese Beurteilung maßgeblichen Bezugspunktes herrschte lange Unsicherheit, da sowohl die jeweiligen Betriebsgebäude als auch die betroffenen Wirtschaftsflächen hierzu grundsätzlich in Frage kommen.[475] Teilweise wurde an dieser Stelle vertreten, es sei die Distanz zwischen den jeweiligen Betriebsgebäuden ausschlaggebend.[476] Das Bundesverwaltungsgericht

---

472 Dies problematisierend Berkemann/Halama, Erstkommentierung zum BauGB 2004, S. 420; Schmidt-Eichstaedt, ZfBR 2005, 751 (759); Kühne, Die Änderung der Außenbereichsvorschrift des § 35 BauGB durch das Europarechtsanpassungsgesetz Bau, S. 151/152.
473 So Berkemann/Halama, Erstkommentierung zum BauGB 2004, S. 420.
474 Kühne, Die Änderung der Außenbereichsvorschrift des § 35 BauGB durch das Europarechtsanpassungsgesetz Bau, S. 155.
475 Vgl. insoweit Bracher, in: Gelzer/Bracher/Reidt, Bauplanungsrecht, Rn. 2143.
476 Kruschinski, Biogasanlagen als Rechtsproblem, S. 105; Diese Einschätzung der Ansicht von Bracher, in: Gelzer/Bracher/Reidt, Bauplanungsrecht, Rn. 2143 rührt allerdings aus deren ungenauen Betrachtung. Denn Bracher differenziert an dieser Stelle nach der betroffenen Betriebsart und sieht im Fall eines landwirtschaftlichen Betriebs die Produktionsflächen als maßgeblichen Anknüpfungspunkt.

hat diese Frage allerdings nunmehr im Urteil vom 11.12.2008 endgültig geklärt. Demnach ist aufgrund der gesetzgeberischen Zielsetzung, überregionale Biomassetransporte zu vermeiden, nicht auf die Lage der Hofstellen der Kooperationsbetriebe, sondern auf die jeweils maßgeblichen landwirtschaftlichen Produktionsflächen abzustellen.[477]

Aufgrund der unbestimmten Tatbestandsformulierung ist zudem deren Umfang und vor allem das maßgebliche Bemessungskriterium in der Literatur äußerst umstritten. Hierzu wird vertreten, ein Abstellen auf die benötigte Fahrzeit könne aufgrund bestehender individueller Unterschiede in Bezug auf Fahrzeugtyp, Fahrverhalten und Geländebeschaffenheit nicht zu gerechten Ergebnissen führen.[478] Einer derartigen Abgrenzung widerspricht im Übrigen auch der gesetzliche Wortlaut. Dieser stellt auf die Erforderlichkeit einer gewissen räumlichen Nähe ab. Eine derartige kann aber ausschließlich über eine räumliche Entfernungsangabe in hierfür geeigneten Maßzahlen, wie beispielsweise Meter oder Kilometer festgelegt werden. Aus diesem Grund ist auch ein Abstellen auf die Grenzen kommunaler Gebietskörperschaften als Abgrenzungskriterium abzulehnen. Im Übrigen gründet diese Ansicht ausschließlich auf der politischen Absicht „überregionale Transporte verhindern zu wollen".[479] Diesem Hintergrund fehlt es allerdings an einem unmittelbaren Bezug zur Auslegung des Kriteriums „nahe gelegen". Dies ergibt sich bereits aus der Unmöglichkeit der Gleichsetzung der Begriffe „Gemeindegebiet" und „Region". Zudem wäre eine derartige Abgrenzung aufgrund fehlender Kontinuität des Gebietscharakter von einer allgemeinen Ungeeignetheit geprägt.[480] Im Ergebnis ist somit auf die Entfernung als maßgebliches Bemessungskriterium abzustellen. Allerdings besteht in der Literatur weitgehend Einigkeit darüber, dass eine pauschale Entfernungsangabe nicht mit den gesetzlichen Vorgaben konform gehen könne. Vielmehr sei anhand der konkreten Umstände des jeweiligen Einzelfalls eine Beurteilung des Näheverhältnisses vorzunehmen.[481] Als Kriterien kämen für diese

---

477 BVerwG, Urt. v. 11.12.2008, 7 C 6/08, NVwZ 2009, 585 (587).
478 Kruschinski, Biogasanlagen als Rechtsproblem, S. 104; Berkemann sieht jedenfalls in dem Fall, dass die Fahrzeit über 30 Minuten beträgt, diese als taugliches Ausschluss- und somit Abgrenzungskriterium, vgl. Berkemann/Halama, Erstkommentierung zum BauGB 2004, S. 418; vgl. hierzu auch Schmidt-Eichstaedt, ZfBR 2005, 751 (759).
479 Rhönert, Informationen zur Raumentwicklung 2006, 67 (73).
480 Im Ergebnis so auch Rhönert, Informationen zur Raumentwicklung 2006, 67 (73); ebenso Kruschinski, Biogasanlagen als Rechtsproblem, S. 105.
481 Mantler, BauR 2007, 50 (61); Loibl/Rechel, UPR 2008, 134 (138); Kraus, UPR 2008, 218 (220); Peine/Knopp/Radcke, Das Recht der Errichtung von Biogasanlagen, S. 126; Kühne, Die Änderung der Außenbereichsvorschrift des § 35 BauGB durch das Europarechtsanpassungsgesetz Bau, S. 157; Bracher, in: Gelzer/Bracher/Reidt,

Einzelfallabwägung die Größe der Anlage sowie die allgemeine Standortdichte in Frage. Je größer die Anlage und der Abstand zwischen den einzelnen Anlagen sei, desto weiter sei auch der Maßstab im Hinblick auf das erforderliche Näheverhältnis anzulegen.[482] Grundsätzlich könne auf typischerweise im Fall der Verflechtung landwirtschaftlicher Betriebe bestehende Entfernungen zurückgegriffen werden, wobei weiterhin siedlungsstrukturelle und betriebliche Besonderheiten zu berücksichtigen seien.[483] Hinsch folgend soll weitergehend darauf abzustellen sein, ob die Substratanlieferung in Anbetracht der jeweiligen Betriebsstruktur als normale Bewirtschaftung oder als hierüber hinausgehende Transportleistung einzustufen ist.[484] Insgesamt sei die Restriktion des Merkmals „nahe gelegen" aufgrund der gesetzgeberischen Zwecksetzung, eine Steigerung der Energieerzeugung aus Biomasse herbeizuführen, eher großzügig auszulegen.[485] Dennoch als zu weitgehend ist allerdings die These einzustufen, es sei lediglich erforderlich, dass sich der Transport der Biomasse generell aus wirtschaftlichen Gründen anbieten müsse.[486] Diese Einschätzung wäre gleichbedeutend mit einem völligen Leerlauf des Kriteriums „nahe gelegen", da sich die wirtschaftliche Rentabilität eines Vorhabens ohnehin stets als faktische Grenze eines wirtschaftlich orientierten Handelns darstellt.

Im Rahmen des Urteils vom 11.12.2008 hat das Bundesverwaltungsgericht nunmehr auch zu dieser Problematik Stellung bezogen. Demnach sind Betriebsflächen dann als „nahe gelegen" einzustufen, wenn diese „nicht weiter als 15 bis 20 km von der Biogasanlage entfernt sind". Dies gelte allerdings nur „vorbehaltlich siedlungsstruktureller oder betriebsspezifischer Besonderheiten des Einzelfalls"[487]. Entgegen der herrschenden Literaturmeinung hat sich das Bundesverwaltungsgericht somit auf eine konkrete Entfernungsangabe festgelegt. Wie die Formulierung „15 bis 20 km" zeigt, handelt es sich hierbei allerdings nicht um eine starre Begrenzung. Für die Beurteilung in der Praxis ist das Urteil dahingehend zu

---

Bauplanungsrecht, Rn. 2143; Dürr, in: Brügelmann, BauGB (Stand Feburar 2011), Band 3, § 35 Rn. 63; Kruschinski, Biogasanlagen als Rechtsproblem, S. 104; im Ergebnis so auch Söfker, in: Ernst/Zinkahn/Bielenberg/Krautzberger, BauGB, Band II, § 35 Rn. 59 d; so auch die Auslegungshinweise der Fachkommission Städtebau vom 22.03.2006, S. 3.
482 Hentschke/Urbisch, AUR 2005, 41 (44); Kühne, Die Änderung der Außenbereichsvorschrift des § 35 BauGB durch das Europarechtsanpassungsgesetz Bau, S. 155.
483 Auslegungshinweise der Fachkommission Städtebau vom 22.3.2006, S. 3; Mantler, BauR 2007, 50 (61); Krautzberger, in: Battis/Krautzberger/Löhr, BauGB, §35 Rn.38 e.
484 Hinsch, ZUR 2007, 401 (404).
485 Dürr, in: Brügelmann, BauGB (Stand Juli 2011), Band 3, § 35 Rn. 63.
486 Jäde, in: Jäde/Dirnberger/Weiss, BauGB, § 35 Rn. 84.
487 BVerwG, Urt. v. 11.12.2008, 7 C 6/08, NVwZ 2009, 585 (587).

interpretieren, dass im Fall einer Distanz von unter 15 km regelmäßig ohne weitere Prüfung vom Vorliegen des erforderlichen Näheverhältnis auszugehen sein wird. Abweichungen hiervon sind ausschließlich im Fall erheblicher siedlungsstruktureller oder betriebsspezifischer Abweichungen vom typischen Betriebsbild möglich. Liegt eine Entfernung zwischen 15 und 20 km vor, so bedarf es einer Einzelfallprüfung anhand der aufgezeigten Kriterien. Im Fall größerer Entfernungen ist regelmäßig von einer negativen Beurteilung auszugehen. Abweichungen hiervon können sich wiederum aufgrund siedlungsstruktureller oder betriebsspezifischer Besonderheiten ergeben, die allerdings umso unwahrscheinlicher eingestuft werden müssen, je weiter die Höchstgrenze von 20 km überschritten ist.

D. Anforderungen an die Glaubhaftmachung im behördlichen Genehmigungsverfahren

Hinsichtlich der Glaubhaftmachung im behördlichen Genehmigungsverfahren wurde von den überwiegenden Literaturstimmen einschließlich der obergerichtlichen Rechtsprechung angenommen, es sei von den Verwaltungsbehörden im Zeitpunkt der Genehmigung eine Prognose hinsichtlich der Herkunft der Biomasse für die voraussichtliche Betriebsdauer zu treffen.[488] Diese Einschätzung wurde durch das Bundesverwaltungsgericht widerlegt. Dieses schließt zur Beurteilung des § 35 Abs. 1 Nr. 6 b BauGB eine verwaltungsbehördliche Prognoseentscheidung aus. Begründet wird dies mit dem Wesen einer baurechtlichen Genehmigung, da im Bau- und Fachplanungsrecht nur dann ein „Prognosefreiraum" in Erwägung zu ziehen sei, wenn grundsätzlich ein Planungsermessen oder ein Beurteilungsspielraum bestünde. Im Fall einer baurechtlichen Genehmigung handele es sich aber um eine gebundene Entscheidung, sodass ein Prognosespielraum zwingend ausscheiden müsse. Weiterhin sei ein derartiger Entscheidungsumfang nicht mit dem Grundsatz größtmöglicher Außenbereichsschonung zu vereinen, da der Außenbereich generell nicht für „kurzfristige, nicht abgesicherte Tätigkeiten in Anspruch genommen" werden dürfe. Vielmehr müssten sich sämtliche potenziell nach

---

488 OVG Rheinland-Pfalz, Urt. v. 22.11.2007, 1 A 10253/07, BauR 2008, 794 (794); Söfker, in: Ernst/Zinkahn/Bielenberg/Krautzberger, BauGB, Band II, § 35 Rn. 59 d (Stand vor Januar 2012); Kruschinski, Biogasanlagen als Rechtsproblem, S. 100; vgl. hierzu allgemein Kühne, Die Änderung der Außenbereichsvorschrift des § 35 BauGB durch das Europarechtsanpassungsgesetz Bau, S. 152; Die Auslegungshinweise der Fachkommission Städtebau vom 22.3.2006, S. 3, sowie Krautzberger, in: Battis/Krautzberger/Löhr, BauGB, § 35 Rn. 38 d fordern hingegen eine Glaubhaftmachung des Vorliegens der Voraussetzungen.

§ 35 Abs. 1 BauGB privilegierte Vorhaben an den Grundsätzen der Nachhaltigkeit und Dauerhaftigkeit messen lassen.[489]

Zum Nachweis dieser Voraussetzungen soll durch die Verwaltungsbehörden ausweislich des Bundesverwaltungsgerichts in der Regel eine Prüfung der bestehenden Kooperationsverträge vorgenommen werden. Enthalten diese kurze oder nur jährliche Laufzeiten, so könne dies regelmäßig als Indiz gegen die Dauerhaftigkeit des Vorhabens gewertet werden. Gleichbedeutend sei das Fehlen einer Preisgestaltung einzustufen, außer dies entspreche ausnahmsweise dem typischen Geschäftsverkehr in vergleichbaren landwirtschaftlichen Betrieben.[490] Nicht beantwortet bleibt allerdings die Frage, ab wann Vertragslaufzeiten als ausreichend einzustufen sind. Hierzu ist klarstellend festzuhalten, dass jedenfalls dann von einer Dauerhaftigkeit auszugehen ist, wenn die Versorgung zumindest für die Finanzierungsperiode der Anlagenerrichtung gesichert ist.[491] Hinsichtlich einer weitergehenden Absicherung wird vertreten, eine Sicherstellung des Istzustandes könnte beispielsweise durch Auflagen im Rahmen der baurechtlichen Genehmigung erfolgen, wonach der Anlagenbetreiber beispielsweise zur Anzeige jedweder Änderung der Kooperationsverträge verpflichtet werden könnte.[492]

E. Abweichungen zwischen rechtlichen Vorgaben und Verwaltungspraxis

Eine nachweisbare Verwaltungspraxis existiert hinsichtlich des Erfordernisses einer Mitbetreibereigenschaft im Fall von Kooperationsbetrieben. Eine derartige ist auch nach einhelliger Ansicht der Verwaltungsbehörden nicht als Zulässigkeitsmerkmal der Biomassezulieferung einzustufen.[493] Allerdings muss ein Teil

---

489 BVerwG, Urt. v. 11.12.2008, 7 C 6/08, NVwZ 2009, 585 (587).
490 BVerwG, Urt. v. 11.12.2008, 7 C 6/08, NVwZ 2009, 585 (587); vgl. auch: Klages, Anm. zu BVerwG, Urt. v. 11.12.2008, NVwZ 2009, 585, in: AbfallR 2009, 90 (91); Birkemeyer, Anm. zu BVerwG, Urt. v. 11.12.2008, NVwZ 2009, 585, in: IBR 2009, 417 (417); Anm. zu BVerwG, Urt. v. 11.12.2008, NVwZ 2009, 585, in: JurisPR-BVerwG 7/2009 Anm. 4; Pöhlmann, Anm. zu BVerwG, Urt. v. 11.12.2008, NVwZ 2009, 585, in: Neue Energie 2009, 70 (71).
491 So Pöhlmann, Anm. zu BVerwG, Urt. v. 11.12.2008, NVwZ 2009, 585, in: Neue Energie 2009, 70 (71).
492 Kühne, Die Änderung der Außenbereichsvorschrift des § 35 BauGB durch das Europarechtsanpassungsgesetz Bau, S. 152.
493 Biogashandbuch Bayern, Kapitel 2, S. 10; Auslegungshinweise der Fachkommission Städtebau vom 22.3.2006, S. 3; Biomasseerlass Brandenburg vom 5. April 2006, ABl. für Brandenburg 2006, 354 (356); Auslegungshinweise Brandenburg November 2008, S. 13.

des Substrateintrags im Fall von Kooperationsbetrieben durch den Basisbetrieb selbst erfolgen. Bestimmte Mindestmengen werden hierfür allerdings nicht angegeben.[494] Vorgaben hinsichtlich der für eine Bemessung der überwiegenden Belieferung relevanten Bezugsgrundlage bestehen ausschließlich in den Auslegungshinweisen des Bundeslandes Brandenburg. Hiernach ist zur Bewertung der Anteile auf die jeweiligen Gewichts- oder Volumenanteile der Biomasse abzustellen, wobei lediglich die Einheitlichkeit des angewendeten Maßstabes vorgegeben wird.[495] Rechtskonform erfolgt auch die Handhabung sogenannter Scheinzulieferbetriebe durch die Verwaltungspraxis. An dieser Stelle wird zutreffend ein Herrühren der Biomasse im Sinne des § 35 Abs. 1 Nr. 6 BauGB aus dem Basisbetrieb oder den Kooperationsbetrieben selbst gefordert.[496]

Auch hinsichtlich der Unmöglichkeit der Angabe einer konkreten Entfernung zur Beurteilung des erforderlichen Näheverhältnisses wird ein einheitlicher Maßstab vorgegeben. Dieses wird in sämtlichen Bundesländern im Rahmen einer Einzelfallentscheidung, abhängig von siedlungsstrukturellen und betriebsspezifischen Besonderheiten beurteilt.[497] In Niedersachsen wird allerdings ergänzend hierzu festgelegt, dass ab einer Fahrzeit von 30 Minuten regelmäßig eine negative Beurteilung angezeigt ist.[498] In Bayern wird zudem üblicherweise ein in der Gemeinde oder einem benachbarten Gemeindegebiet liegender Kooperationsbetrieb als nahe gelegen bewertet.[499] Eine hiervon abweichende Handhabe fällt in Nordrhein-Westfalen auf. Hier soll stets eine negative Beurteilung erfolgen, wenn der Zulieferbetrieb nicht derart situiert ist.[500] Hierzu ist festzustellen, dass derartige pauschale Negativkriterien nicht mit dem Gesetzeswortlaut zu vereinen sind.

---

494 Außenbereichserlass NRW vom 27.10.2006, S. 14; Auslegungshinweise Brandenburg November 2008, S. 13.
495 Auslegungshinweise Brandenburg November 2008, S. 14.
496 Auslegungshinweise der Fachkommission Städtebau vom 22.3.2006, S. 3; Peine/Knopp/Radcke, Das Recht der Errichtung von Biogasanlagen, S. 126.
497 Auslegungshinweise der Fachkommission Städtebau vom 22.3.2006, S. 3; Biomasseerlass Brandenburg vom 5. April 2006, ABl. für Brandenburg 2006, 354 (356); Biomasseerlass Niedersachsen vom 6.12.2006, S. 4; Biogashandbuch Bayern, Kapitel 2, S. 10; Auslegungshinweise des Bayerischen Staatsministeriums des Innern vom 04.08.2005, S. 7; Außenbereichserlass NRW vom 27.10.2006, S. 14; Auslegungshinweise Brandenburg November 2008, S. 13; vgl. hierzu auch Mantler, BauR 2007, 50 (61).
498 Biomasseerlass Niedersachsen vom 6.12.2006, S. 4; Biomasseerlass Niedersachsen vom 25.01.2005, S. 5.
499 Biogashandbuch Bayern, Kapitel 2, S. 10; Auslegungshinweise des Bayerischen Staatsministeriums des Innern vom 04.08.2005, S. 7.
500 Außenbereichserlass NRW vom 27.10.2006, S. 14.

Dies erkennend verzichten die brandenburgischen Verwaltungsbehörden vollständig auf entsprechende Festlegungen.[501]

Konträr zu den wesentlichen Literaturstimmen wurde von der Verwaltungspraxis bereits vor der aufgezeigten Entscheidung des Bundesverwaltungsgerichts[502] keine Prognoseentscheidung getroffen, sondern eine Glaubhaftmachung der Nachhaltigkeit und Dauerhaftigkeit der Biomassebelieferung von entsprechenden Kooperationsbetrieben verlangt.[503] In Nordrhein-Westfalen wird insoweit regelmäßig die Vorlage von Anbau- oder Abnahmeverträgen mit einer Laufzeit von mindestens fünf Jahren gefordert.[504] Es sind daher keine direkten Widersprüche zum Urteil des Bundesverwaltungsgerichts festzustellen. Allerdings darf der Vorlage von fünfjährigen Belieferungsverträgen keine zwingende, sondern lediglich indizielle Wirkung beigemessen werde. Insbesondere kann die Dauerhaftigkeit auch über andere Aspekte belegt werden. Insoweit hat die höchstrichterliche Entscheidung auch bereits Einzug in die Verwaltungspraxis gehalten. So fordert das Bundesland Schleswig-Holstein in einem aktuellen Verwaltungserlass die „Vorlage von Verträgen, aus denen die Lage der Anbauflächen, der Umfang der anzubauenden Biomasse und die dauerhafte, mindestens aber mittelfristige Bezugsdauer (Laufzeit) hervorgehen und die eine Entgeltvereinbarung aufweisen".[505]

---

501 Auslegungshinweise Brandenburg November 2008, S. 14; vgl. auch Mantler, BauR 2007, 50 (61).
502 BVerwG, Urt. v. 11.12.2008, 7 C 6/08, NVwZ 2009, 585 (587).
503 Auslegungshinweise der Fachkommission Städtebau vom 22.3.2006, S. 3; Biogashandbuch Bayern, Kapitel 2, S. 10; Außenbereichserlass NRW vom 27.10.2006, S. 14.
504 Außenbereichserlass NRW vom 27.10.2006, S. 14.
505 Biomasseerlass Schleswig-Holstein vom 16.03.2009, S. 2.

Kapitel 6 Begrenzung der Anlagenzahl gem. § 35 Abs. 1 Nr. 6 c BauGB

§ 35 Abs. 1 Nr. 6 c BauGB legt hinsichtlich der Anzahl der betriebenen Biogasanlagen fest, dass „je Hofstelle oder Betriebsstandort nur eine Anlage" privilegiert genehmigt werden kann. Hintergrund dieser Festlegung war die Vermeidung einer „flächenmäßigen Streuung" zahlreicher Biogasanlagen zum Schutz des Außenbereichs.[506]

A. Der Begriff der Hofstelle

Unter „Hofstelle" ist ein „Gebäudekomplex" zu verstehen, „in dem sich die Nutzungen befinden, die in dem jeweiligen landwirtschaftlichen Betrieb typischerweise in Gebäuden ausgeübt werden und die insofern den baulichen Schwerpunkt der landwirtschaftlichen Betätigung darstellen".[507] Als Anknüpfungsmerkmal der landwirtschaftlichen Betätigung muss auf den gegebenen Bestand an baulichen Anlagen zurückgegriffen werden.[508] Als relevante Gebäude kommen hierfür beispielsweise die Betriebswohnung, Ställe, Scheunen und Maschinenhallen in Betracht.[509] Zur näheren Bestimmung der erforderlichen Gebäudetypik ist auf das Begriffsverständnis des § 35 Abs. 4 S. 1 Nr. 1 e BauGB und der hierzu ergangenen Rechtsprechung abzustellen.[510] Bezug nehmend auf eine Entscheidung des Bundesverwaltungsgerichts aus dem Jahr 2006[511] ist daher für das Vorliegen einer Hofstelle das Bestehen mindestens eines Gebäudes, das dem Betriebsinhaber zu

---

506 Berkemann/Halama, Erstkommentierung zum BauGB 2004, S. 421; Kühne, Die Änderung der Außenbereichsvorschrift des § 35 BauGB durch das Europarechtsanpassungsgesetz Bau, S. 160.
507 Söfker, in: Ernst/Zinkahn/Bielenberg/Krautzberger, Band II, § 35 Rn. 59 e.
508 Sander, in: Rixner/Biedermann/Steger, BauGB/BauNVO, § 35 Rn. 49.
509 Söfker, in: Ernst/Zinkahn/Bielenberg/Krautzberger, Band II, § 35 Rn. 59 e; Kühne, Die Änderung der Außenbereichsvorschrift des § 35 BauGB durch das Europarechtsanpassungsgesetz Bau, S. 160.
510 Peine/Knopp/Radcke, Das Recht der Errichtung von Biogasanlagen, S. 127; Mantler, BauR 2007, 50 (61).
511 BVerwG, Beschl. v. 14.03.2006, 4 B 10/06, NVwZ 2006, 696 (696).

Wohnzwecken dient, zu fordern.[512] Im Widerspruch hierzu wird allerdings in Fällen, in welchen ein abgespaltener Betriebsteil gewisse Anforderungen erfüllt, dennoch das Vorliegen einer separaten Hofstelle vertreten. Als Voraussetzung hierfür wird das Vorliegen einer eigenständigen Infrastruktur gefordert, aufgrund derer eine selbstständige Bewirtschaftung möglich ist.[513]

Dieser Rechtsansicht liegt eine ungenaue Differenzierung der beiden Tatbestandsalternativen zugrunde. Denn der herrschenden Meinung folgend stellt der Begriff „Betriebsstandort" lediglich das Begriffsäquivalent zur landwirtschaftlichen Hofstelle im Fall von Forst- und Gartenbaubetrieben bzw. tierhaltenden Betrieben dar.[514] Hieraus ist zu folgern, dass in einem Fall, in dem eine Beurteilung des separaten Betriebsteils als landwirtschaftliche Hofstelle nicht möglich ist, selbst im Fall organisatorischer und wirtschaftlicher Unabhängigkeit die Zulässigkeit einer weiteren Anlage abzulehnen ist.[515] Hierfür spricht auch die gesetzgeberische Zwecksetzung der Begriffsdifferenzierung. Denn ausweislich der amtlichen Gesetzesbegründung wurde der Begriff des Betriebsstandortes aufgenommen, um im Fall eines über mehrere Betriebsstandorte verfügenden Unternehmens vermehrten Gülletransporten vorzubeugen.[516] Hintergrund der gesetzlichen Regelung müssen somit jedenfalls schwerpunkmäßig Betriebe der Massentierhaltung im Sinne des § 35 Abs.1 Nr. 4 BauGB gewesen sein, da jedenfalls der typische landwirtschaftliche Betrieb aus Praktikabilitätsgründen eine

---

512 Peine/Knopp/Radcke, Das Recht der Errichtung von Biogasanlagen, S. 127; Mantler, BauR 2007, 50 (61); Kruschinski, Biogasanlagen als Rechtsproblem, S. 106.
513 Lampe, NuR 2006, 152 (155); Hentschke/Urbisch, AUR 2005, 41 (45); Mantler, BauR 2007, 50 (61); Peine/Knopp/Radcke, Das Recht der Errichtung von Biogasanlagen, S. 127; Kruschinski, Biogasanlagen als Rechtsproblem, S. 106; Söfker, in: Ernst/Zinkahn/ Bielenberg/Krautzberger, Band II, § 35 Rn. 59e verwehrt dieser Rechtsansicht allerdings aufgrund der gegenläufigen Beschränkungen des § 35 Abs. 1 Nr. 6 c BauGB jedwede Praxisrelevanz.
514 Söfker, in: Ernst/Zinkahn/Bielenberg/Krautzberger, Band II, § 35 Rn. 59 e; Krautzberger, in: Battis/Krautzberger/Löhr, BauGB, § 35 Rn. 38; Hinsch, ZUR 2007, 401 (405); Auslegungshinweise der Fachkommission Städtebau vom 22.3.2006, S. 4; im Ergebnis so auch Dürr, in: Brügelmann, BauGB (Stand Juli 2011), Band 3, § 35 Rn. 63.
515 Im Ergebnis so auch: Söfker, in: Ernst/Zinkahn/Bielenberg/Krautzberger, Band II, § 35 Rn. 59 e; Dürr, in: Brügelmann, BauGB (Stand Juli 2011), Band 3, § 35 Rn. 63; Kraus, UPR 2008, 218 (220); a. A. wohl Kühne, Die Änderung der Außenbereichsvorschrift des § 35 BauGB durch das Europarechtsanpassungsgesetz Bau, S. 163/164, die ohne die aufgezeigten Widersprüche einem Ergebnis zuzuführen, die aufgezeigte Ausnahmeregelung darstellt.
516 Bundesrat, Stellungnahme zum Regierungsentwurf, BR-Drs. 756/03 (Beschluss), S. 21; Kraus, UPR 2008, 218 (220).

Tierhaltung in direkter räumlicher Nähe zur Hofstelle vorsehen wird.[517] Für eine derartige Zwecksetzung spricht auch die Bezeichnung als Unternehmen, die im Gegensatz zur üblichen Bezeichnung als Betrieb einen Bezug zu einer gewerblichen Betätigung vermuten lässt. Zudem wird ein anderes Auslegungsergebnis im Fall einer konsequenten Anwendung der aufgezeigten Rechtsprechung kaum vertretbar sein, da hier das Vorliegen einer Betriebswohnung als unumgängliche Tatbestandsvoraussetzung höchstrichterlich festgelegt wurde.[518]

B. Bedeutungsgehalt des Merkmals „Betriebsstandort"

Ein „Betriebsstandort" setzt einen Ort voraus, „an dem sich die Gebäude befinden, in dem die für den jeweiligen Betrieb notwendigen, auf Gebäude angewiesenen Nutzungen untergebracht sind und insofern den betrieblichen Schwerpunkt darstellen".[519] Wie bereits ausgeführt, betrifft dieses Begriffsverständnis der herrschenden Lehre folgend ausschließlich Betriebe der Forstwirtschaft, der gartenbaulichen Erzeugung und der gewerblichen Tierhaltung.[520]

C. Sonderproblem Kooperationsanlage

Durch die Begrenzung auf eine Anlage pro Hofstelle ergibt sich im Fall der besonders praxisrelevanten Konstellation landwirtschaftlicher Kooperationsanlagen eine weitere Auslegungsunsicherheit hinsichtlich der Fragestellung, ob bereits allein die Beteiligung an einer Betreibergesellschaft, deren Biogasanlage auf einer nahe gelegenen Hofstelle situiert ist, eine Anlage im Sinne des § 35 Abs. 1 Nr. 6 c BauGB darstellt und somit die Errichtung einer weiteren Anlage ausgeschlossen ist. Kruschinski folgend sei insoweit eine Gesamtbetrachtung

---

517 Kraus, UPR 2008, 218 (220).
518 Vgl. hierzu BVerwG, Beschl. v. 14.03.2006, 4 B 10/06, NVwZ 2006, 696 (696).
519 Söfker, in: Ernst/Zinkahn/Bielenberg/Krautzberger, Band II, § 35 Rn. 59 e; Kühne, Die Änderung der Außenbereichsvorschrift des § 35 BauGB durch das Europarechtsanpassungsgesetz Bau, S. 160; Kruschinski, Biogasanlagen als Rechtsproblem, S. 106. Krautzberger, in: Battis/Krautzberger/Löhr, BauGB, § 35 Rn. 38; Hinsch, ZUR 2007, 401 (405); Auslegungshinweise der Fachkommission Städtebau vom 22.3.2006, S. 4.
520 Söfker, in: Ernst/Zinkahn/Bielenberg/Krautzberger, Band II, § 35 Rn. 59 e; Krautzberger, in: Battis/Krautzberger/Löhr, BauGB, § 35 Rn. 38; Hinsch, ZUR 2007, 401 (405); Auslegungshinweise der Fachkommission Städtebau vom 22.3.2006, S. 4.

anzustellen. Demnach sei es irrelevant, ob ein landwirtschaftlicher Betrieb bereits auf der eigenen Hofstelle eine Biogasanlage errichtet oder im Rahmen eines gesellschaftsrechtlichen Beteiligungsmodells lediglich Anteile an einer nahe gelegenen Biogasanlage erworben hat.[521] Eine Gleichbehandlung beider Konstellationen sei bereits deshalb geboten, weil anderenfalls derjenige Landwirt, auf dessen Hofstelle die Anlage errichtet wurde, gleichheitswidrig benachteiligt werden würde. Ausgenommen von diesem Grundsatz seien allerdings landwirtschaftliche Betriebe, die derartige Kooperationsanlagen lediglich beliefern, ohne selbst Gesellschaftsanteile zu halten.[522]

Diese Rechtsauffassung kann aufgrund fehlender Anhaltspunkte in Wortlaut und Gesetzesbegründung sowie Praktikabilitätserwägungen nicht überzeugen. Besonders deutlich wird dies bereits darin, dass Kruschinski in diesen Fällen die einzige Möglichkeit der Zulässigkeit einer weiteren Biogasanlage dann annimmt, wenn ein landwirtschaftlicher Betrieb über mehrere Hofstellen verfügt.[523] Wie bereits unter Kapitel 6 A. aufgezeigt, verfügen landwirtschaftliche Betriebe allerdings in aller Regel nur über eine einzige Hofstelle,[524] sodass die an dieser Stelle aufgezeigte Realisierungsmöglichkeit ins Leere gehen muss. Mit Einführung der Außenbereichsprivilegierung für Biomasseanlagen bezweckte der Gesetzgeber aber ausdrücklich auch die Förderung landwirtschaftlicher Kooperationsbetriebe.[525] Würde jedoch mit jeder Beteiligung an einem Kooperationsbetrieb – sei sie auch noch so klein – eine dauerhafte Sperre hinsichtlich der Errichtung einer eigenen Anlage einhergehen, so hätte der Gesetzgeber eine enorme Hemmschwelle für die Verwirklichung entsprechender Kooperationsvorhaben gesetzt. Weiterhin bestehen Abgrenzungsschwierigkeiten bezüglich der Einstufung als reiner Zulieferbetrieb. Denn in der Praxis häufig anzutreffende Beteiligungsmodelle sehen gerade vor, dass ein Landwirt als Gesellschaftsbeitrag eine langfristige Lieferverpflichtung gegenüber der Gesellschaft eingehen muss. Anhaltspunkte für eine Schlechterstellung allein aufgrund der formellen Gesellschafterposition sind dem Gesetzeswortlaut allerdings nicht zu entnehmen. Zusätzlich bestehen keinerlei Indizien für eine tatsächliche

---

521 Kruschinski, Biogasanlagen als Rechtsproblem, S. 107; im Ergebnis ebenso Jäde, in: Jäde/Dirnberger/Weiss, BauGB, § 35 Rn. 86.
522 Kruschinski, Biogasanlagen als Rechtsproblem, S. 107.
523 Kruschinski, Biogasanlagen als Rechtsproblem, S. 107.
524 Vgl. insoweit beispielsweise Söfker, in: Ernst/Zinkahn/Bielenberg/Krautzberger, Band II, § 35 Rn. 59 e.
525 Bundesregierung, Entwurf eines Gesetzes zur Anpassung des Baugesetzbuchs an EU-Richtlinien, BT-Drs. 15/2250, S. 55.

Schlechterstellung des Inhabers des Basisbetriebes gegenüber anderen Kooperationspartnern. Denn in der Praxis wird sich dieser stets den mit der Errichtung der Biogasanlage auf eigenem Grund und Boden verbundenen Nachteil in Form einer Erhöhung der Gesellschaftsanteile ausgleichen lassen. Als weiterer Vorteil sind hier die für den Inhaber des Basisbetriebs aufgrund der zentralen Lage verringerten Logistikkosten zu nennen. Im Ergebnis ist festzuhalten, dass die Beteiligung an einem landwirtschaftlichen Kooperationsbetrieb für die Begrenzung von einer Anlage pro Hofstelle oder Betriebsstandort irrelevant ist. Entscheidend ist ausschließlich das tatsächliche Bestehen einer Biomasseanlage am jeweils maßgeblichen Ort.

D. Kumulation von Anlagen nach § 35 Abs. 1 Nr. 6 BauGB und § 30 Abs. 2 BauGB

Problematisch gestaltet sich auch die Frage nach der Zulässigkeit einer privilegierten Biomasseanlage in Fällen, in denen auf dem Gelände der Hofstelle bereits eine Anlage auf Basis eines vorhabenbezogenen Bebauungsplanes nach §§ 30 Abs. 2, 12 BauGB genehmigt wurde. Während Teile der Literatur eine Sperrwirkung des § 35 Abs. 1 Nr. 6 c BauGB nur im Fall der Zulassung der Altanlage nach § 35 BauGB annehmen,[526] bejaht Söfker eine derartige für jede Altanlage, unabhängig vom jeweiligen Gebietscharakter. Allerdings wird auch insoweit als Hauptanwendungsfall die Zulässigkeit nach alter Rechtslage über § 35 Abs. 1 Nr. 1 BauGB als mitgezogener Betriebsteil angeführt.[527] Es ist daher davon auszugehen, dass Söfker den an dieser Stelle aufgezeigten Ausnahmefall einer Kumulation mit einem nach § 30 Abs. 2 BauGB genehmigten Vorhaben nicht im Blick hatte. Insbesondere spricht auch der gesetzgeberische Hintergrund gegen eine derartige Auslegung, da die Anlagenbegrenzung zum Schutz des Außenbereichs vor Zersiedelung eingeführt wurde.[528] Eine Anlage auf beplantem Gebiet muss bei einer derartigen Zielsetzung allerdings außer Betracht bleiben, da dem Plangeber das Risiko der Genehmigung einer weiteren privilegierten Anlage

---

526 Krautzberger, in: Battis/Krautzberger/Löhr, BauGB, § 35 Rn. 38 f.; Auslegungshinweise der Fachkommission Städtebau vom 22.3.2006, S. 4, allerdings aufgehoben durch Auslegungshinweise der Fachkommission Städtebau vom 23.03.2012, S. 4.
527 Söfker, in: Ernst/Zinkahn/Bielenberg/Krautzberger, Band II, § 35 Rn. 59 e.
528 Berkemann/Halama, Erstkommentierung zum BauGB 2004, S. 421; Kühne, Die Änderung der Außenbereichsvorschrift des § 35 BauGB durch das Europarechtsanpassungsgesetz Bau, S. 160.

bewusst sein muss. Eine Kumulation der aufgezeigten Zulassungsalternativen ist daher grundsätzlich möglich. In der behördlichen Genehmigungspraxis wird diese Problematik allerdings regelmäßig durch die Erklärung eines Verzichts auf die Zulassung einer weiteren Anlage auf der Hofstelle umgangen.

E. Überschreiten der Grenze zwischen Innen- und Außenbereich

Weiterhin kann es vorkommen, dass die eigentliche Hofstelle im beplanten oder im Zusammenhang bebauten Bereich situiert ist, die Gebäudeteile, in deren Bereich die Biomasse anfällt, aber im Außenbereich liegen.[529] Teilweise wird zur Beurteilung einer derartigen Konstellation auf die unter Kapitel 6 A. aufgezeigte Mindermeinung abgestellt, wonach nur im Fall organisatorischer und wirtschaftlicher Selbstständigkeit des im Außenbereich liegenden Teilbetriebs von einer Zulässigkeit der Anlage auszugehen sei.[530] Als Argument hierfür wird angeführt, § 35 Abs. 1 Nr. 6 BauGB setze tatbestandlich als Anknüpfungspunkt einen Betrieb im Sinne des § 35 Abs. 1 Nr. 1 BauGB voraus. Ein im Innenbereich liegender landwirtschaftlicher Betrieb entziehe sich aber einer Beurteilung nach § 35 Abs. 1 Nr. 1 BauGB und könne daher nicht als zulässiger Basisbetrieb eingestuft werden.[531] Im Ergebnis würde dies bei konsequenter Anwendung der zum Begriff der Hofstelle ergangenen Rechtsprechung[532] für den aufgezeigten Fall zu einem faktischen Ausschluss einer Privilegierungsmöglichkeit nach § 35 Abs. 1 Nr. 6 BauGB führen, da sich, wie unter Kapitel 6 A. aufgezeigt, regelmäßig mit den im Außenbereich liegenden Gebäudeteilen keine eigenständige Hofstelle begründen lassen wird.[533] Letztendlich vermag eine derartige Beurteilung der aufgezeigten Problematik nicht zu überzeugen, da dies mit dem Regelungszweck des § 35 Abs. 1 Nr. 6 c BauGB nicht vereinbar wäre. Denn in

---

529 Vgl. zu dieser Konstellation allgemein Söfker, in: Ernst/Zinkahn/Bielenberg/Krautzberger, Band II, § 35 Rn. 59 e.
530 So etwa Kühne, Die Änderung der Außenbereichsvorschrift des § 35 BauGB durch das Europarechtsanpassungsgesetz Bau, S. 162/163; ebenso Mantler, BauR 2007, 50 (61).
531 Berkemann/Halama, Erstkommentierung zum BauGB 2004, S. 410; Kühne, Die Änderung der Außenbereichsvorschrift des § 35 BauGB durch das Europarechtsanpassungsgesetz Bau, S. 162.
532 BVerwG, Beschl. v. 14.03.2006, 4 B 10/06, NVwZ 2006, 696 (696).
533 Ebenso Söfker, in: Ernst/Zinkahn/Bielenberg/Krautzberger, Band II, § 35 Rn. 59 e.

diesem Rahmen soll lediglich für den Fall des typischen Betriebs eine zahlenmäßige Begrenzung auf maximal eine Anlage erreicht werden. Die Zuordnung der Anlage zur Hofstelle wird vielmehr ausschließlich im Rahmen der Beurteilung des räumlich-funktionalen Zusammenhangs nach § 35 Abs. 1 Nr. 6 a BauGB relevant, da die Hofstelle hier regelmäßig den maßgeblichen Anknüpfungspunkt darstellen wird.[534]

F. Abweichungen zwischen rechtlichen Vorgaben und Verwaltungspraxis

Grundsätzliche Einigkeit besteht in der Verwaltungspraxis hinsichtlich der Einordnung der Begriffe „Hofstelle" und „Betriebsstandort". So wird ersterer einheitlich der Landwirtschaft zugeordnet, während der zweite Begriff ausschließlich für die Fälle sonstiger relevanter Betriebstypen einschlägig sein kann.[535] In Bayern und Brandenburg wird weiterführend hierzu für das Vorliegen einer Hofstelle das Bestehen eines landwirtschaftlichen Wohngebäudes vorausgesetzt.[536] Allerdings setzen sich die Auslegungshinweise des Bundeslandes Brandenburg in Widerspruch zu dieser Feststellung, da für den Fall organisatorischer Unabhängigkeit auch im Fall landwirtschaftlicher Betriebe ohne Bestehens eines weiteren Wohngebäudes von der Zulässigkeit einer weiteren Anlage ausgegangen wird.[537] Eine ähnliche Anmerkung hinsichtlich des Bestehens von weiteren Betriebsstandorten neben einer landwirtschaftlichen Hofstelle war dem Biomasseerlass des Bundeslandes Niedersachsen vom 25.01.2005 zu entnehmen.[538] Diese wurde in den aktuellen Auslegungshinweis allerdings nicht übernommen.[539]

---

534 Vgl. hierzu Kapitel 4 B.I..
535 Auslegungshinweise der Fachkommission Städtebau vom 22.03.2006, S. 4; Auslegungshinweise des Bayerischen Staatsministeriums des Innern vom 04.08.2005, S. 8; Biomasseerlass Niedersachsen vom 06.12.2006, S. 5; Biogashandbuch Bayern, Kapitel 2, S. 10; Außenbereichserlass NRW vom 27.10.2006, S. 13; Auslegungshinweise Brandenburg November 2008, S. 14.
536 Biogashandbuch Bayern, Kapitel 2, S. 10; Auslegungshinweise Brandenburg November 2008, S. 15.
537 Auslegungshinweise Brandenburg November 2008, S. 15.
538 Biomasseerlass Niedersachsen vom 25.01.2005, S. 6.
539 Biomasseerlass Niedersachsen vom 06.12.2006, S. 5.

Eine ausdrückliche Festlegung erfährt der Ausschluss weiterer Anlagen ausschließlich für den Fall des Bestehens einer bereits auf Grundlage des § 35 BauGB genehmigten Biomasseanlage.[540] Im Umkehrschluss hierzu ist zu folgern, dass beispielsweise die Errichtung einer Anlage auf Basis eines vorhabenbezogenen Bebauungsplans die Ausschlusswirkung des § 35 Abs. 1 Nr. 6 c BauGB gerade nicht herbeizuführen vermag.

---

540 Auslegungshinweise der Fachkommission Städtebau vom 22.03.2006, S. 4 (zwischenzeitlich aufgehoben durch Auslegungshinweise der Fachkommission Städtebau vom 23.03.2012, S. 4); Auslegungshinweise des Bayerischen Staatsministeriums des Innern vom 04.08.2005, S. 8; Biomasseerlass Niedersachsen vom 06.12.2006, S. 5; Biogashandbuch Bayern, Kapitel 2, S. 10; Außenbereichserlass NRW vom 27.10.2006, S. 13.

Kapitel 7 Die Begrenzung der Anlagenleistung auf 0,5 MW entsprechend der Rechtslage vor Novellierung durch das Gesetz zur Förderung des Klimaschutzes bei der Entwicklung in den Städten und Gemeinden vom 22. Juli 2011

§ 35 Abs. 1 Nr. 6 Ziff. d BauGB normiert weiterhin eine Begrenzung der „installierten elektrischen Leistung" entsprechender Anlagen auf maximal 0,5 MW.[541] Im ursprünglichen Gesetzesvorschlag des Bundesministeriums für Verkehr, Bau- und Wohnungswesen war alternativ hierzu eine Leistungsbegrenzung von 2,0 MW vorgesehen.[542] Der seitens der Regierung sodann eingebrachte Gesetzentwurf verzichtete hingegen vollständig auf eine leistungsspezifische Anlagenbegrenzung.[543] Der Bundestag sah sich im Ergebnis allerdings aufgrund von Einwendungen des Ausschusses für Verkehr, Bau- und Wohnungswesen gezwungen, zum Schutz des Außenbereichs den Privilegierungsumfang in der nunmehr bestehenden Form weiter einzuschränken.[544]

---

541 Diese Tatbestandsvoraussetzung wurde im Rahmen des Beschlusses des Gesetzes zur Förderung des Klimaschutzes bei der Entwicklung in den Städten und Gemeinden vom 22. Juli 2011 dahingehend neu gefasst, dass in der novellierten Fassung des Baugesetzbuchs nunmehr anstatt einer Begrenzung der installierten elektrischen Anlagenleistung auf 0,5 MW eine kumulative Beschränkung der Feuerungswärmeleistung auf 2,0 MW und der erzeugten Rohgasmenge auf 2,3 Mio Nm^3 Biogas pro Jahr aufgenommen wurde, vgl. BGBl. I S. 1509 (1510). Die nachfolgend aufgezeigte Problematik zur Leistungsbegrenzung auf 0,5 MW installierter elektrischer Anlagenleistung ist daher für die zukünftige Rechtslage ohne Bedeutung und bezieht sich ausschließlich auf die Rechtslage im Geltungsbereich des Baugesetzbuches in der Fassung der Bekanntmachung vom 23.09.2004 (BGBl. I S. 2414), zuletzt geändert durch Art. 4 G zur Neuregelung des Wasserrechts vom 31.7.2009 (BGBl. I S. 2585).
542 Kühne, Die Änderung der Außenbereichsvorschrift des § 35 BauGB durch das Europarechtsanpassungsgesetz Bau, S. 123.
543 Bundesregierung, Entwurf eines Gesetzes zur Anpassung des Baugesetzbuches an EU-Richtlinien, BR-Drs. 756/03, S. 35.
544 Ausschuss für Verkehr, Bau- und Wohnungswesen, Beschlussempfehlung, BT-Drs. 15/2996, S. 31; diese Einschränkung wurde seitens der betroffenen Städte und Landkreise bereits im Rahmen des durchgeführten Planspiels gefordert, da Anlagen mit einem Leistungsvolumen über 0,5 MW zu einer zu hohen Außenbereichsbeeinträchtigung führen würden, vgl. Kühne, Die Änderung der Außenbereichsvorschrift des § 35 BauGB durch das Europarechtsanpassungsgesetz Bau, S. 127.

Zu unterscheiden ist der verwendete Begriff der „installierten elektrischen Leistung" insbesondere von der Eingangs- bzw. Feuerungswärmeleistung. Während Erstere mit der im Rahmen der Anlage erzeugten Strommenge gleichzusetzen ist,[545] handelt es sich nach der Legaldefinition in § 2 Nr. 6 1. BImSchV[546] im Fall der Feuerungswärmeleistung um den „auf den unteren Heizwert bezogenen Wärmeinhalt des Brennstoffs, der einer Feuerungsanlage im Dauerbetrieb je Zeiteinheit zugeführt werden kann". Zusammenfassend bezieht sich die Leistungsbeschränkung in § 35 Abs. 1 Nr. 6 d BauGB somit auf das „Output" der Anlage, nicht hingegen auf den Energiegehalt der eingebrachten Biomasse.[547]

A. Untauglichkeit der Bezugsgröße

Die seitens des Gesetzgebers formulierte Bezugsgröße führt in der Praxis zu erheblichen Problemen. Insbesondere verbleibt durch ein starres Abstellen auf die ins Netz eingespeiste Elektrizität keinerlei Raum für technischen Fortschritt im Bereich der Generatortechnik.[548] Verdeutlicht wird diese Problemstellung bei einem Blick auf das Verhältnis von installierter elektrischer Leistung zur entsprechenden Feuerungswärmeleistung in Abhängigkeit vom Stand der Anlagentechnik. So entsprachen 0,5 MW elektrische Leistung im Fall von älteren Wirkungsgraden in etwa 2,0 MW Feuerungswärmeleistung.[549] Zwischenzeitlich wurde eine Senkung auf 1,5 MW festgestellt.[550] Dem aktuellen Stand der Technik entsprechend errechnet sich nunmehr lediglich eine Bezugsgröße von 1,2 MW.[551] Der gesetzgeberischen

---

545 Söfker, in: Ernst/Zinkahn/Bielenberg/Krautzberger, BauGB, Band II, § 35 Rn. 59 f..
546 Erste Verordnung zur Durchführung des Bundes-Immissionsschutzgesetzes (Verordnung über kleine und mittlere Feuerungsanlagen – 1. BImSchV) in der Fassung der Bekanntmachung vom 14.03.1997 (BGBl. I S. 490), zuletzt geändert durch § 28 S. 2 VO über kleine und mittlere Feuerungsanlagen vom 26.01.2010 (BGBl. I S. 38).
547 Kühne, Die Änderung der Außenbereichsvorschrift des § 35 BauGB durch das Europarechtsanpassungsgesetz Bau, S. 164.
548 Schmidt-Eichstaedt, ZfBR 2005, 751 (759); Kruschinski, Biogasanlagen als Rechtsproblem, S. 109.
549 Söfker, in: Ernst/Zinkahn/Bielenberg/Krautzberger, BauGB, Band II, § 35 Rn. 59 f; ebenso Auslegungshinweise der Fachkommission Städtebau vom 22.3.2006, S. 4 sowie Peine/Knopp/Radcke, Das Recht der Errichtung von Biogasanlagen, S. 128; vgl. allgemein zur Abhängigkeit des Verhältnisses von Feuerungswärmeleistung zu elektrischer Anlagenleistung Kühne, Die Änderung der Außenbereichsvorschrift des § 35 BauGB durch das Europarechtsanpassungsgesetz Bau, S. 164.
550 Manten, ZUR 2008, 576 (576).
551 Auslegungshinweis Schleswig-Holstein vom 24.11.2010, S. 1.

Vorgabe folgend ist demnach beispielsweise eine Biomasseanlage, deren Verbrennungsmotor wegen eines Defekts durch ein leistungsstärkeres Modell ersetzt wird, aufgrund der damit einhergehenden Erhöhung der elektrischen Anlagenleistung nicht mehr als im Außenbereich privilegiert zu betrachten.[552] Dieses Ergebnis überrascht insbesondere deshalb, weil eine derartige Leistungssteigerung weder eine Erhöhung der eingebrachten Substratmenge noch eine Steigerung der verfeuerten Gasmenge mit sich bringt.[553] Einer Leistungssteigerung durch technischen Fortschritt im Bereich des Verstromungsprozesses fehlt es folglich offensichtlich an der erforderlichen städtebaulichen Relevanz, sodass eine Berührung des mit Einführung der Leistungsbegrenzung verfolgten Zwecks des Außenbereichsschutzes nicht gegeben ist.[554] Trotz der damit gegebenenfalls einhergehenden Probleme bei der Ermittlung der tatsächlichen Anlagenleistung,[555] wurde daher das Ersetzen des Merkmals der installierten elektrischen Leistung durch eine auf Feuerungswärmeleistung als Bezugsgröße abstellende Gesetzesänderung gefordert.[556]

Teilweise wurde diese Problematik von den Verwaltungsbehörden bereits erkannt. In Schleswig-Holstein wurde daher ursprünglich als gleichwertiger Grenzwert eine Feuerungswärmeleistung von 1,5 MW als alternativer Maßstab festgelegt.[557] Diese Leistungsbegrenzung wendet sich allerdings gegen den direkten Wortlaut des

---

552 Manten, ZUR 2008, 576 (583); ein nachträgliches Überschreiten der Leistungsgrenze ist als baurechtliche Nutzungsänderung einzustufen und ist damit nicht mehr vom ursprünglichen Genehmigungsumfang umfasst, vgl. Kruschinski, Biogasanlagen als Rechtsproblem, S. 109.
553 Kruschinski, Biogasanlagen als Rechtsproblem, S. 110.
554 Berkemann, in: Berkemann/Halama, Erstkommentierungen zum BauGB 2004, S. 422; Kühne, Die Änderung der Außenbereichsvorschrift des § 35 BauGB durch das Europarechtsanpassungsgesetz Bau, S. 164.
555 Kühne, Die Änderung der Außenbereichsvorschrift des § 35 BauGB durch das Europarechtsanpassungsgesetz Bau, S. 164.
556 Ebenso Peine/Knopp/Radcke, Das Recht der Errichtung von Biogasanlagen, S. 128/129; diese Problematik wurde damals auch von der Bundesregierung erkannt, weshalb eine Expertenkommission auf Grundlage der Berliner Gespräche mit der Ausarbeitung eines Novellierungsentwurfs beauftragt wurde. Gegenstand des Entwurfs war eine Änderung des Merkmals der „installierten elektrischen Leistung von 0,5 MW" in eine auf Feuerungswärmeleistung abstellende Leistungsgrenze; vgl. allgemein zur Planung der Novellierung Stüer/Ehebrecht-Stüer, DVBl. 2010, 1540 ff. sowie Bunzel, DVBl. 2010, 1551 ff..
557 Manten, ZUR 2008, 576 (577), Bezug nehmend auf den gemeinsamen Erlass des Innenministeriums sowie des Ministeriums für Landwirtschaft, ländliche Räume und Umwelt des Landes Schleswig-Holstein vom 26.09.2007; vgl. auch Auslegungshinweise Brandenburg November 2008, S. 17.

§ 35 Abs. 1 Nr. 6 Ziff. d BauGB, was allerdings aufgrund der einschlägigen gesetzgeberischen Zielsetzung der Klima- und Ressourcenschonung hingenommen wurde.[558] Im Gegensatz zu der nachfolgend unter Kapitel 7 A.I. aufgezeigten Problematik, lässt sich eine Umgehung des eindeutigen Wortlauts allerdings nicht derart pauschal rechtfertigen, da ein Gleichbleiben der Feuerungswärmeleistung keine Garantie für eine identische Außenbereichsbelastung liefert. Vielmehr kann gegebenenfalls aus dem identischen Biomasseeintrag durch technischen Fortschritt eine wesentlich höhere Gasmenge gewonnen werden. Im Extremfall kann dies sogar zur Notwendigkeit eines weiteren Blockheizkraftwerks führen, was selbstverständlich mit einer wesentlichen Außenbereichsbeeinträchtigung einhergehen würde. Ein pauschales Abstellen auf die Feuerungswärmeleistung ist somit aufgrund des eindeutigen Wortlauts und der potenziell damit einhergehenden Außenbereichsbeeinträchtigung nicht zu rechtfertigen.

Dies hat auch das Ministerium für Landwirtschaft, Umwelt und ländliche Räume des Landes Schleswig-Holstein erkannt und daher in Form des Auslegungshinweises vom 24.11.2010 das Merkmal der äquivalenten Feuerungswärmeleistung und dasjenige der erzeugten Rohgasmenge als kumulative Leistungsgrenze festgelegt. Eine entsprechende Anlage darf daher weder in Anbetracht der elektrischen Leistung, der Feuerungswärmeleistung noch der festgesetzten Rohbiogasmenge die jeweiligen Grenzwerte überschreiten.[559] Im Fall von verstromenden Anlagen handelt es sich somit um einen äußerst restriktiven Auslegungsansatz, der aufgrund des eindeutigen Wortlauts wiederum nur sehr schwer zu rechtfertigen ist.

Zusammenfassend ist jedenfalls festzuhalten, dass die Tauglichkeit der Leistungsbegrenzung auf 0,5 MW Anlagenleistung grundsätzlich in Frage zu stellen ist. Ein pauschales Abstellen auf die entsprechende Feuerungswärmeleistung für sämtliche Biomasseanlagen widerspricht allerdings dem eindeutigen Gesetzeswortlaut, sodass es insoweit einer entsprechenden Gesetzesänderung bedarf.

I. Nachträgliche Leistungssteigerung durch Abgaswärmenutzung

Zu differenzieren ist die aufgezeigte Problematik vom Fall der Nachrüstung von Altanlagen mit innovativen Systemen zur effizienten Abgaswärmenutzung wie beispielsweise im Fall von Organic-Rankine-Anlagen.[560] Derartige Anlagen nutzen

---

558 Manten, ZUR 2008, 576 (577).
559 Auslegungshinweis Schleswig-Holstein vom 24.11.2010, S. 1.
560 Derartige Anlagen werden im Folgenden als ORC-Anlagen bezeichnet

die Abgaswärme zur Umwandlung der Wärmeenergie mittels eines Turbinenprozesses in elektrische Energie. Im Gegensatz zu Dampfturbinenanlagen wird allerdings als Trägermedium organischer Kohlenwasserstoff verwendet, der gegenüber Wasserdampf den Vorteil besserer Verdampfungseigenschaften im Niedertemperaturbereich besitzt.[561] Durch die Nutzung der Abgaswärme bestehender Blockheizkraftwerke zur Erzeugung von elektrischer Energie tragen diese Bauteile zu einer erheblichen Verbesserung des Wirkungsgrades der gesamten Anlage bei. Die Nutzung dieser Technologie gestaltet sich vor allem im Fall von im Außenbereich situierten Biogasanlagen sinnvoll, da derartige Anlagen aufgrund der außenbereichsimmanenten Alleinlage regelmäßig keine sonstige sinnvolle Abwärmenutzung ermöglichen.[562]

Wie zuvor festgestellt, wäre eine bestehende Altanlage, durch welche die leistungsspezifische Begrenzung auf 0,5 MW gerade eingehalten wird, aufgrund der Nachrüstung einer entsprechenden ORC-Anlage und der damit einhergehenden Erhöhung der elektrischen Anlagenleistung nicht mehr nach § 35 Abs. 1 Nr. 6 BauGB privilegiert zulässig.[563] Dies obwohl derartige Anlagen aufgrund der hohen Effektivität und der positiven Auswirkungen auf das Klima in Form eines Technologiebonus gemäß § 27 Abs. 4 EEG 2009 in Verbindung mit Punkt II. 1. e) Anlage 1 explizit gefördert werden.[564] Diesen Widerspruch erkennend wurde seitens des Ministeriums für Landwirtschaft, Umwelt und ländliche Räume des Landes Schleswig-Holstein im Rahmen des Auslegungshinweises vom 24.11.2010 abweichend zu der unter Kapitel 7 A. aufgezeigten Regelung folgende explizite Ausnahme von der Leistungsbegrenzung für die bezeichnete Problematik festgelegt:

„Eine Überschreitung der elektrischen Anlagenleistung von 0,5 MW ist ausschließlich nur bei folgender Ausnahme möglich:

Werden bestehende Anlagen mit Techniken nachgerüstet, welche ohne Erweiterung der Motorenleistung (elektrischer wie auch FWL) und ohne Erhöhung der Fermenterkapazitäten unter Ausnutzung von Abwärme zusätzlich Strom erzeugen, (z.B. ORC-Technik), so können dann privilegierungsunschädlich mehr als 0,5 MW elektrischer Leistung im Umfang der Wirkungsgradverbesserung ausgekoppelt werden.“[565]

---

561 Büdenbender/Rosin, KWK-AusbauG Kommentar, § 3 Rn. 69.
562 Bredow von, in: Loibl/Maslaton/von Bredow/Walter, Biogasanlagen im EEG, S. 97; Kruschinski, Biogasanlagen als Rechtsproblem, S. 259/260.
563 Kruschinski, Biogasanlagen als Rechtsproblem, S. 109.
564 Bredow von, in: Loibl/Maslaton/von Bredow/Walter, Biogasanlagen im EEG, S. 97; Kruschinski, Biogasanlagen als Rechtsproblem, S. 259; eine vergleichbare Bonusregelung für ORC-Anlagen bestand bereits in § 8 Abs. 4 S. 1 EEG 2004.
565 Auslegungshinweis Schleswig-Holstein vom 24.11.2010, S. 1.

Allerdings wurde diese Ausnahmeregelung seitens des Ministeriums für Landwirtschaft, Umwelt und ländliche Räume des Landes Schleswig-Holstein in Form des Nichtanwendungserlasses vom 02.02.2011 wieder aufgehoben. Grund hierfür waren seitens des Verwaltungsgerichts Schleswig geäußerte Zweifel an der Rechtmäßigkeit der Ausnahmeregelung.[566] Im Folgenden ist daher zu prüfen, ob die Leistungsüberschreitung allein aufgrund eines nachträglichen Einbaus einer Anlage zur zusätzlichen Verstromung von Abgaswärme eine Entprivilegierung der Gesamtanlage zur Folge hat.

1. Abgrenzung zwischen teleologischer Reduktion und teleologischer Extension

Aufgrund der Einschlägigkeit des Privilegierungstatbestandes besteht in Ermangelung einer Regelungslücke im herkömmlichen Sinn kein Raum für eine Gesetzesanalogie.[567] In Betracht zu ziehen ist allerdings eine teleologische Extension des Tatbestandes. In Abgrenzung von einer teleologischen Reduktion handelt es sich hierbei um einen Spezialfall der Lückenfüllung mittels einer Analogie. Im Gegensatz zu einer teleologischen Reduktion setzt diese Form der Rechtsfortbildung keinen zu weiten, sondern einen zu eng gefassten Tatbestand voraus.[568] Fraglich ist somit, ob an dieser Stelle die Leistungsbeschränkung auf 0,5 MW installierte elektrische Leistung als zu weit gefasst oder aufgrund der damit einhergehenden Entprivilegierung als zu eng formuliert bezeichnet werden muss. Im Fall eines isolierten Abstellens auf das Merkmal der Leistungsbegrenzung würde eine teleologische Reduktion vorliegen, da ein Tatbestandsmerkmal aufgrund entgegenstehender gesetzgeberischer Zwecksetzung für einen bestimmten Einzelfall nicht zur Anwendung gelangt. Entscheidend ist allerdings nicht das einzelne Tatbestandsmerkmal, sondern der Gesamtkontext[569] der Außenbereichsprivilegierung des § 35 Abs. 1 Nr. 6 BauGB. Denn der Lückenschluss ist vorliegend dazu geeignet, eine gesetzlich ursprünglich nicht privilegierte Anlage als privilegiertes Vorhaben zu qualifizieren. Im Ergebnis handelt es sich somit um einen zu eng

---

566 Auslegungshinweis Schleswig-Holstein vom 02.02.2011, S. 1.
567 Wank, Die Auslegung von Gesetzen, S. 83.
568 Rüthers/Fischer, Rechtstheorie, S. 560.
569 Vgl. Pawlowski, Methodenlehre für Juristen, § 11 Rn. 487, der am Beispiel des Bezugssystems Norm zu Normkontext aufzeigt, dass sich erst in diesem Zusammenhang Ausweitung und Einschränkung abgrenzen lassen. Diese Einschätzung ist ebenso auf das Verhältnis Tatbestandsmerkmal zu Norm zu übertragen.

gefassten Privilegierungstatbestand, der im Rahmen einer teleologischen Extension erweitert werden könnte.[570]

2. Vorliegen einer planwidrigen Regelungslücke

Für einen Lückenschluss im Wege einer teleologischen Extension ist ebenso wie im Fall einer Analogie das Vorliegen einer planwidrigen Regelungslücke zwingende Voraussetzung.[571]

a) Vorliegen einer „Ausnahmelücke"

Eine Regelungslücke liegt grundsätzlich vor, wenn der gesetzliche Tatbestand nicht genügt, um das vom Gesetzgeber verfolgte Regelungsziel zu erreichen.[572] Im Fall einer teleologischen Extension handelt es sich hierbei ebenso wie im Fall einer teleologischen Reduktion um eine „Ausnahmelücke". Dies bedeutet, der Gesetzgeber hat einen Lebenssachverhalt, der in Anbetracht des Normzwecks einer separaten Ausnahmeregelung bedurft hätte, im Rahmen der Tatbestandsgestaltung nicht berücksichtigt.[573] Im Gegensatz zur teleologischen Reduktion handelt es sich allerdings um eine rechtserweiternde Ausnahmeregelung.[574] Zur Beurteilung des Vorliegens einer entsprechenden Lücke ist ein Rückgriff auf den Zweck der Vorschrift und den allgemeinen Gleichheitssatz erforderlich.[575] Maßgeblich ist somit, ob der betroffene Sachverhalt in Anbetracht des Regelungszwecks nicht von der Rechtsfolge ausgenommen werden kann, ohne dass eine Ungleichbehandlung von wesentlich Gleichem vorliegen würde.[576]

Zur Beurteilung des entscheidungsrelevanten Gesetzeszwecks ist wiederum die unter Kapitel 7 A.I.1. aufgezeigte Betrachtungsweise heranzuziehen. Würde man

---

570 a. A.: Kruschinski, die ähnlich einer teleologischen Reduktion für bestimmte Anlagentypen der Gasdirekteinspeisung eine Umrechnung der Leistungsgrenze hinsichtlich der höchst zulässigen Rohbiogasmenge vornimmt um hierdurch Raum für technischen Fortschritt zu schaffen.
571 Vgl. Pawlowski, Methodenlehre für Juristen, § 11 Rn. 453.
572 Müller/Christensen, Juristische Methodik – Grundlegung für die Arbeitsmethoden der Rechtspraxis, S. 388.
573 Rüthers/Fischer, Rechtstheorie, S. 533, 559; Eine derartige Gesetzeslücke wird als „verdeckte Lücke" bezeichnet, vgl. Wank, Die Auslegung von Gesetzen, S. 81.
574 Rüthers/Fischer, Rechtstheorie, S. 560.
575 Wank, Die Auslegung von Gesetzen, S. 81.
576 Zippelius, Juristische Methodenlehre, S. 65; a. A.: Herzberg, NJW 1990, 2525 (2527), ausgehend von der Erforderlichkeit einer umfassenden Abwägung im Hinblick auf die Zulässigkeit einer teleologischen Extension.

ausschließlich das Merkmal der Leistungsbegrenzung zur Beurteilung der Voraussetzungen heranziehen, so wäre einzig der größtmögliche Außenbereichsschutz als mit der Einführung der Leistungsbegrenzung verfolgtes Ziel anzuführen. Konsequenz hieraus wäre das Verneinen einer entsprechenden Ausnahmelücke, da der Außenbereichsschutz durch den Verzicht auf die angeführte Ausnahmeregelung in keiner Weise berührt wird. Richtigerweise ist allerdings auf den gesetzgeberischen Kontext des Privilegierungstatbestandes § 35 Abs. 1 Nr. 6 BauGB abzustellen.[577] Nicht unberücksichtigt darf in diesem Zusammenhang die Einordnung der Außenbereichsprivilegierung in den Gesamtkontext der planerischen Zulässigkeit von Vorhaben gem. §§ 29 ff. BauGB bleiben.

Wie bereits aufgezeigt, wollte der Gesetzgeber mit der Einführung der Außenbereichsprivilegierung des § 35 Abs. 1 Nr. 6 BauGB eine Förderung des Klimaschutzes, eine weitergehende Ressourcenschonung, eine effizientere Energienutzung sowie einen Strukturwandel in der Landwirtschaft durch eine Vereinfachung der Genehmigungsfähigkeit von Biomasseanlagen unterstützen.[578] Das Merkmal der Leistungsbegrenzung auf 0,5 MW wurde hingegen ausschließlich deshalb aufgenommen, da vor dem Hintergrund einer größtmöglichen Außenbereichsschonung ab einer gewissen Anlagengröße von zu hohen Auswirkungen auf den Außenbereich ausgegangen wurde.[579] Dem Tatbestand des § 35 Abs. 1 Nr. 6 BauGB ist somit eine gesetzgeberische Intention dahingehend zu attestieren, sämtliche außenbereichsverträgliche Biomasseanlagen zu privilegieren, um hierdurch eine bestmögliche Verwirklichung des Privilegierungszwecks zu gewährleisten. Der Leistungsbegrenzung auf 0,5 MW ist hierbei keinerlei weitere Schutzfunktion als diejenige größtmöglichen Außenbereichsschutzes zuzuweisen.

Betrachtet man nunmehr den Hintergrund der aufgezeigten Ausnahmeregelung für eine nachträglichen Leistungssteigerung durch Nachrüstung effizienterer Technologien, so ist eine Einstufung des Sachverhalts als Ausnahmelücke nicht von der Hand zu weisen. Ein technischer Vorgang, durch den eine bereits bestehende Altanlage einen erheblichen Anstieg der eingespeisten Elektrizität verzeichnen kann, ohne dass hiermit eine Erhöhung des Biomasseeintrags oder der erzeugten Gasmenge einhergehen würde, führt in keiner Weise zu einer

---

577 Pawlowski, Methodenlehre für Juristen, § 11 Rn. 487; vgl. auch Kapitel 7 A.I.1..
578 Krautzberger, in: Battis/Krautzberger/Löhr, BauGB, § 35 Rn. 38.
579 Bundestag, Beschlussempfehlung und Bericht des Ausschusses für Verkehr, Bau- und Wohnungswesen vom 28.04.2004, BT-Drs. 15/2996, S.67; Kühne, Die Änderungen der Außenbereichsvorschrift des § 35 BauGB durch das Europaanpassungsgesetz Bau, S. 164.

Mehrbeeinträchtigung des Außenbereichs.[580] Vielmehr handelt es sich im Fall der technischen Nachrüstung um einen „inneren" Vorgang im Bereich des Blockheizkraftwerks.[581] Es handelt sich somit um einen Sachverhalt, der aufgrund der identischen Außenbereichsbelastung als wesentlich gleich zu beurteilen ist. In Form der Leistungsüberschreitung und damit einhergehender Entprivilegierung wird dieser Sachverhalt ungleich behandelt. Die besondere Widersprüchlichkeit ergibt sich im aufgezeigten Fall aber vor allem daraus, dass die aufgezeigte Anlage nicht nur gleich effektiv zur Verwirklichung des Gesetzeszwecks der Klima- und Ressourcenschonung beiträgt, sondern aufgrund des gesteigerten Wirkungsgrades sogar wesentlich besser. Diese fortbildungsfähige Gesetzeslücke grundsätzlich erkennend geht Kruschinski von einem Rückgriff auf den errechneten Vergleichswert erzeugten Biogases aus. Insoweit sei für Anlagen, die nicht ausschließlich Elektrizität sondern auch Wärme oder nur Rohbiogas erzeugen, der Wert von maximal 2,3 Mio. Nm³ Rohbiogas als Abgrenzungskriterium heranzuziehen.[582] Diese Annahme übersieht allerdings, dass jede verstromende Anlage im Rahmen des Generatorprozesses zwangsweise Abgaswärme als notwendiges Nebenprodukt erzeugt. Im Fall der reinen Gaserzeugung und Einspeisung in das Erdgasnetz hingegen wird eine Nachverstromung in Ermangelung einer entsprechenden Abwärmeproduktion gerade nicht ermöglicht. Die aufgezeigte, verdeckte Ausnahmelücke gilt demnach gerade und ausschließlich für derartige Biogasanlagen, die im Rahmen eines angeschlossenen Blockheizkraftwerks aus dem erzeugten Rohbiogas elektrische Energie generieren.[583] Für

---

580 Schmidt-Eichstaedt, ZfBR 2005, 751 (759); Kühne, Die Änderungen der Außenbereichsvorschrift des § 35 BauGB durch das Europaanpassungsgesetz Bau, S. 164; ebenso Kruschinski, Biogasanlagen als Rechtsproblem, S. 110, wobei die aufgezeigte Problematik insoweit irrtümlich im Rahmen der Tauglichkeit der Leistungsbeschränkung für reine gaseinspeisende Betriebe verortet wird. Die Nachverstromung von Abgaswärme setzt allerdings das Vorliegen eines Blockheizkraftwerkes und somit einen Verstromungsprozess voraus; vgl. auch Auslegungshinweise Brandenburg November 2008, S. 17.
581 Auslegungshinweise Brandenburg November 2008, S. 17; ähnlich Berkemann, in: Berkemann/Halama, Erstkommentierungen zum BauGB 2004, S. 422; Manten, ZUR 2008, 576 (576).
582 Kruschinski, Biogasanlagen als Rechtsproblem, S. 110; Auslegungshinweise der Fachkommission Städtebau vom 22.03.2006, S. 4; Krautzberger, in: Battis/Krautzberger/Löhr, BauGB, § 35 Rn. 38 b.
583 Weiterhin vermengt Kruschinksi die Frage der nachträglichen Leistungsüberschreitung aufgrund einer Effizienzsteigerung mit der Problematik der Untauglichkeit der Leistungsgrenze von 0,5 MW installierter elektrischer Leistung für Anlagen der Gasdirekteinspeisung.

diese Konstellation ist das Vorliegen einer fortbildungsfähigen Ausnahmelücke ausdrücklich festzuhalten.

b) Planwidrigkeit der Ausnahmelücke

Das Bestehen einer fortbildungsfähigen Lücke wäre im Hinblick auf das Demokratieprinzip per se ausgeschlossen, sollte der Gesetzgeber im Bewusstsein der aufgezeigten Lücke auf die Aufnahme einer entsprechenden Ausnahmeregelung verzichtet haben. Diese Frage lässt sich bereits aufgrund der Einstufung als nachträgliche verdeckte Ausnahmelücke weitgehend beantworten. Denn insbesondere in derartigen Konstellationen, in welchen es dem Gesetzgeber aufgrund technischen Fortschritts im Zeitpunkt der Rechtssetzung nicht möglich war, die zu regelnde Thematik überhaupt zu erkennen, muss die Planmäßigkeit einer Lücke ausscheiden.[584]

Im vorliegenden Fall gilt es insoweit allerdings dennoch zu differenzieren. Insbesondere könnte davon ausgegangen werden, der Gesetzgeber hätte aufgrund allgemeiner Lebenserfahrung damit gerechnet, dass sich die technische Effizienz und somit die Leistungsfähigkeit der zur Verstromung von Biogas errichteten Blockheizkraftwerke im Laufe der Zeit erhöhen wird. Es könnte daher von einem bewussten Setzen der Leistungsgrenze auszugehen sein. Als möglicher Grund hierfür wären Praktikabilitätserwägungen anzugeben, da der Gesetzgeber die Alternativen einer Begrenzung der Eingangswärmeleistung oder der erzeugten Biogasmenge gesehen hat. Er hat sich jedoch aufgrund der einfacheren Überprüfbarkeit für eine Festsetzung der installierten elektrischen Anlagenleistung entschieden.[585]

Diese Einschätzung ist allerdings für die Einstufung der Planwidrigkeit der aufgezeigten Lücke irrelevant. Diese Lücke betrifft nämlich gerade nicht eine potenzielle Leistungsüberschreitung durch geplante Neuanlagen, sonder vielmehr ausschließlich die Nachrüstung bestehender Altanlagen durch hocheffiziente Anlagen zur Abgaswärmenutzung. Entscheidendes Merkmal ist somit die Einstufung als Altanlage. Denn nur in diesem Fall besteht die Möglichkeit aus einem ohnehin genehmigten Anlagenumfang bei konstantem Biomasseeintrag und identischer Gasmenge

---

584 Vgl. hierzu Rüthers/Fischer, Rechtstheorie, S. 542/543.
585 Kühne, Die Änderung der Außenbereichsvorschrift des § 35 BauGB durch das Europarechtsanpassungsgesetz Bau, S. 164; In diesem Rahmen könnte zudem angedacht werden, ob die Baufreiheit durch das Kriterium der installierten elektrischen Anlagenleistung aufgrund des Fehlens eines unmittelbaren Zusammenhangs mit der jeweils bestehenden Außenbereichsbeeinträchtigung überhaupt verhältnismäßig eingeschränkt werden kann. Denn im Fall nachverstromender Anlagen muss diese Leistungsgrenze, wie aufgezeigt, als untauglich bewertet werden.

ein Mehr an elektrischer Anlagenleistung zu erzielen. Gerade diesen Fall kann der Gesetzgeber allerdings unmöglich im Rahmen der Rechtssetzung im Blick gehabt haben. Denn mit einem derart hohen Fortschritt der technischen Anlagenplanung, der selbst eine Anlagennachrüstung finanzierbar gestaltet, konnte der Gesetzgeber nicht rechnen. Die Planwidrigkeit der aufgezeigten Lücke ist demnach nicht von der Hand zu weisen.

3. Ergebnis

Da es sich vorliegend um eine absolut außenbereichsirrelevante Leistungserhöhung handelt, ist aufgrund der gesetzgeberischen Zwecksetzung von einer Rechtsfortbildung der aufgezeigten nachträglichen, verdeckten Ausnahmelücke in Form einer teleologischen Extension des § 35 Abs. 1 Nr. 6 BauGB auszugehen. Eine Überschreitung der maximal zulässigen Anlagenleistung ist somit ausnahmsweise zulässig, wenn diese ausschließlich auf der Nutzung von Abwärme beruht und nicht mit einer Erhöhung des Biomasseeintrags und der erzeugten Gasmenge verbunden ist.[586]

II. Einhaltung der Leistungsgrenze durch Anlagendrosselung

Ein weiteres Problem der starren Leistungsbegrenzung auf 0,5 MW ergibt sich durch die schlechte Marktlage in Bezug auf Generatoren, die eine diese Grenze ausreizende Anlagenleistung aufweisen. Viele Anlagenbetreiber versuchen daher, durch Koppelung kleinerer Generatoren oder die Drosselung stärkerer Anlagen eine möglichst wirtschaftliche Leistung zu erzielen.[587] In Anbetracht des potenziellen Überschreitens der Leistungsgrenze wird dabei die Zulässigkeit der zweit benannten Alternative in Literatur und Genehmigungspraxis äußerst differenziert behandelt. Die Mehrheit der Literaturstimmen geht dabei von einer Unschädlichkeit des gedrosselten Leistungspotentials aus.[588] Argumentiert wird

---

586 Ebenso Auslegungshinweis Schleswig-Holstein vom 24.11.2010, S. 1.
587 Germer/Loibl, Handbuch Energierecht, S. 510; Kruschinski, Biogasanlagen als Rechtsproblem, S. 107.
588 Hinsch, ZUR 2007, 401 (405); Germer/Loibl, Handbuch Energierecht, S. 510; Loibl/Rechel, UPR 2008, 134 (138); Kruschinski, Biogasanlagen als Rechtsproblem, S. 108; Kühne, Die Änderung der Außenbereichsvorschrift des § 35 BauGB durch das Europarechtsanpassungsgesetz Bau, S. 165; Peine/Knopp/Radcke, Das Recht der Errichtung von Biogasanlagen, S. 129.

insoweit mit dem Leistungsbegriff in § 3 Abs. 5 EEG 2004, da an dieser Stelle die Irrelevanz einer bloßen Reserveleistung gesetzlich normiert sei. Dieses Prinzip sei ausweislich der Gesetzesbegründung des EEG 2009 trotz der Herausnahme aus dem Tatbestand des § 3 Nr. 6 EEG 2009 auch auf die aktuelle Rechtslage zu übertragen.[589]

Weiterhin wird angeführt, aus rechtlicher Sicht könne nicht zwischen einer normalen und einer gedrosselten Anlage unterschieden werden, da letztlich allein das Einhalten der Leistungsgrenze entscheide.[590] Dies leuchtet vor allem deshalb ein, weil ein nicht abgerufenes Leistungspotential zu keinerlei Auswirkungen auf den Außenbereich führen kann.[591] Hinzu tritt die mangelnde Praktikabilität der ablehnenden Ansicht. Während sich die tatsächliche Leistungsfähigkeit eines Generators im gedrosselten Zustand in Form der eingespeisten Strommenge ohne Weiteres überprüfen lässt, können bezüglich der Leistung im ungedrosselten Zustand seitens der Genehmigungsbehörden nur Vermutungen angestellt werden.

Es besteht somit kein Unterschied, ob ein Generator von Haus aus die Leistungsgrenze einhält oder aber lediglich aufgrund einer vom Hersteller vorgenommenen Leistungsdrosselung. Bestätigt wird diese Einschätzung durch einen Beschluss des Oberverwaltungsgerichts Schleswig aus dem Jahr 2006. Hiernach ist die Leistungsbegrenzung selbst dann als gewahrt zu betrachten, wenn die Schwelle von 0,5 MW grundsätzlich weit übertroffen würde, allerdings aufgrund einer Vereinbarung mit dem Stromnetzbetreiber eine Einspeisung über 0,5 MW hinaus ausgeschlossen ist.[592] Lässt man aber sogar eine vertragliche Absicherung ausreichen, so muss erst recht eine technische Begrenzung der Gewährleistung eines größtmöglichen Außenbereichsschutzes genügen. Zur Beurteilung der Leistungsgrenze ist somit nicht auf die fiktiv erreichbare, sondern auf die tatsächliche Anlagenleistung abzustellen.

Ebenso verhält sich die Problematik der Leistungsüberschreitung im Fall der Installation eines Reservemotors. Derartige Motoren werden anstatt einer Brennfackel eingesetzt, um im Fall des Ausfalls des Hauptgenerators eine problemlose Beseitigung des produzierten Biogases zu gewährleisten. Sind diese Motoren technisch

---

589 Germer/Loibl, Handbuch Energierecht, S. 510; Kruschinski, Biogasanlagen als Rechtsproblem, S. 108.
590 Loibl/Rechel, UPR 2008, 134 (138).
591 Kruschinski, Biogasanlagen als Rechtsproblem, S. 108; Hinsch, ZUR 2007, 401 (405).
592 OVG Schleswig, Beschluss v. 08.08.2006, 1 MB 18/06, NordÖR 2007, 41 (43).

derart kombiniert, dass ein gleichzeitiger Betrieb ausgeschlossen ist, so kann lediglich die Leistung des stärkeren Aggregates maßgeblich sein.[593]

III. Anwendbarkeit der Leistungsbegrenzung auf Anlagen der Gasdirekteinspeisung

Besonders offensichtlich wird die Untauglichkeit der Bezugsgröße im Fall von Anlagen zur Direkteinspeisung von Biogas in das Erdgasnetz. Insoweit ist auf die Ausführungen in Kapitel 3 B.II.2. zu verweisen. Insbesondere ist die Untauglichkeit der Leistungsbegrenzung eines der Indizien, aufgrund derer § 35 Abs. 1 Nr. 6 BauGB entgegen der herrschenden Literaturmeinung nur subsidiär auf Anlagen zur Direkteinspeisung angewendet werden kann.[594] Ohne diese Auslegungsmöglichkeit zu erkennen, wird allerdings aufgrund der Maßzahlangabe in elektrischer Leistung teilweise vertreten, die Beschränkung würde ausschließlich für verstromende Anlagen gelten. Anlagen der Direkteinspeisung seien somit ohne Beschränkung der Anlagenleistung als privilegierte Vorhaben zu betrachten.[595] Insoweit wird vor allem auf den ausdrücklichen Gesetzeswortlaut Bezug genommen, wonach ausdrücklich die „installierte elektrische Leistung" maßgeblich sei. Eine derartige könne für Anlagen der Direkteinspeisung aber überhaupt nicht relevant werden, da eine Umwandlung in elektrische Energie erst im Rahmen des Verstromungsprozesses vollzogen wird. Der Wertschöpfungskette derartiger Anlagen könne somit kein Bezugswert in elektrischer Leistung beigemessen werden, da die Umsetzung des in das Erdgasnetz eingespeisten Biogases erst an einer anderen, nicht feststellbaren Stelle erfolgt. Auch eine analoge Anwendung der Leistungsgrenze sei in Ermangelung einer planwidrigen Regelungslücke nicht zu rechtfertigen, da sich der Gesetzgeber der Möglichkeit der Einspeisung von aufbereitetem Biogas in das Erdgasnetz bewusst gewesen wäre. Dies würde insbesondere durch die EEG-Novelle 2004 deutlich werden, da insoweit in § 8 Abs. 1 S. 3 EEG 2004 die Direkteinspeisung in das Erdgasnetz ausdrücklich normiert sei.[596]

---

593 OVG Schleswig, Beschluss v. 08.08.2006, 1 MB 18/06, NordÖR 2007, 41 (43); Hinsch, ZUR 2007, 401 (405); Kruschinski, Biogasanlagen als Rechtsproblem, S. 108. Kühne, Die Änderung der Außenbereichsvorschrift des § 35 BauGB durch das Europarechtsanpassungsgesetz Bau, S. 165.
594 Vgl. hierzu Kapitel 3 B.II.5..
595 Loibl/Rechel, UPR 2008, 134 (135); Germer/Loibl, Handbuch Energierecht, S. 510.
596 Loibl/Rechel, UPR 2008, 134 (139); vgl. zur Problematik der bewussten Begriffsdifferenzierung Kapitel 3 B.II.4.

Hinsichtlich des bestehenden Bewusstseins des Normgebers ist dieser Ansicht grundsätzlich zuzustimmen. Insbesondere wurde dieses bereits ausführlich in Kapitel 3 B.II.4. belegt. Allerdings kann hieraus nicht zwingend der Schluss gezogen werden, entsprechende Anlagen müssten keinerlei Leistungsbegrenzung einhalten. Zum einen ist im Fall der unter Kapitel 3 B.II. aufgezeigten Auslegung § 35 Abs. 1 Nr. 6 BauGB ohnehin nur dann subsidiär auf Anlagen der Gasdirekteinspeisung anwendbar, wenn diese als Minus zu einer entsprechenden verstromenden Anlage einzustufen sind.[597] Dies setzt aber zugleich eine fiktive Einhaltung der entsprechenden Leistungsbegrenzung voraus, da nur dann sichergestellt ist, dass der Anlagenumfang bezüglich Substrateintrag und Gasmenge mit einer entsprechenden verstromenden Anlage gleichzusetzen ist.

Dieser Auslegung entspricht im Ergebnis auch die herrschende Literaturmeinung, wenngleich diese grundsätzlich von einer direkten Anwendbarkeit des § 35 Abs. 1 Nr. 6 BauGB ausgeht. Hiernach wird im Fall nicht verstromender Anlagen eine Umrechnung der Leistungsbegrenzung von 0,5 MW installierter elektrischer Anlagenleistung auf ihr Äqivalent in erzeugter Gasmenge bzw. in Feuerungswärmeleistung erforderlich.[598] Begründet wird dies mit der gesetzgeberischen Zwecksetzung der Leistungsbegrenzung. Diese sei ausdrücklich darauf gerichtet, eine größtmögliche Schonung des Außenbereichs zu gewährleisten.[599] Insbesondere sollte diese eine Verhinderung entsprechend außenbereichsschädlicher Großvorhaben bewirken.[600] Hierzu würde jedoch die unbeschränkte Zulassung direkt einspeisender Biogasanlagen in direktem Widerspruch stehen, sodass eine teleologische Auslegung eine entsprechende Übertragung der Leistungsgrenze unabdingbar machen würde.[601]

---

597 Vgl. hierzu Kapitel 3 B.II.5.
598 Söfker, in: Ernst/Zinkahn/Bielenberg/Krautzberger, Band II, § 35 Rn. 59 f.; Kraus, UPR 2008, 218 (221); Biomasseerlass Brandenburg vom 5. April 2006, ABl. für Brandenburg 2006, 354 (357); Auslegungshinweise der Fachkommission Städtebau vom 22.03.2006, S. 4; Kruschinski, Biogasanlagen als Rechtsproblem, S. 110; Peine/Knopp/Radcke, Das Recht der Errichtung von Biogasanlagen, S. 128.
599 Auslegungshinweise der Fachkommission Städtebau vom 22.03.2006, S. 4; Kruschinski, Biogasanlagen als Rechtsproblem, S. 109.
600 Kraus, UPR 2008, 218 (220); Kruschinski, Biogasanlagen als Rechtsproblem, S. 109.
601 Kraus, UPR 2008, 218 (221); Peine/Knopp/Radcke, Das Recht der Errichtung von Biogasanlagen, S. 128; Kruschinski, Biogasanlagen als Rechtsproblem, S. 111, fordert weitergehend hierzu eine generelle Umrechnung auf die erzeugte Gasmenge bzw. die Feuerungswärmeleistung, da nur hierdurch genügend Raum für technischen Fortschritt im Bereich der Generatortechnik geschaffen werden könnte. Kruschinski übersieht insoweit allerdings das Fehlen eines entsprechenden Generators im Fall der

Dieser Ansicht ist zuzustimmen, da die aufgezeigte schrankenlose Auslegung als generell mit dem Grundsatz größtmöglicher Außenbereichsschonung unvereinbar einzustufen ist. Dies muss vor allem deshalb gelten, da direkt einspeisende Anlagen aufgrund der hohen Außenbereichsverträglichkeit des Verstromungsprozesses eine identische Außenbereichsbelastung aufweisen.[602] Es sind somit keinerlei Gründe ersichtlich, die eine Besserstellung tatsächlich rechtfertigen würden. Im Ergebnis müssen sich entsprechende Biogasanlagen am Leistungsäquivalent von 1,2 MW Feuerungswärmeleistung oder der maximalen Jahresmenge von 2,3 Mio. Nm³ messen lassen.[603]

B. Abschließender Charakter bezüglich leistungsstärkerer Anlagen

Umstritten ist zudem die Frage, ob der Tatbestand des § 35 Abs. 1 Nr. 6 BauGB im Fall des Überschreitens der Leistungsgrenze abschließenden Charakter hinsichtlich weiterer Privilegierungsalternativen entfaltet.[604] Wie bereits unter Kapitel 3 B.II.4. aufgezeigt, kann dies in Anbetracht der hier vertretenen Ansicht nicht hinsichtlich der Beurteilung von Anlagen der Gasdirekteinspeisung gelten, da an dieser Stelle die Privilegierungsvorschrift des § 35 Abs. 1 Nr. 6 BauGB nur subsidiär zum Tragen kommt. Als ebenso fraglich ist die aufgezeigte These allerdings im Fall von grundsätzlich durch den Tatbestand erfassten, verstromenden Biogasanlagen einzustufen. Hierzu wird vertreten, eine Spezialität des § 35 Abs. 1 Nr. 6 BauGB sei nur dann anzunehmen, wenn sich die Anlagen innerhalb der Leistungsobergrenze

---

Direkteinspeisung. Weiterhin ist, wie unter Kapitel 7 A. aufgezeigt, eine generelle Umrechnung mit dem Wortlaut des § 35 Abs. 1 Nr. 6 Ziff. d BauGB nicht vereinbar.

602 Vgl. hierzu Lahme, Sonne, Wind und Wärme 2010, 89 (89), der aufgrund der geringen Außenbereichsrelevanz, zugegebenermaßen kaum vertretbar, gegen eine Einstufung von BHKW`s als bauliche Anlage argumentiert.

603 Söfker, in: Ernst/Zinkahn/Bielenberg/Krautzberger, Band II, § 35 Rn. 59 f.; der hier vertretene Vergleichswert von 2,0 MW Feuerungswärmeleistung entspricht aufgrund der Abhängigkeit von den tatsächlichen Wirkungsgraden allerdings nicht mehr dem aktuellen Stand der Technik; vgl. hierzu Auslegungshinweis Schleswig-Holstein vom 24.11.2010, S. 1.

604 Diese Diskussion wird ebenso im Fall der negativen Beurteilung eines weiteren Tatbestandsmerkmals des § 35 Abs. 1 Nr. 6 BauGB relevant. Die Verortung der Problematik an dieser Stelle ergibt sich jedoch durch die hohe Praxisrelevanz eines Überschreitens der Leistungsgrenze.

von 0,5 MW bewegen.[605] Richtigerweise kann die Spezialität anderweitiger Privilegierungsmöglichkeiten allerdings nicht an einem einzelnen Tatbestandsmerkmal festgemacht werden. Vielmehr kann die Frage nach einem abschließenden Charakter nur von einem generellen Nichterfüllen der Privilegierungsvoraussetzungen des § 35 Abs. 1 Nr. 6 BauGB abhängig gemacht werden.[606] Die Leistungsgrenze des § 35 Abs. 1 Nr. 6 d BauGB kann hierfür lediglich aufgrund der hohen Praxisrelevanz Anknüpfungspunkt sein.

Grundsätzlich einig sind sich sämtliche Literaturstimmen hinsichtlich der Charakterisierung als abschließende Spezialvorschrift,[607] da sich diese eindeutig aus der amtlichen Gesetzesbegründung ergibt. Insoweit enthält die Begründung des Regierungsentwurfs folgende eindeutige Zwecksetzung:

> *„Die vorgeschlagene Regelung bildet gegenüber der nach bisherigem Recht möglichen Privilegierung nach Nummer 1 auf Grund der „dienenden Funktion" oder als „mitgezogene Nebennutzung" die speziellere Vorschrift und ist insoweit abschließend."*[608]

Trotz der augenscheinlich offensichtlichen Formulierung ist heftig umstritten, ob § 35 Abs. 1 Nr. 6 BauGB eine abschließende Sonderregelung für sämtliche Privilegierungstatbestände oder lediglich hinsichtlich derjenigen nach § 35 Abs. 1 Nr. 1 BauGB darstellt. Kraus folgend, wären allerdings konsequenterweise im Fall der Annahme einer „relativen Abgeschlossenheit" vom Umfang der Spezialität auch gartenbauliche Betriebe im Sinne des § 35 Abs. 1 Nr. 2 BauGB und grundsätzlich nach § 35 Abs. 1 Nr. 4 BauGB privilegierungsfähige Betriebe der gewerblichen Tierhaltung umfasst.[609] Die insoweit an der These von Loibl/Rechel geübte Kritik muss allerdings als unbegründet eingestuft werden, da diese

---

605 Loibl/Rechel, UPR 2008, 134 (139).
606 Diese Problematik wird daher konsequenterweise regelmäßig im Rahmen der Privilegierungskonkurrenzen aufgegriffen; vgl. hierzu Kühne, Die Änderung der Außenbereichsvorschrift des § 35 BauGB durch das Europarechtsanpassungsgesetz Bau, S. 166–169; ebenso Kruschinski, Biogasanlagen als Rechtsproblem, 127/128.
607 Loibl/Rechel, UPR 2008, 134 (139); Kraus, UPR 2008, 218 (221); Lampe, NuR 2006, 152 (155); Hentschke/Urbisch, AUR 2005, 41 (45); Söfker, in: Ernst/Zinkahn/Bielenberg/Krautzberger, Band II, § 35 Rn. 59; VG Mainz, Urt. v. 23.01.2007, 3 K 194/06. MZ, NuR 2007, 286 (287); Kühne, Die Änderung der Außenbereichsvorschrift des § 35 BauGB durch das Europarechtsanpassungsgesetz Bau, 166; Kruschinski, Biogasanlagen als Rechtsproblem, S. 127; a. A. Dürr, in: Brügelmann, BauGB (Stand Februar 2012), Band 3, § 35 Rn. 63a, Berkemann/Halama, Erstkommentierung zum BauGB 2004, S. 408, sowie Schmidt-Eichstaedt, ZfBR 2005, 751 (759).
608 Bundesregierung, Entwurf eines Gesetzes zur Anpassung des Baugesetzbuchs an EU-Richtlinien, BT-Drs. 15/2250, S. 55.
609 Kraus, UPR 2008, 218 (221).

als wesentliches Argument den Wortlaut der amtlichen Gesetzesbegründung anführt.[610] Dieser präzisiert die grundsätzliche Spezialität allerdings ausschließlich bezüglich einer potenziellen Privilegierung als „dienendes Vorhaben" oder als mitgezogene Nebennutzung.[611] Konsequenterweise könnte somit sogar weitergehend zur These von Loibl/Rechel eine potenzielle Privilegierung als eigenständige landwirtschaftliche Nutzung diskutiert werden.

Jedoch ändert diese Einschätzung unabhängig vom Umfang der Spezialität nichts an der grundsätzlichen Fragwürdigkeit des vertretenen Auslegungsergebnisses. Die Argumentation stützt sich hierzu im Wesentlichen auf die fehlende Zwecksetzung hinsichtlich eines potenziell gesamtabschließenden Charakters[612] bzw. auf die unterschiedliche Zwecksetzung der einzelnen Privilegierungstatbestände.[613] Berkemann hält eine derartige Auslegung zudem für widersprüchlich im Hinblick auf die umweltpolitische Zwecksetzung des Europarechtsanpassungsgesetzes Bau[614] und die Steuerungsmöglichkeit nach § 35 Abs. 3 S. 3 BauGB, da sich diese lediglich auf § 35 Abs. 1 Nr. 2 bis 6 b BauGB beziehe, nicht aber auf § 35 Abs. 1 Nr. 1 BauGB.[615] Hierzu wird beispielsweise die Genehmigungsfähigkeit großer Biogasanlagen angeführt, die sich im Fall eines abschließenden Charakters im Gegensatz zu Kohlekraftwerken nicht mehr nach § 35 Abs. 1 Nr. 3 BauGB als Betrieb der öffentlichen Versorgung richten könne.[616] Diese These muss sich allerdings das in Kapitel 3 B.II.4.c).(C.) festgestellte Ergebnis entgegen halten lassen, wonach Biogasanlagen aufgrund fehlender Ortsgebundenheit überhaupt nicht geeignet sind, die Tatbestandsvoraussetzungen des § 35 Abs. 1 Nr. 3 BauGB zu erfüllen. In Frage kämen demnach lediglich die Alternativen § 35 Abs. 1 Nr. 1 BauGB als landwirtschaftlicher Betrieb und § 35 Abs. 1 Nr. 4 BauGB als Vorhaben, das wegen seiner nachteiligen Auswirkungen auf die Umgebung bzw. der besonderen Zweckbestimmung

---

610 Loibl/Rechel, UPR 2008, 134 (139).
611 Bundesregierung, Entwurf eines Gesetzes zur Anpassung des Baugesetzbuchs an EU-Richtlinien, BT-Drs. 15/2250, S. 55.
612 Loibl/Rechel, UPR 2008, 134 (139); Berkemann/Halama, Erstkommentierung zum BauGB 2004, S. 408.
613 Mantler, BauR 2007, 50 (62).
614 Berkemann/Halama, Erstkommentierung zum BauGB 2004, S. 408; ebenso Ekardt/Kruschinski, ZNER 2008, 7 (9) ausgehend von einer günstigen Gesamtenergiebilanz großer Biogasanlagen.
615 Berkemann/Halama, Erstkommentierung zum BauGB 2004, S. 408/409; ähnlich Kraus, UPR 2008, 218 (221).
616 Ekardt/Kruschinski, ZNER 2008, 7 (9).

nur im Außenbereich ausgeführt werden soll.[617] Kraus hält insoweit bereits die mit der Einführung einer speziellen Regelung für die energetische Nutzung von Biomasse implizierte gesetzgeberische Intention, eine abschließende Regelung für entsprechende Vorhaben zu schaffen, für die Annahme eines abschließenden Charakters als ausreichend.[618] Zusätzlich wird angeführt, der Gesetzgeber wollte gerade die im Rahmen der Subsumtion unter § 35 Abs. 1 Nr. 1 BauGB entstandenen Auslegungsschwierigkeiten durch eine abschließende Sonderregelung beseitigen. Mit einer derartigen Ausnahmevorschrift sei aber bereits der Ausschluss anderer Tatbestandsalternativen verbunden.[619] Letztendlich halten diese Literaturstimmen die aufgezeigte Problematik in Ermangelung einer entsprechenden anderweitigen Privilegierungsmöglichkeit außerhalb des § 35 Abs. 1 Nr. 1 BauGB für nicht praxisrelevant.[620]

Es kann jedoch aufgrund der Steuerungsmöglichkeit nach § 35 Abs. 3 S. 3 BauGB und der insoweit fehlenden Verweisung auf § 35 Abs. 1 Nr. 1 BauGB weder für noch gegen eine Einstufung als abschließende Sondervorschrift geschlossen werden. Vielmehr ist der Verzicht auf eine entsprechende Verweisung als Konsequenz der historisch gewachsenen Hofstellensituierung in Deutschland zu klassifizieren, welche zugleich einen faktischen Ausschluss jedweder Steuerungsmöglichkeit bezüglich entsprechender Bauvorhaben mit sich bringen muss. Bezüglich des Wortlauts der amtlichen Gesetzesbegründung ist festzuhalten, dass der Gesetzgeber die Privilegierungsmöglichkeit nach § 35 Abs. 1 Nr. 1 BauGB als nach bisheriger Rechtslage einzig möglichen Privilegierungstatbestand gesehen hat. Dies wird bereits aus der Formulierung *„gegenüber der nach bisherigem Recht möglichen Privilegierung nach Nummer 1"* deutlich.[621] Der Gesetzgeber hatte somit lediglich diese Privilegierungsmöglichkeit im Blick, wollte allerdings hinsichtlich der

---

617 Vgl. hierzu Kapitel 3 B.II.4.b). und Kapitel 3 B.II.4.d)..
618 Kraus, UPR 2008, 218 (221); diese Intention entnimmt Kraus dem Wortlaut der amtlichen Gesetzesbegründung, wonach „Vorhaben zur Nutzung der Energie von aus Biomasse erzeugtem Gas unter bestimmten Voraussetzungen in den Katalog der privilegierten Vorhaben nach § 35 Abs. 1 aufgenommen" werden sollten, vgl. Bundesregierung, Entwurf eines Gesetzes zur Anpassung des Baugesetzbuchs an EU-Richtlinien, BT-Drs. 15/2250, S. 54.
619 Kruschinski, Biogasanlagen als Rechtsproblem, S. 127/128.
620 Kraus, UPR 2008, 218 (221); Kruschinski, Biogasanlagen als Rechtsproblem, S. 128; Peine/Knopp/Radcke, Das Recht der Errichtung von Biogasanlagen, S. 130; diese Situation andeutend ebenso Auslegungshinweise der Fachkommission Städtebau vom 22.3.2006, S. 1; a. A. Dürr, in: Brügelmann, BauGB (Stand Februar 2012), Band 3, § 35 Rn. 63a.
621 Bundesregierung, Entwurf eines Gesetzes zur Anpassung des Baugesetzbuchs an EU-Richtlinien, BT-Drs. 15/2250, S. 55.

energetischen Nutzung von Biomasse eine abschließende Spezialvorschrift begründen, verbunden mit in Anbetracht einer größtmöglichen Außenbereichsschonung erforderlichen Restriktionen.[622] Zusammenfassend ist daher die Einordnung des § 35 Abs. 1 Nr. 6 BauGB als abschließende Spezialvorschrift für verstromende Biogasanlagen festzustellen.[623]

C. Abweichungen zwischen rechtlichen Vorgaben und Verwaltungspraxis

Wie bereits dargestellt, bestehen in der Verwaltungspraxis – teilweise dem technischen Fortschritt geschuldet – erhebliche Abweichungen in Bezug auf die Berechnung des Leistungsäquivalents der installierten elektrischen Leistung von 0,5 MW. Hier finden sich Wertangaben sowohl von 2,0 MW[624], 1,5 MW[625] sowie 1,2 MW[626] wieder. Weiterhin wird in Schleswig-Holstein eine Kumulation der Wertgrenze von 1,2 MW mit einer maximalen Rohgasmenge von 1,8 Mio. Nm³ pro Jahr vorgenommen. Dabei darf keiner der angegebenen Werte überschritten werden.[627] Nach der Rechtslage vor dem Gesetz zur Förderung des Klimaschutzes bei der Entwicklung in den Städten und Gemeinden vom 22.Juli 2011[628] bestand somit eine Widersprüchlichkeit zu den gesetzlichen Vorgaben. Bereits im Gesetzesentwurf

---

622 Söfker, in: Ernst/Zinkahn/Bielenberg/Krautzberger, Band II, § 35 Rn. 59.
623 Ebenso: Söfker, in: Ernst/Zinkahn/Bielenberg/Krautzberger, Band II, § 35 Rn. 59; Kraus, UPR 2008, 218 (221); Lampe, NuR 2006, 152 (155); Kühne, Die Änderung der Außenbereichsvorschrift des § 35 BauGB durch das Europarechtsanpassungsgesetz Bau, S. 169; Peine/Knopp/Radcke, Das Recht der Errichtung von Biogasanlagen, S. 130; Auslegungshinweise der Fachkommission Städtebau vom 22.3.2006, S. 4.
624 Auslegungshinweise der Fachkommission Städtebau vom 22.3.2006, S. 4; Biomasseerlass Brandenburg vom 5. April 2006, ABl. für Brandenburg 2006, 354 (357).
625 Auslegungshinweise Brandenburg November 2008, S. 16; siehe auch Auslegungshinweis Schleswig-Holstein vom 24.11.2010, S. 2, Bezug nehmend auf den Auslegungshinweis vom 26.09.2007; ebenso Manten, ZUR 2008, 576 (576).
626 Auslegungshinweis Schleswig-Holstein vom 24.11.2010, S. 1.
627 Auslegungshinweis Schleswig-Holstein vom 24.11.2010, S. 1.
628 Gesetzes zur Förderung des Klimaschutzes bei der Entwicklung in den Städten und Gemeinden vom 22. Juli 2011, BGBl. I S. 1509 (1510).

der Bundesregierung zu vorbezeichneter Neufassung war daher bereits folgender Wortlaut des § 35 Abs. 1 Nr. 6 d BauGB vorgesehen:

„*die Feuerungswärmeleistung der Anlage überschreitet nicht 2,0 Megawatt und die Kapazität einer Anlage zur Erzeugung von Biogas überschreitet nicht 2,3 Millionen Normkubikmeter Biogas pro Jahr,*"[629]

Mit Ratifizierung dieser Gesetzesfassung hat sich der Gesetzgeber somit ebenfalls für eine kumulative Leistungsbeschränkung der Feuerungswärmeleistung und der erzeugten Biogasmenge entschieden.

Die Verwaltungspraxis hinsichtlich der Behandlung der Nachrüstung von Anlagen zur Abgaswärmeverstromung wurde bereits ausführlich in Kapitel 7 A.I. dargestellt und entspricht in Bezug auf die verwendeten Bezugsgrößen dieser Neufassung. Die Gesetzesänderung hat somit die dargestellte Problematik für zukünftige Genehmigungsverfahren faktisch aufgehoben, da die installierte elektrische Anlagenleistung als Grenze für die Elektrifizierung der Abwärme komplett entfällt. Dieser Aspekt war auch einer der wesentlichen Gründe für die geplante Änderung, da der Gesetzgeber ausweislich der amtlichen Gesetzesbegründung „technische Verbesserungen und Erhöhungen des Wirkungsgrades von Biomasseanlagen" bei einer gleichbleibenden Außenbereichsbelastung fördern wollte.[630] Allerdings war nach alter Rechtslage sowohl die Kumulation von Feuerungswärmeleistung und maximaler Rohgasmenge sowie eine ausschließliche Beurteilung in Form einer Umrechnung auf Feuerungswärmeleistung[631] als „contra legem" und somit als unzulässig einzustufen.[632]

Grundsätzlich zutreffend vorgenommen wird weiterhin die Einstufung des § 35 Abs. 1 Nr. 6 BauGB als abschließende Privilegierungsnorm für derartige Anlagen, die vom Tatbestand tatsächlich erfasst werden. Diese Charakterisierung bezieht sich sowohl auf die Zulässigkeit nach alter Rechtslage als „mitgezogene" Nutzung oder wegen der „dienenden Funktion" als auch auf die weiteren Privilegierungsalternativen des § 35 Abs. 1 BauGB.[633] Diese Einordnung kann, wie in Kapitel 3 B. aufgezeigt allerdings nicht für Anlagen der

---

629 Bundesregierung, Entwurf eines Gesetzes zur Stärkung der klimagerechten Entwicklung in den Städten und Gemeinden, BT-Drs.: 17/6076, S. 4.
630 Bundesregierung, Entwurf eines Gesetzes zur Stärkung der klimagerechten Entwicklung in den Städten und Gemeinden, BT-Drs.: 17/6076, S. 10.
631 So die Auslegungshinweise Brandenburg November 2008, S. 17.
632 Vgl. hierzu Kapitel 7 A..
633 Auslegungshinweise der Fachkommission Städtebau vom 22.03.2006, S. 4; Auslegungshinweise des Bayerischen Staatsministeriums des Innern vom 04.08.2005, S. 5; Biogashandbuch Bayern, Kapitel 2, S. 11.

Gasdirekteinspeisung gelten. Außerdem werden sowohl das Beifügen eines Hilfsmotors als auch das Drosseln von leistungsfähigeren Anlagen in der Verwaltungspraxis hingenommen, ohne ein Überschreiten der zulässigen Anlagenleistung anzunehmen.[634]

---

634 Auslegungshinweise Brandenburg November 2008, S. 18.

Kapitel 8 Vorgaben für die Verwaltungspraxis

Auf Basis der vorgenommen Auslegung der Tatbestandsmerkmale des § 35 Abs. 1 Nr. 6 BauGB und der aufgezeigten Widersprüche zwischen Verwaltungspraxis, Rechtssprechung und Literatur werden im Folgenden konkrete Vorgaben zur Umsetzung in der behördlichen Genehmigungspraxis formuliert.

A. Vorgaben im Hinblick auf den Umfang der nach Bauplanungsrecht zulässigen Biomasse

Der bauplanungsrechtliche Biomassebegriff ist deutlich vom aus förderpolitischen Gründen eingeschränkten Biomassebegriff der Biomasseverordnung abzugrenzen. Insbesondere kann die einengende Auslegung in Richtung eines Gleichlaufs mit dem Biomassebegriffs der Biomasseverordnung nicht mit dem Grundsatz größtmöglicher Außenbereichsschonung begründet werden. Der Begriff der Biomasse in § 35 Abs. 1 Nr. 6 BauGB ist daher mit der weiten naturwissenschaftlichen Begriffsdefinition gleichzusetzen. Diese entspricht der Grunddefinition von Biomasse im Sinne des § 2 Abs. 1 BiomasseV sowie der gemeinschaftsrechtlichen Begriffsdefinition der Richtlinien 2001/77/EG und 2009/28/EG. Als Biomasse im Sinne des Baugesetzbuchs ist somit sämtliche Phyto- und Zoomasse sowie hieraus resultierende Folge- und Nebenprodukte, Rückstände und Abfall einzustufen.

Im Ergebnis stellt das Einbringen von Biomasse, die nicht dem eingeschränkten Begriffsverständnis der Biomasseverordnung entspricht, keine baurechtliche Nutzungsänderung dar und rechtfertigt insbesondere keine baupolizeilichen Maßnahmen. Entgegen der weit verbreitenden Literaturansicht ist in der Praxis aufgrund der Aufhebung des Ausschließlichkeitsprinzips mit einer Vielzahl derartiger Fälle zu rechnen, sodass der Anwendungsbereich des bauplanungsrechtlichen Biomassebegriffs auch nicht faktisch auf die Fälle der Biomasseverordnung reduziert werden kann.

B. Vorgaben hinsichtlich der Privilegierung von Anlagen der Gasdirekteinspeisung

Entgegen der herrschenden Literaturmeinung und der bestehenden Verwaltungspraxis werden Anlagen zur Direkteinspeisung von Biogas – also Fermentationsanlagen, die keine Verstromung vornehmen, sondern das aufbereitete Biogas in das Erdgasnetz einspeisen – nur subsidiär von § 35 Abs. 1 Nr. 6 BauGB erfasst, da erst der Verstromungsprozess eine Einordnung als „energetische Nutzung" erlaubt. Vorrangig ist somit die Privilegierung entsprechender Anlagen nach § 35 Abs. 1 Nr. 1 u. Nr. 4 Bau GB zu prüfen. Eine Privilegierung als landwirtschaftlicher Betrieb ist insbesondere dann gegeben, wenn die Biogasanlage überwiegend – dies bedeutet mindestens 50 % – mittels eigener landwirtschaftlicher Ausgangsstoffe des Basisbetriebs beliefert und betrieben wird. Grundsätzlich ist hierzu festzuhalten, dass die Erzeugung von Biogas auf Grundlage von im Rahmen der Wiesen- und Ackerwirtschaft erzeugten Rohstoffen – exklusive der Verstromung des Gases – als unmittelbare Bodenertragsnutzung und somit als Landwirtschaft im Sinne des § 201 BauGB einzustufen ist.

Eine Beurteilung als Vorhaben im Sinne des § 35 Abs. 1 Nr. 4 BauGB wird dann relevant, wenn im jeweiligen Gemeindegebiet aufgrund der konkreten örtlichen Verhältnisse eine Zulässigkeit entsprechender Anlagen im planungsrechtlichen Innenbereich ausscheidet. Jedenfalls ist entsprechenden Anlagen sowohl aufgrund bestehender Emissionen sowie anhand der aufgezeigten Abhängigkeit eines wirtschaftlichen Anlagenbetriebs von einer zentralen Lage innerhalb der Substraterzeugungsflächen eine umgebungsspezifische Abhängigkeit vom Außenbereich zu attestieren. Auch handelt es sich hierbei um singuläre Vorhaben, da diese Abhängigkeit nur den wirtschaftlichen Betrieb einer begrenzten Anzahl von Anlagen im jeweiligen Gemeindegebiet zulässt.

Erst im Fall einer negativen Beurteilung dieser beiden Privilegierungsalternativen ist dem Argument „a majore ad minus" folgend eine Privilegierung nach § 35 Abs. 1 Nr. 6 BauGB zu prüfen. In diesem Fall bedarf es einer Umrechnung der Leistungsbegrenzung in das entsprechende Leistungsäquivalent erzeugter Rohgasmenge bzw. der entsprechenden Feuerungswärmeleistung.

C. Vorgaben zur Beurteilung gesellschaftsrechtlicher Betreibermodelle

Soweit die Beurteilung eines gesellschaftsrechtlichen Betreibermodells im Hinblick auf das Merkmal „im Rahmen eines Betriebes" vorzunehmen ist, kann dieses

Merkmal auch im Fall der Beteiligung privilegierungsfremder Dritter nicht dergestalt interpretiert werden, der Inhaber des privilegierten Basisbetriebs müsse maßgeblichen Einfluss in Form einer gesellschaftsrechtlichen Mehrheitsbeteiligung besitzen. Eine derartige ergänzende Interpretation überschreitet aufgrund einer teilweise gegenläufigen gesetzgeberischen Zwecksetzung die Grenzen juristischer Auslegung und läuft zudem der höchstrichterlichen Rechtsprechung zuwider.

D. Vorgaben zur Beurteilung des räumlich-funktionalen Zusammenhangs mit dem Betrieb

Das Tatbestandsmerkmal des räumlich-funktionalen Zusammenhangs bezieht sich ausschließlich auf die Beziehung zwischen dem Basisbetrieb und dem Betreiberbetrieb. Es bedarf folglich keines räumlich-funktionalen Zusammenhangs zwischen der Biogasanlage und den Kooperationsbetrieben.

Als Anknüpfungspunkt für die Beurteilung des räumlichen Zusammenhangs kann selbst im Fall von NaWaRo-Anlagen allein die Nähe zu landwirtschaftlichen Betriebsflächen nicht genügen. Allerdings ist im Fall derartiger Anlagen ein weitergehender Bezug zu baulichen Anlagen unabhängig von den insoweit bestehenden Eigentumsverhältnissen ausreichend.

Hinsichtlich des Umfangs des erforderlichen Näheverhältnisses kann keine maximal zulässige Entfernung benannt werden. Vielmehr ist eine entsprechende Einzelfallabwägung vorzunehmen. Teilweise wurden insoweit von der Rechtsprechung bereits Distanzen von 700 m als ausreichend erachtet.

E. Vorgaben für die Beurteilung landwirtschaftlicher Kooperationsbetriebe im Hinblick auf die Herkunft der Biomasse

Hinsichtlich der Beurteilung der Herkunft der eingesetzten Biomasse im Fall von Kooperationsbetrieben ist eine potenzielle Situierung der für die Beurteilung maßgeblichen Hofstelle im planungsrechtlichen Innenbereich als irrelevant einzustufen. Entscheidend ist vielmehr, dass – wie im Fall von NaWaRo-Anlagen üblich – die produktionsrelevanten Wirtschaftsflächen im Außenbereich liegen. Weiterhin ist dem Gesetzeswortlaut keinerlei Erforderlichkeit einer Mitbetreibereigenschaft des beliefernden Kooperationsbetriebs zu entnehmen. Auch sind die

Eigentumsverhältnisse an den Erzeugungsflächen lediglich als Indiz, nicht aber als zwingendes Kriterium im Rahmen dieser Bewertung zu klassifizieren.

Für die Zurechnung von Biomasse zu einem nahe gelegenen Kooperationsbetrieb ist es nicht als ausreichend zu betrachten, wenn die Biomasse im Fall sogenannter „Scheinzulieferbetriebe" lediglich in beliebiger Art und Weise den Betrieb passiert hat. Vielmehr ist eine Produktion der für eine überwiegende Belieferung relevanten Rohstoffe auf den Flächen des maßgeblichen Betriebs erforderlich. Weiterhin ist im Hinblick auf den Eigenanteil des Basisbetriebs an der Substratbelieferung ein lediglich formeller Mindestanteil als ausreichend zu betrachten.

Als Bemessungsgröße zur Bewertung der überwiegenden Belieferung durch nahe gelegene Kooperationsbetriebe kann wahlweise auf das Volumen oder das Gewicht des Substrats abgestellt werden. Entscheidend ist dabei allerdings das Anlegen eines einheitlichen Maßstabs. Eine Abänderung dieser Bemessungskriterien in Richtung eines Abstellens auf den jeweiligen Energiegehalt ist auch nicht im Fall der Bewertung sogenannter „Mischbiomasse" gerechtfertigt. Vielmehr sind die potenziell mit einer derartigen Bewertung einhergehenden Verschiebungen des Prozentsatzes der Belieferung aus nahe gelegenen Betrieben aufgrund des insoweit nicht eindeutigen Wortlauts hinzunehmen.

Die Vorgaben des Bundesverwaltungsgerichts im Urteil vom 11.12.2008 hinsichtlich der Beurteilung des Merkmals „nahe gelegen" sind dahingehend zu interpretieren, dass im Fall von Entfernungen unter 15 km zwischen Biogasanlage und Zulieferbetrieb unter 15 km von einem „nahe gelegenen" Betrieb auszugehen ist. Abweichungen hiervon sind ausschließlich im Fall erheblicher siedlungsstruktureller oder betriebsspezifischer Unterschiede im Vergleich zum typischen Betriebsbild einer Biogasanlage möglich. Im Entfernungsbereich von 15 bis zu 20 km bedarf es stets einer Einzelfallabwägung anhand der aufgezeigten Kriterien. Im Fall von Distanzen jenseits der 20-km-Grenze besteht eine Vermutung für eine negative Bewertung. Diese kann wiederum aufgrund siedlungsstruktureller oder betriebsspezifischer Besonderheiten des Einzelfalls widerlegt werden.

Die Nachhaltigkeit und Dauerhaftigkeit einer entsprechenden Kooperation darf nicht im Rahmen einer Prognoseentscheidung abgeschätzt werden, sondern ist anhand der vorzulegenden Belieferungsverträge und deren konkreten Laufzeiten zu beurteilen.

F. Vorgaben zur Beurteilung der Begrenzung auf eine Anlage pro Hofstelle und Betriebsstandort

Im Fall landwirtschaftlicher Betriebe setzt eine getrennte Betrachtung mehrerer Hofstellen vor dem Hintergrund der Beschränkung auf eine Anlage in

§ 35 Abs. 1 Nr. 6 c BauGB das Bestehen jeweils einer Betriebswohnung voraus. Denn im Fall der zweiten Tatbestandsalternative des § 35 Abs. 1 Nr. 6 c BauGB handelt es sich lediglich um ein Begriffsäqivalent zur Hofstelle im Fall landwirtschaftsfremder Betriebe, sodass selbst im Fall organisatorischer und wirtschaftlicher Selbstständigkeit keine differenzierende Privilegierungsmöglichkeit besteht.

Die Beteiligung an einem Kooperationsbetrieb löst ausschließlich für derartige Betriebe die beschränkende Wirkung des § 35 Abs. 1 Nr. 6 c BauGB aus, auf deren Hofstelle die Biogasanlage auch tatsächlich situiert ist. Die bloße Beteiligung an einem Kooperationsbetrieb ist hingegen unabhängig von der tatsächlichen Ausgestaltung der Beteiligungsform für eine Einschränkung nicht relevant.

Der Bestand einer – auf Basis eines vorhabenbezogenen Bebauungsplanes errichteten – Anlage auf einer landwirtschaftlichen Hofstelle führt nicht zum Erlöschen der Außenbereichsprivilegierung nach § 35 Abs. 1 Nr. 6 c BauGB. Dem Landwirt bleibt daher die Möglichkeit der Errichtung einer privilegierten Anlage vorbehaltlich potenzieller anderweitiger Regelungen in städtebaulichen Verträgen unbenommen. Des Weiteren ist es nicht zulässig, einem landwirtschaftlichen Betrieb allein aufgrund der Situierung der Hofstelle im beplanten Bereich die Privilegierung abzusprechen.

G. Vorgaben zur Beurteilung der installierten elektrischen Anlagenleistung

Die Verwaltungspraxis, welche die Nachrüstung von Bestandsanlagen mit Techniken, die ohne Erweiterung der Motorenleistung und ohne Erhöhung der Fermenterkapazitäten unter Ausnutzung von Abwärme zusätzlich Strom erzeugen, ausdrücklich zuließ, ist aufgrund einer teleologischen Extension der Leistungsbegrenzung noch als vom gesetzlichen Tatbestand des Baugesetzbuches in der Fassung der Bekanntmachung vom 23.09.2004 (BGBl. I S. 2414), zuletzt geändert durch Art. 4 G zur Neuregelung des Wasserrechts vom 31.7.2009 (BGBl. I S. 2585) umfasst zu betrachten.

Für Anlagen, die das erzeugte Biogas vor Ort im Rahmen eines Verbrennungsprozesses verstromen, ist die Privilegierung nach § 35 Abs. 1 Nr. 6 BauGB als abschließende Sonderregelung zu betrachten. Lediglich für Anlagen der Gasdirekteinspeisung kann vorrangig eine Privilegierung nach § 35 Abs. 1 Nr. 1, Nr. 4 BauGB relevant werden.

Literaturverzeichnis

Andreä, Ingo	Biogas und Biomasse – Nachwachsende Rohstoffe für die Energiegewinnung und ihr Einfluss auf den Kulturlandschaftswandel –, 1. Auflage, Duisburg/Köln 2009 (zit. Andreä, Biogas und Biomasse)
Bartsch, Michael / Röhling, Andreas / Salje, Peter / Scholz, Ulrich (Hrsg.)	Stromwirtschaft – Ein Praxishandbuch –, 2. Auflage, Köln 2008 (zit. Bearbeiter, in: Bartsch/Röhling/Salje/Scholz, Stromwirtschaft)
Battis, Ulrich / Krautzberger, Michael / Löhr, Rolf-Peter	Die Änderungen des Baugesetzbuchs durch das Europarechtsanpassungsgesetz Bau (EAG Bau 2004), NJW 2004, 2553 ff.
Battis, Ulrich / Krautzberger, Michael / Löhr, Rolf-Peter	Baugesetzbuch, 11. Aufl., München 2009 (zit. Bearbeiter, in: Battis/Krautzberger/Löhr, BauGB)
Berkemann, Jörg (Hrsg.) / Bunzel, Arno / Halama, Günter / Schmid-Eichstaedt, Gerd / Schrödter, Wolfgang	BauGB 2004 – Nachgefragt, 250 Fragen zum Baugesetzbuch 2004, 1. Auflage, Bonn 2006 (zit. Bearbeiter, in: Berkemann, BauGB)
Berkemann, Jörg / Halama, Günter	Erstkommentierungen zum BauGB 2004, 1. Auflage, Bonn 2005 (zit. Berkemann/Halama, Erstkommentierungen zum BauGB 2004)
Bienek, Heinz / Krautzberger, Michael	Aktuelle Fragen zum Städtebaulichen Innenbereich nach § 34 BauGB und zum Außenbereich nach § 35 BauGB, UPR 2008, 81 ff.
Birkemeyer, Claas	Anm. zu BVerwG, Urt. v. 11.12.2008, NVwZ 2009, 585, in: IBR 2009, 417

Bolhàr-Nordenkampf, Markus / Jörg, Klaus	Gasreinigung – Stand der Technik, Schriftenreihe „Nachwachsende Rohstoffe" Band 24, S. 84 ff. (zit. Bolhàr-Nordenkampf/Jörg, in: Schriftenreihe „Nachwachsende Rohstoffe" Band 24)
Bredow, Hartwig, von	Der Technologiebonus für innovative Anlagentechnik, in: Loibl/Maslaton/Bredow, Biogasanlagen im EEG, 89 ff. (zit. Bredow, von, in: Loibl/Maslaton/Bredow, Biogasanlagen im EEG 2009)
Brügelmann, Hermann	Baugesetzbuch, Stand Februar 2012, Stuttgart (zit. Bearbeiter, in: Brügelmann, BauGB (Stand Februar 2012), Band)
Brügelmann, Hermann	Baugesetzbuch, Stand Juli 2011, Stuttgart (zit. Bearbeiter, in: Brügelmann, BauGB (Stand Juli 2011), Band)
Büdenbender, Ulrich / Rosin, Peter	KWK-AusbauG – Kommentar zum Gesetz für die Erhaltung, die Modernisierung und den Ausbau der Kraft-Wärme-Kopplung, 1. Auflage, Köln 2003 (zit. Büdenbender/Rosin, KWK-AusbauG Kommentar)
Bundesrat	Stellungnahme des Bundesrates zum Entwurf eines Gesetzes zur Neuregelung des Rechtsrahmens für die Förderung der Stromerzeugung aus erneuerbaren Energien, BR-Drs. 341/11 (Beschluss)
Bundesrat	Bundesrat, Stellungnahme zum Regierungsentwurf, BR-Drs. 756/03 (Beschluss), S. 1 ff.
Bundesrat	Antrag des Freistaates Bayern, BR-Drs. 756/11/03, S. 1 ff.
Bundesrat	Stellungnahme zum Entwurf eines ersten Gesetzes zur Änderung des Erneuerbare-Energien-Gesetzes, BR-Drucksache 242/03 (Beschluss), S. 1 ff.

Bundesrat	Empfehlungen der Ausschüsse, BR-Drs. 756/1/03, S. 1 ff.
Bundesrat	Plenarprotokoll der Sitzung vom 28. November 2003, BR-Drs. Plenarprotoll 794, 1 ff.
Bundesrat	Empfehlungen der Ausschüsse, BR-Drs. 395/1/04, S. 1 ff.
Bundesrat	Stellungnahme zum Entwurf eines Gesetzes zur Neuregelung des Rechtsrahmens für die Förderung der Stromerzeugung aus erneuerbaren Energien, BR-Drs. 341/11 (Beschluss), S. 1 ff.
Bundesrat	Stellungnahme zum Entwurf eines Gesetzes zur Anpassung des Baugesetzbuchs an EU-Richtlinien, BT-Drs. 15/2250, S. 75 ff.
Bundesregierung	Entwurf eines Bundesbaugesetzbuches, BT-Drs. 3/336, S. 1 ff.
Bundesregierung	Entwurf eines Gesetzes zur Anpassung des Baugesetzbuchs an EU-Richtlinien, BR-Drs. 756/03, S. 1 ff.
Bundesregierung	Gegenäußerung zur Stellungnahme des Bundesrates, BT-Drs. 15/2250, S. 90 ff.
Bundesregierung	Entwurf eines Gesetzes zur Stärkung der klimagerechten Entwicklung in den Städten und Gemeinden, BT-Drs.: 17/6076, S. 3 ff.
Bundesregierung	Entwurf eines Gesetzes zur Anpassung des Baugesetzbuchs an EU-Richtlinien, BT-Drs. 15/2250, S. 5 ff.
Bundestag	Plenarprotokoll der Sitzung vom 15.01.2004, BT-Drs. 15/86, S. 7505 ff.
Bundestag	Beschlussempfehlung und Bericht des Ausschusses für Verkehr, Bau- und Wohnungswesen vom 28.04.2004, BT-Drs. 15/2996, S.1 ff.

Bunzel, Arno	Berliner Gespräche zum Städtebaurecht, DVBl. 2010, 1551 ff.
Burger, Wolfgang	Rechtliche Rahmenbedingungen beim Bau und Betrieb von Biogasanlagen, Die Gemeinde 2004, 320 ff.
Danner, Wolfgang / Theobald, Christian	Energierecht – Kommentar, München, Stand Mai 2010, 66. Ergänzungslieferung (aktueller Stand April 2012, 74. Ergänzungslieferung) (zit.: Danner/Theobald Energierecht, Band)
Dannischewski, Johannes	Die Verordnung über die Erzeugung von Strom aus Biomasse (Biomasseverordnung) – Ein Überblick über die am 28. Juni 2001 in Kraft getretene Regelung, ZNER 2001, 70ff.
Desens, Marc	Bindung der Finanzverwaltung an die Rechtsprechung, 1. Auflage, Tübingen 2011 (zit. Desens, Bindung der Finanzverwaltung an die Rechtspechung)
Dolde, Klaus-Peter	Zulässigkeit von Kraftwerken im Außenbereich, NJW 1983, 792 ff.
Ekardt, Felix / Kruschinski, Henrike-Uljane	Bioenergieanlagen: Planungsrechtliche Minimierung möglicher Nutzungskonflikte, ZNER 2008, 7 ff.
Ernst, Werner / Zinkahn, Willy / Bielenberg, Walter / Krautzberger, Michael	Baugesetzbuch, Stand 1. Juni 2012, München (zit. Bearbeiter, in: Ernst/Zinkahn/Bielenberg/Krautzberger, BauGB, Band)
F. A. Brockhaus GmbH (Hrsg.)	Brockhaus – Die Enzyklopädie, Band 6 (DUD – EV), 20. Auflage Leipzig/Mannheim 1997 (zit. Brockhaus, Band 6)
Fachagentur Nachwachsende Rohstoffe e. V. (Hrsg.)	Handreichung – Biogasgewinnung und -nutzung, 4. Auflage, Gülzow 2009 (zit. Fachagentur Nachwachsende Rohstoffe e. V., Handreichung Biogas)

Fachagentur Nachwachsende Rohstoffe e. V. (Hrsg.)	Schriftenreihe „Nachwachsende Rohstoffe", Band 24, Biomassevergasung – der Königsweg für eine effiziente Strom- und Kraftstoffbereitstellung, 1. Auflage, Münster 2004
Fachagentur Nachwachsende Rohstoffe e. V. (Hrsg.)	Gülzower Fachgespräche, Band 32, Tagungsband „Biogas in der Landwirtschaft – Stand und Perspektiven", 1. Auflage, Hürth 2009
Fachagentur Nachwachsende Rohstoffe e. V. (Hrsg.)	Studie – Einspeisung von Biogas in das Erdgasnetz -, 4. Auflage, Leipzig 2009 (zit. Fachagentur Nachwachsende Rohstoffe e. V., Studie zur Einspeisung von Biogas in das Erdgasnetz)
Ferner, Hilmar / Kröninger, Holger / Aschke, Manfred	Baugesetzbuch mit Baunutzungsverordnung, Handkommentar, 2. Auflage, Baden-Baden 2008 (zit. Bearbeiter, in: Ferner/Kröninger/Aschke BauGB)
Fillgert, Astrid	Die Genehmigungsfähigkeit von Biogasanlagen, AgrarR 2002, 341 ff.
Filser, Thorsten	Biogasanlagen – Herausforderungen für das Umweltrecht, NUR 2009, 178 ff.
Franckenstein, Georg von und zu	Zukünftige Anforderungen an die bauliche Nutzung landwirtschaftlicher Flächen – Tendenzen in Gesetzgebung und Rechtsprechung, AUR 2003, 73 ff.
Frenz, Walter (Hrsg.) / Müggenborg, Hans-Jürgen (Hrsg.)	EEG – Erneuerbare-Energie-Gesetz – Kommentar, 2. Auflage, Berlin 2011 (zit. Frenz/Müggenborg, EEG)
Gelzer, Konrad / Bracher, Christian-Dietrich / Reidt, Olaf	Bauplanungsrecht, 7. Auflage Köln 2004 (zit. Gelzer/Bracher/Reidt, Bauplanungsrecht)
Germer, Christoph / Loibl, Helmut	Handbuch Energierecht, 2. Auflage, Berlin 2007 (zit. Germer/Loibl, Handbuch Energierecht)

Hentschke, Helmar / Urbisch, Kirsten	Baurechtliche Zulässigkeit für Biomasseanlagen im unbeplanten Außenbereich nach dem EAG Bau, AUR 2005, 41 ff.
Herzberg, Rolf	Kritik der teleologischen Gesetzesauslegung, NJW 1990, 2525 ff.
Hesler, Wolfdieter, von	Rechtliche Aspekte der EEG-Förderung großer Biomasseanlagen, REE 2011, 11.
Hinsch, Andreas	Rechtliche Probleme der Energiegewinnung aus Biomasse, ZUR 2007, 401 ff.
Hinsch, Andreas / Holzapfel, Nadine	Die Regelung der Grundvergütung für Strom aus Biomasse, in: Loibl/Maslaton/Bredow/Walter, Biogasanlagen im EEG, 9 ff. (zit. Hinsch/Holzapfel, in: Loibl/Maslaton/Bredow/Walter, Biogasanlagen im EEG (2. Auflage 2010))
Hinsch, Andreas / Holzapfel, Nadine	Die Regelung der Grundvergütung für Strom aus Biomasse, in: Loibl/Maslaton/Bredow, Biogasanlagen im EEG 2009, 9 ff. (zit. Hinsch/Holzapfel, in: Loibl/Maslaton/Bredow, Biogasanlagen im EEG 2009)
Jäde, Henning / Dirnberger, Franz / Weiß, Josef	Baugesetzbuch – Baunutzungsverordnung, Kommentar; 6. Auflage, Stuttgart 2010 (zit. Bearbeiter, in: Jäde/Dirnberger/Weiß, BauGB)
Kaltschmitt, Martin / Hartmann, Hans / Hofbauer, Hermann	Energie aus Biomasse: Grundlagen, Techniken und Verfahren, 2. Auflage, Berlin/Heidelberg 2009 (zit. Kaltschmitt/Hartmann/Hofbauer, Energie aus Biomasse: Grundlagen, Techniken und Verfahren)
Klages, Christoph	Anm. zu BVerwG, Urt. v. 11.12.2008, NVwZ 2009, 585, in: AbfallR 2009, 90
Kraus, Stefan	Nochmals: Zur Privilegierung von Biogasanlagen im Außenbereich – eine Erwiderung, UPR 2008, 218 ff.

Kreft, Michael	Der Nichtanwendungserlass – Akzeptanz und Bindungswirkung der Finanzrechtsprechung in der Finanzverwaltung, 1. Auflage, Pfaffenweiler 1989 (zit. Kreft, Der Nichtanwendungserlass)
Kruschinski, Henrike-Uljane	Biogasanlagen als Rechtsproblem – Errichtung und wirtschaftlicher Betrieb als Beitrag zu einer nachhaltigen Energieversorgung-, 1. Auflage, Aachen 2010, (zit. Kruschinski, Biogasanlagen als Rechtsproblem)
Kruschinski, Henrike-Uljane	Bindung der Biogasanlage an den landwirtschaftlichen Basisbetrieb, BauR 2009, 1234 ff.
Kühne, Astrid	Die Änderungen der Außenbereichsvorschrift des § 35 BauGB durch das Europarechtsanpassungsgesetz Bau, 1. Auflage, Frankfurt am Main 2011
Lahme, Andreas	Zur Privilegierung von Biogasanlagen, Sonne, Wind und Wärme 2010, 86 ff.
Lahme, Andreas	Das Satelliten-BHKW im Bauplanungsrecht, Sonne, Wind und Wärme 2010, 89 ff.
Lampe, Inken	Die unterschiedlichen rechtlichen Anforderungen an die Zulassung von Biomasseanlagen, NuR 2006, 152 ff.
Lenk, Richard / Gellert, Walter	Fachlexikon Physik ABC, Band 1 (A – L), Zürich/Frankfurt 1974 (zit. Lenk/Gellert, Fachlexikon Physik, Band 1)
Loibl, Helmut	Anm. zu LG Regensburg, Urt. v. 06.07.2006, ZNER 2006, 279, in: ZNER 2006, 280.
Loibl, Helmuth (Hrsg.) / Maslaton, Martin (Hrsg.) / Bredow, Hartwig, von (Hrsg.)	Biogasanlagen im EEG 2009, 1. Auflage, Berlin 2009 (zit. Loibl/Maslaton/Bredow, Biogasanlagen im EEG 2009)
Loibl, Helmuth (Hrsg.) / Maslaton, Martin (Hrsg.) / Bredow, Hartwig, von (Hrsg.) / Walter, René (Hrsg.)	Biogasanlagen im EEG, 2. Auflage, Berlin 2010 (zit. Loibl/Maslaton/Bredow/Walter, Biogasanlagen im EEG (2. Auflage 2010)

Loibl, Helmuth / Rechel, Janine	Die Privilegierung von Biogasanlagen im Außenbereich, UPR 2008, 134 ff.
Mache, Hans-Michael	Anm. zu OVG Koblenz, Urt. v. 22.11.2007, 1 A 10253/07.OVG (nicht rechtskräftig), in: ZNER 2008, 91
Manten, Georg	Biogasanlagen zwischen Immissionsschutz- und Bauplanungsrecht – Auslegungs- und Zuständigkeitsprobleme im Hinblick auf § 35 Abs. 1 Nr. 6 BauGB, ZUR 2008, 576 ff.
Mantler, Mathias	Biomasseanlagen im Außenbereich – Die bauplanungsrechtliche Zulässigkeit von Vorhaben zur energetischen Nutzung von Biomasse nach § 35 Abs. 1 Nr. 6 BauGB, BauR 2007, 50 ff.
Maslaton, Martin	Die Entwicklung des Rechts der Erneuerbaren Energien 2007/2008, LKV 2009, 152 ff.
Maslaton, Martin / Zschiegner, André	Genehmigungsrechtliche Auswirkungen der bauplanungsrechtlichen Privilegierung von Biogasanlagen bei Eigentümerwechsel/ Betreiberwechsel, Immissionsschutz 2007, 122 ff.
Mitschang, Stephan (Hrsg.)	Stadt- und Regionalplanung vor neuen Herausforderungen, Berliner Schriften zur Stadt- und Regionalplanung, Band 2, 1. Auflage, Frankfurt a. M. 2007 (zit. Berliner Schriften zur Stadt- und Regionalplanung, Band 2)
Mitschang, Stephan (Hrsg.)	Klimaschutz und Energieeinsparung in der Stadt- und Regionalplanung – Berliner Schriften zur Stadt- und Regionalplanung, Band 7, 1. Auflage, Frankfurt a. M. 2009 (zit. Berliner Schriften zur Stadt- und Regionalplanung, Band 7)

Müller-Wiesenhaken, Wolfram / Kubicek, Rainer	Tieffrequenter Schall als zu bewältigender Konflikt u. a. bei der Genehmigung von Biogasanlagen und Blockheizkraftwerken in der Nachbarschaft zur Wohnbebauung, ZfBR 2011, 217 ff.
Müller, Friedrich / Christensen, Ralph	Juristische Methodik – Grundlegung für die Arbeitsmethoden der Rechtspraxis, Band 1, 10. Auflage, Berlin 2009
Mutius, Albert, von	Rechtliche Voraussetzungen und Grenzen der Erteilung von Baugenehmigungen für Windenergieanlagen, DVBl. 1992, 1469 ff.
Neumann, Werner	Anm. zu BVerwG, Urt. v. 11.12.2008, NVwZ 2009, 585, in: JurisPR-BVerwG 7/2009 Anm. 4
Pawlowski, Hans-Martin	Methodenlehre für Juristen, 3. Auflage, Heidelberg 1999
Peine, Franz-Joseph / Knopp, Lothar / Radcke, Andrea	Das Recht der Errichtung von Biogasanlagen, 1. Auflage, Berlin 2009 (zit. Peine/Knopp/Radcke, Das Recht der Errichtung von Biogasanlagen)
Pöhlmann, Katharina	Anm. zu BVerwG, Urt. v. 11.12.2008, NVwZ 2009, 585, in: Neue Energie 2009, 70ff.
Reinhold, Gerd	Welche Faktoren bestimmen die Wirtschaftlichkeit von Biogasanlagen?, Gülzower Fachgespräche, Band 32, 76 ff. (zit. Reinhold, in: Gülzower Fachgespräche, Band 32)
Reshöft, Jan (Hrsg.)	EEG – Erneuerbare-Energien-Gesetz – Handkommentar, 3. Auflage, Baden-Baden 2009 (zit. Reshöft, EEG Handkommentar)
Rixner, Florian / Biedermann, Robert / Steger, Sabine	Systematischer Praxiskommentar BauGB/BauNVO, 1. Auflage, Köln 2010 (zit. Bearbeiter in Rixner/Biedermann/Steger, BauGB/BauNVO)

Röhl, Klaus / Röhl, Hans Christian	Allgemeine Rechtslehre, 3. Auflage, Köln/München 2008
Röhnert, Philipp	Biomasseanlagen im Spannungsfeld zwischen baurechtlicher Privilegierung und Bauleitplanung, Informationen zur Raumentwicklung 2006, 67 ff.
Rössler, Rudolf / Troll, Max	Kommentar Bewertungsgesetz, Stand 15. April 2010, Müchen (zit. Bearbeiter in Rössler/Troll, Bewertungsgesetz)
Rüthers, Bernd / Fischer, Christian	Rechtstheorie, 5. Auflage, München 2010
Salje, Peter	EEG – Gesetz für den Vorrang Erneuerbarer Energien, 6. Auflage, Köln 2012 (zit. Salje, EEG)
Schäfer, Rudolf	Anforderungen an die planerische Steuerung von Photovoltaik- und Biogasanlagen, in Berliner Schriften zur Stadt- und Regionalplanung, Band 2, 103 ff. (zit. Schäfer in Berliner Schriften zur Stadt- und Regionalplanung, Band 2)
Schiffer, Hans-Wilhelm	Energiemarkt Bundesrepublik Deutschland, 6. Auflage, Köln 1997
Schiwy, Peter	Baugesetzbuch – Kommentar und Sammlung des Bau- und Städtebauförderungsrechts, Stand 01. April 2012, Köln (zit. Schiwy, BauGB, Band)
Schlichter, Otto / Stich, Rudolf / Driehaus, Hans-Joachim / Paetow, Stefan	Berliner Kommentar zum Baugesetzbuch, Stand 1. Juni 2012, Köln/München (zit. Bearbeiter, in: Berliner Kommentar zum Baugesetzbuch, Band)
Schmidt-Eichstaedt, Gerd	Das EAG Bau – ein Jahr danach, ZfBR 2005, 751 ff.

Schneider, Jens-Peter/Theobald, Christian	Recht der Energiewirtschaft – Praxishandbuch, 3. Auflage, München 2011 (zit. Bearbeiter, in: Schneider/Theobald, Recht der Energiewirtschaft)
Schomerus, Thomas / Sanden, Joachim / Dietrich, Björn	Die Betreiberproblematik bei der bauplanungsrechtlichen Zulassung des Betriebs von Biogasanlagen im Außenbereich unter besonderer Berücksichtigung der niedersächsischen Rechtslage, NordÖR 2006, 177 ff.
Schrödter, Wolfgang	Das Europarechtsanpassungsgesetz Bau – EAG Bau -, NST – N 2004, 197ff
Schulz, Heinz/Eder, Barbara	Biogas Praxis – Grundlagen, Planung, Anlagenbau, Beispiele, 2. Auflage, Freiburg 2001 (zit. Schulz/Eder, Biogas Praxis)
Söfker, Wilhelm	Ferienwohnungen und Windkraftanlagen im Außenbereich nach dem Städtebaurecht, ZfBR 1989, 91 ff.
Spannowsky, Willy / Uechtritz, Michael	Baugesetzbuch, 1. Aufl., München 2009 (zit. Spannowsky/Uechtritz, BauBG)
Stüer, Bernhard	Biomasse und Photovoltaikanlagen – Möglichkeiten zur planerischen Steuerung durch die Regional- und Bauleitplanung, in Berliner Schriften zur Stadt- und Regionalplanung, Band 7, 79 ff. (zit.) Stüer in Berliner Schriften zur Stadt- und Regionalplanung, Band 7
Stüer, Bernhard	Handbuch des Bau- und Fachplanungsrechts, 4. Aufl. München 2009 (zit. Stüer, Handbuch des Bau- und Fachplanungsrechts)
Stüer, Bernhard / Ehebrecht-Stüer, Eva-Maria	Reformbedarf im BauGB, DVBl. 2010, 1540 ff.

Toews, Thore	Biomassetransport – Was kostet die Logistik von Gülle und Co?, Gülzower Fachgespräche Band 32, 63 ff. (zit. Toews, in: Gülzower Fachgespräche, Band 32)
Urban, Wolfgang	Biogaseinspeisung in das Erdgasnetz: neueste Marktentwicklungen im Bereich Gasaufbereitung und Netzeinspeisung, Gülzower Fachgespräche Band 32, 237 ff. (zit. Urban, in: Gülzower Fachgespräche, Band 32)
Wagner, Klaus / Engel, Thomas	Neuerungen im Städtebaurecht durch das Europarechtsanpassungsgesetz Bau (EAG Bau), BayVBl. 2005, 33 ff.
Wank, Rolf	Die Auslegung von Gesetzen, 4. Aufl. Köln/München 2008
Wiegand, Steffen	Die ertragssteuerliche und bewertungsrechtliche Behandlung der Erzeugung von Strom aus Biogas, INF 2005, 667 ff.
Wiegand, Steffen	Die ertragssteuerliche Behandlung von Biogasanlagen, INF 2006, 497 ff.
Zippelius, Reinhold	Juristische Methodenlehre, 10. Auflage, München 2006

Quellenverzeichnis

Bayerisches Landesamt für Umwelt (Hrsg.)   Biogashandbuch Bayern, Stand Mai 2007 (zit. Biogashandbuch Bayern, Kapitel)

Bayerisches Staatsministerium des Innern (Hrsg.)   Bauplanungsrechtliche Beurteilung von Anlagen zur Nutzung erneuerbarer Energien vom 02.12.2011, Az. IIB5-4112.79-048/11 (zit. Auslegungshinweise des Bayerischen Staatsministeriums des Innern vom 02.12.2011)

Bayerisches Staatsministerium des Innern (Hrsg.)   Privilegierung von Biomasseanlagen nach § 35 Abs. 1 Nr. 6 BauGB vom 17.07.2009 (zit. Auslegungshinweise des Bayerischen Staatsministeriums des Innern vom 17.07.2009)

Bayerisches Staatsministerium des Innern (Hrsg.)   Privilegierung von Biomasseanlagen nach § 35 Abs. 1 Nr. 6 BauGB vom 04.08.2005 (zit. Auslegungshinweise des Bayerischen Staatsministeriums des Innern vom 04.08.2005)

Bioenergieberatung Schleswig-Holstein/ Hamburg (Hrsg.)   Biogas: Genehmigung in Schleswig-Holstein, Stand 28.02.2011, (abrufbar unter: http://www.bioenergie-portal.info/fileadmin/bioenergie-beratung/schleswig-holstein-hamburg/dateien/Gesetze_und_Verordnungen/Biogas_Genehmigung_in_Schleswig-Holstein.pdf, zuletzt abgerufen: 20.06.2011, 16 Uhr 33) (zit. Biogas: Genehmigung in Schleswig-Holstein)

Bundesministerium für Finanzen (Hrsg.)	Schreiben betr. ertragsteuerliche Behandlung von Biogasanlagen und der Erzeugung von Energie aus Biogas; Steuerliche Folgen aus der Abgrenzung der Land- und Forstwirtschaft vom Gewerbebetrieb, 06.03.2006, Az.: BMF IV C 2-S 2236-10/05; IV B 7-S 2734-4/05, BStBl. I S. 248 (zit. BMF v. 6.3.2006, BStBl. I)
Bundesministerium für Umwelt, Naturschutz und Reaktorsicherheit (Hrsg.)	Erneuerbare Energien – Entwicklung in Deutschland 2010, Stand März 2011, abrufbar unter: http://www.erneuerbareenergien.de/files/pdfs/allgemein/application/pdf/ee_zahlen_2010_bf.pdf, zuletzt abgerufen: 25.06.2011, 17 Uhr 18 (zit. Erneuerbare Energien – Entwicklung in Deutschland 2010)
Bundesministerium für Umwelt, Naturschutz und Reaktorsicherheit (Hrsg.)	Erfahrungsbericht 2011 zum Erneuerbare-Energien-Gesetz (EEG-Erfahrungsbericht), Stand 03.05.2011, abrufbar unter: http://www.bmu.de/files/pdfs/allgemein/application/pdf/eeg_erfahrungsbericht_2011_entwurf.pdf, zuletzt abgerufen: 25.06.2011, 16 Uhr 37 (zit. EEG-Erfahrungsbericht 2011 vom 03.05.2011)
Bundesministerium für Wirtschaft und Technologie (Hrsg.) / Bundesministerium für Umwelt, Naturschutz und Reaktorsicherheit	Energiekonzept der Bundesregierung, Stand 28.09.2010, abrufbar unter: http://www.erneuerbare-energien.de/files/pdfs/allgemein/application/pdf/energiekonzept_bundesregierung.pdf, zuletzt abgerufen: 25.06.2011, 16 Uhr 52 (zit. Energiekonzept der Bundesregierung vom 28.09.2010)
Bundesvereinigung der kommunalen Spitzenverbände (Hrsg.)	Stellungnahme zum Entwurf eines Gesetzes zur Anpassung des Baugesetzbuchs an EU-Richtlinien (Europarechtsanpassungsgesetz Bau – EAG Bau), Az.: 61.05.00 D (zit. Stellungnahme der Bundesvereinigung der kommunalen Spitzenverbände)

Fachkommission Städtebau der ARGEBAU (Hrsg.)	Hinweise zur Privilegierung von Biomasseanlagen nach § 35 I Nr. 6 BauGB vom 22.3.2006 (zit. Auslegungshinweise der Fachkommission Städtebau vom 22.3.2006)
Fachkommission Städtebau der ARGEBAU (Hrsg.)	Hinweise zur Privilegierung von Biomasseanlagen nach § 35 I Nr. 6 BauGB vom 23.03.2012 (zit. Auslegungshinweise der Fachkommission Städtebau vom 23.03.2012)
Fachverband Biogas (Hrsg.)	Energiewende ohne Biogas?, Stellungnahme des Fachverbandes Biogas e. V. vom 21.04.2011, abrufbar unter: http://www.biogas.org/edcom/webfvb.nsf/id/DE_PM_14_11/$file/11-04-21_PM_6-Punkte-Programm.pdf, zuletzt abgerufen: 26.06.2011, 13 Uhr 49 (zit. Stellungnahme des Fachverbandes Biogas e. V. vom 21.04.2011)
Innenministerium Schleswig-Holstein (Hrsg.)	Privilegierung von Biogasanlagen nach § 35 I Nr.6 BauGB; Konsequenzen aus dem Urteil des Bundesverwaltungsgerichts vom 11.12.2008, 16.03.2009, (zit. Biomasseerlass Schleswig-Holstein vom 16.03.2009)
Landesamt für Landwirtschaft, Umwelt und ländliche Räume des Landes Schleswig-Holstein	Privilegierung von Biomasseanlagen nach § 35 Abs. 1 Nr. 6 BauGB – Aktualisierung der Erlasse zur Privilegierung von Biomasseanlagen hinsichtlich der installierten elektrischen Leistung, Auslegungshinweis vom 02.02.2011, Az. V 611-578.502.000 (zit. Auslegungshinweis Schleswig-Holstein vom 02.02.2011)
Landesamt für Landwirtschaft, Umwelt und ländliche Räume des Landes Schleswig-Holstein	Privilegierung von Biomasseanlagen nach § 35 Abs. 1 Nr. 6 BauGB, Auslegungshinweis vom 24.11.2010, Az. V 641-578.705.310 (zit. Auslegungshinweis Schleswig-Holstein vom 24.11.2010)

Ministerium für Bauen und Verkehr des Landes Nordrhein-Westfalen / Ministerium für Umwelt und Naturschutz, Landwirtschaft und Verbraucherschutz des Landes Nordrhein-Westfalen	Grundsätze zur bauplanungsrechtlichen Beurteilung von Bauvorhaben im Außenbereich – Außenbereichserlass -, Gemeinsamer RdErl. d. Ministeriums für Bauen und Verkehr – VI A 1 – 901.34 – u. d. Ministeriums für Umwelt und Naturschutz, Landwirtschaft und Verbraucherschutz – VII-2 – BauGB – vom 27.10 2006 (zit. Außenbereichserlass NRW vom 27.10.2006)
Ministerium für den ländlichen Raum, Ernährung, Landwirtschaft und Verbraucherschutz Niedersachsen / Ministerium für Soziales, Frauen, Familie und Gesundheit Niedersachsen	Hinweise des Niedersächsischen Ministeriums für den ländlichen Raum, Ernährung, Landwirtschaft und Verbraucherschutz (ML) und des Niedersächsischen Ministeriums für Soziales, Frauen, Familie und Gesundheit (MS) zu der bauplanungsrechtlichen Zulässigkeit von Biomasseanlagen nach § 35 I Nr. 6 BauGB vom 25.01.2005 (zit. Biomasseerlass Niedersachsen vom 25.01.2005)
Ministerium für den ländlichen Raum, Ernährung, Landwirtschaft und Verbraucherschutz Niedersachsen / Ministerium für Soziales, Frauen, Familie und Gesundheit Niedersachsen (Hrsg.)	Hinweise des Niedersächsischen Ministeriums für Soziales, Frauen, Familie und Gesundheit (MS) und des Niedersächsischen Ministeriums für den ländlichen Raum, Ernährung, Landwirtschaft und Verbraucherschutz (ML) zu der bauplanungsrechtlichen Zulässigkeit von Biomasseanlagen nach § 35 Abs. 1 Nr. 6 BauGB vom 06.12.2006, MS Az.: 501.23-21120-4.9 N, ML Az.: 106.2-3243/1-5(75), (zit. Biomasseerlass Niedersachsen vom 6.12.2006)
Ministerium für Infrastruktur und Raumordnung des Landes Brandenburg (Hrsg.)	Zulässigkeit von Biomasseanlagen – Genehmigungsvoraussetzungen nach Bauplanungs- und Umweltrecht sowie Verfahrensfragen unter besonderer Berücksichtigung der Rechtslage im Land Brandenburg –, Stand November 2008 (zit. Auslegungshinweise Brandenburg November 2008)

Ministerium für Infrastruktur und Raumordnung des Landes Brandenburg (Hrsg.) / Ministerium für ländliche Entwicklung, Umwelt und Verbraucherschutz des Landes Brandenburg (Hrsg.)	Gemeinsamer Erlass des Ministeriums für Infrastruktur und Raumordnung und des Ministeriums für ländliche Entwicklung, Umwelt und Verbraucherschutz zur bauplanungsrechtlichen Zulässigkeit von Biomasseanlagen nach § 35 Abs. 1 Nr. 6 des Baugesetzbuches (Biomasseerlass) vom 5. April 2006, Abl. für Brandenburg 2006, S. 354 ff. (zit. Biomasseerlass Brandenburg vom 5. April 2006)
Ministerium für Umwelt und Klimaschutz Niedersachsen (Hrsg.)	Hinweise zum Immissionsschutz bei Biogasanlagen – Anforderungen zur Vermeidung und Verminderung von Gerüchen und sonstigen Emissionen, Runderlass des MU Niedersachsen vom 2.6.2004, Az.: 33-40501/208.13/1 Stand 27.2.2007, in: Peine/Knopp/Radcke, Das Rechts der Errichtung von Biogasanlagen, 1. Auflage, Berlin 2009, S. 169 ff. (zit. Runderlass Niedersachsen vom 2.6.2004, Stand 27.2.2007)
Rechtsanwälte Blanke Meier Evers (Hrsg.)	Leitfaden für Biogasanlagen – Errichtung und Betrieb von Biogasanlagen im landwirtschaftlichen Bereich, Stand 2006 (zit. Blanke Meier Evers, Leitfaden für Biogasanlagen)

Regensburger Beiträge zum Staats- und Verwaltungsrecht

Herausgegeben von Gerrit Manssen

Band 1 Simone Maria Koitek: Windenergieanlagen in der Raumordnung. 2005.

Band 2 Barbara Reil: Reformüberlegungen zur Richtervorlage. Beitrag zur Funktionenverteilung zwischen Bundesverfassungsgericht und Fachgerichtsbarkeiten bei der Kontrolle des parlamentarischen Gesetzgebers. 2005.

Band 3 André Zorger: Der Beirat für Stadtgestaltung der Stadt Regensburg. Eine Untersuchung zur baurechtlichen und kommunalrechtlichen Zulässigkeit. 2005.

Band 4 Gerrit Manssen / Boguslaw Banaszak (Hrsg.): Religionsfreiheit in Mittel- und Osteuropa zwischen Tradition und Europäisierung. 2006.

Band 5 Markus Tändler: Umweltprüfung und Umweltkontrolle in der Bauleitplanung. Eine Bewertung aus juristischer und kommunalpraktischer Sicht. 2006.

Band 6 Christian Bartsch: Vorbeugender Hochwasserschutz im Recht der Raumordnung und Landesplanung. 2007.

Band 7 Anja Rösch: Das A-Modell im Bundesautobahnbau. Bau, Erhaltung, Betrieb und Finanzierung von Bundesautobahnabschnitten durch Private und Refinanzierung auf Grundlage der Autobahnmaut. 2008.

Band 8 Tanja Böhm: Nicht gemeldete erlaubnispflichtige Schusswaffen in Bayern. Eine empirische Untersuchung unter Sportschützen und Jägern. 2007.

Band 9 Gerrit Manssen (Hrsg.): Die Finanzierung von politischen Parteien in Europa. Bestandsaufnahme und europäische Perspektive. 2008.

Band 10 Stefan Diemer: Die Verantwortlichkeit der Organe öffentlich-rechtlicher Wettbewerbsversicherungsanstalten. Eine Darstellung unter besonderer Berücksichtigung der Versicherungskammer Bayern Versicherungsanstalt des öffentlichen Rechts. 2008.

Band 11 Martin Denecke: Das Selbstgestaltungsrecht der Gemeinde im baulichen Bereich. 2009.

Band 12 Albert J. Schmid: Die Eignung als Zugangskriterium für ein öffentliches Amt unter besonderer Berücksichtigung des Fragerechts des Dienstherren. 2009.

Band 13 Gerrit Manssen (Hrsg.): Die verfassungsrechtlich garantierte Stellung der Abgeordneten in den Ländern Mittel- und Osteuropas. 2009.

Band 14 Benedikt Grünewald: Die Betonung des Verfahrensgedankens im deutschen Verwaltungsrecht durch das Gemeinschaftsrecht. 2010.

Band 15 Marion Robl: Das beschleunigte Verfahren für Bebauungspläne der Innenentwicklung. Ein Aspekt des Innenstadtentwicklungsgesetztes („BauGB 2007"). 2010.

Band 16 Ines Jahnes: Initiativermittlungen im Bereich der Organisierten Kriminalität. 2010.

Band 17 Astrid Kühne: Die Änderungen der Außenbereichsvorschrift des § 35 BauGB durch das Europarechtsanpassungsgesetz Bau. 2011.

Band 18 Franz Guttenberger: Ausgleichsansprüche nach § 24 Abs. 2 und § 25 BBodSchG. 2011.

Band 19 Andreas Alscher: Rechtliche Möglichkeiten einer integrierten kommunalen Verkehrsplanung. 2011.

Band 20 Florian P. Schrems: Ist das geltende Friedhofs- und Bestattungsrecht noch zeitgemäß? Das Friedhofs- und Bestattungsrecht im Lichte verfassungsrechtlicher Vorgaben. Unter besonderer Berücksichtigung gewandelter Ansichten in der Bevölkerung sowie integrationspolitischer Herausforderungen. 2012.

Band 21 Inkook Kay: Regulierung als Erscheinungsform der Gewährleistungsverwaltung. Eine rechtsdogmatische Untersuchung zur Einordnung der Regulierung in das Staats- und Verwaltungsrecht. 2013.

Band 22 Tina Voigt: Das Raumordnungsgesetz 2009 und das Bayerische Landesplanungsgesetz 2012. Eine Untersuchung zur Abweichungsgesetzgebung im Bereich der Raumordnung. 2013.

Band 23 Stefan Schick: Die energetische Nutzung von Biomasse im Sinne des § 35 Abs. 1 Nr. 6 BauGB – Gesetzliche Vorgaben und Verwaltungspraxis. 2014.

www.peterlang.com